当代梨

曹玉芬　赵德英　主编

图书在版编目（CIP）数据

当代梨 / 曹玉芬，赵德英主编．—郑州：中原农民出版社，2016.1
（家庭农场丛书·果树生产技术系列）
ISBN 978-7-5542-1344-5

Ⅰ．①当… Ⅱ．①曹… ②赵… Ⅲ．①梨－果树园艺 Ⅳ．① S661.2

中国版本图书馆 CIP 数据核字（2015）第 305435 号

主　　编　曹玉芬　赵德英
副 主 编　王文辉　王国平　刘　军　田路明　闫文涛
参编人员　（按姓氏笔画）
马春晖　王江柱　王利平　闫　帅　朴　宇　伍　涛
刘松忠　齐　丹　张　莹　张彦昌　陈汉杰　欧春青
郑迎春　洪　霓　袁继存　贾晓辉　徐　锴　徐文兴
董星光　程少丽　霍宏亮

出版社：中原农民出版社　　**邮政编码**：450002
地址：郑州市经五路 66 号　　**电话**：0371-65751257
出版社投稿信箱：Djj65388962@163.com
策划编辑电话：139 3719 6613　　**交流 QQ**：895838186

发行单位：全国新华书店
邮购电话：0371-65724566
承印单位：河南省瑞光印务股份有限公司
开本：787mm × 1092mm　1/16
印张：20.5
字数：460 千字
版次：2016 年 8 月第 1 版　　**印次**：2016 年 8 月第 1 次印刷

书号：ISBN 978-7-5542-1344-5　　**定价**：99.00 元

主编简介

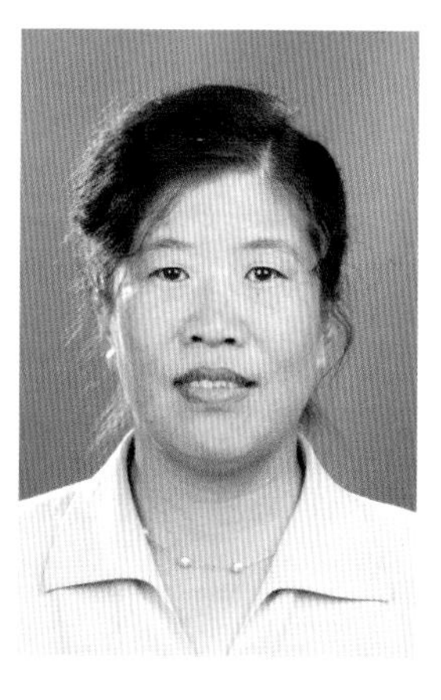

曹玉芬，女，研究员，博士，博士生导师，中国农业科学院果树研究所果树资源与育种研究中心主任，国家梨种质资源圃负责人，中国农业科学院三级岗位“果树种质资源研究”岗位杰出人才。国家梨产业技术体系岗位专家，中国园艺学会梨分会副理事长。

主要从事梨种质资源研究。参加工作以来，先后主持国家“十一五”和“十二五”农业部农作物种质资源保护项目“梨、苹果种质资源收集、整理与保存”，科技部国家科技基础条件平台工作“梨、苹果种质资源共享试点建设”，公益性行业（农业）科研专项子项目“梨优异种质挖掘、评价及贮藏保鲜技术研究”，国家自然科学基金面上项目“基于亲缘关系的梨种质群系统构建及遗传结构分析”等16项，参加研究11项。截至2014年年底，发表学术论文107篇，其中第一作者论文21篇，通讯作者论文25篇。主编著作5部，其中专著1部，参编著作9部，第一完成人出版农业行业标准2项，参加完成农业行业标准2项。获农业部科技进步三等奖1项，第二主要完成人；浙江省科学技术奖1项，第六主要完成人；湖南省自然科学奖1项，第五主要完成人。

主编简介

赵德英，女，博士，研究员。1997 年 7 月毕业于中国农业大学园艺专业，2009 年 7 月获得沈阳农业大学果树学博士学位，2013 年 4 月完成中国农业科学院园艺学科博士后研究工作。辽宁果树创新团队栽培技术研究岗位专家，中国农业科学院果树研究所梨栽培与生理课题组组长，辽宁省梨科技创新团队首席科学家助理，栽培技术岗位专家。

主持农业部农业技术试验示范（优势农产品重大技术推广）项目、辽宁省果树产业技术体系等项目 6 项，参加国家科技支撑计划、辽宁省科技攻关等项目 13 项。获中华农业科技奖一等奖 1 项，中国农业科学院科学技术成果二等奖 1 项，葫芦岛市科学技术进步奖一等奖 3 项，获葫芦岛市科学技术进步奖二等奖 2 项。主编或参编著作 5 部，获得国家发明专利 2 项——“果树单株管理控制系统及其控制方法，ZL201210129815.0”和“固 / 液肥料转换器，ZL201310287803.5”，在《园艺学报》《果树学报》《植物营养与肥料学报》等刊物发表论文 64 篇，其中第一作者 22 篇。

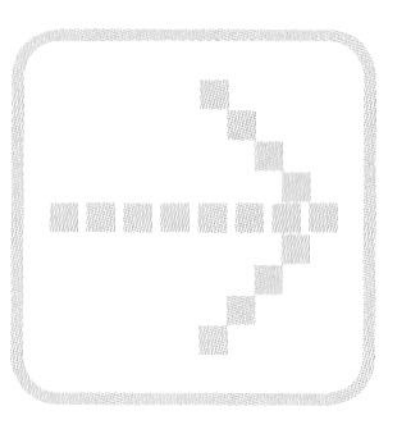

序言

PREFACE

梨是受国内外消费者喜爱的水果之一，我国是世界上最大的梨生产国，栽培面积和产量均居世界首位。近十余年来，中外梨果产业稳步发展，新品种不断涌现，栽培技术迅速更新（如大苗栽植、高度密植、新树形、精品梨生产等），机械化水平逐步提高，采后处理与保鲜能力不断增强，这些新品种、新技术、新经验、新成果、新装备等都应深入总结、交流和推广，以利于梨果产业的可持续发展。

为了赶超世界先进水平，进一步提高我国梨果的产量、质量和经济效益，近年来，许多梨果专家包括本书作者，先后出国考察梨先进生产国的发展概况和科研成果，吸收了许多新品种、新技术、新经验和新装备，并在国内进行示范推广，对我国梨果生产产生了重大影响。

本书是中原农民出版社出版的“家庭农场丛书·果树生产技术系列”之一（《当代苹果》已于2013年出版）；该系列图书的共同特点是：

1. 内容新颖，技术先进。本书吸纳国内外优新品种、先进栽培技术和设备，让读者有新鲜感和时代感。

2. 贴近生产，贴近果农。根据生产中突出问题，使用简明的语言和图解，便于果农掌握，“一书在手，致富莫愁”，让果农有亲切感和实际感。

3. 活灵活现，生动逼真。全书有800余幅图片，绝大部分由作者近年摄制，生动逼真，有生动感和真实感。

4. 内容全面，重点突出。几乎涵盖果品生产、贮藏、加工等各个方面，但重点有所侧重，因为它不是一本教科书，而是在生产上用得着的一本培训教材或科学普及著作，让果农有全面感和实用感。

5. 设计精美，价值不菲。全书版面设计精美、生动，全部采用铜版纸印刷，印刷质量精良，是一部多年未见的精美著作，值得收藏，让拥有此书的人有价值感和优越感。

中国农业科学院果树研究所研究员　汪景彦

2016 年 1 月 31 日

前言

PREFACE

梨是世界四大水果之一，全世界有 88 个国家和地区生产梨。全球梨生产面积在 1 616.27khm^2 左右，年产量在 23 952kt 上下。2013 年我国梨面积 1 111.70khm^2，年产量 17 300.8kt，分别占世界的 69.91% 和 67.22%，我国梨产量和面积，位居苹果和柑橘之后，居全国水果第三位，我国是世界梨生产和消费大国，但不是强国。我国梨出口率（出口量 / 总产量）较低，2012 年仅为 2.54%，出口价格比梨先进生产国低 1/3~1/2；梨平均单产只有 15.6t/hm^2，国外先进国家达 30t/hm^2，差距较大。因此，要达到世界先进水平，我国只有奋起直追，才能迎头赶上。

随着我国城镇化进程的加快，农村劳动力的大量转移，大量适应我国梨生产形势的省力化栽培树形、花果管理、土肥水管理、果园机械化等一系列梨密植省力化栽培措施得以推广，生产成本明显降低，个性化和多样化的品种需求、简化省工栽培管理、生态友好型病虫害综合防控、果品采后商品化处理、无公害、绿色、有机梨生产成为梨产业发展的趋势。

为了满足广大果农朋友对新品种、新设备和新技术等方面知识的渴求，全面提升我国梨生产的技术水平，促进梨生产向安全、可持续、优质化发展，应中原农民出版社之邀，我们组织有关专家和科技人员，在总结自身科研成果、生产经验和吸收国外发达国家先进技术的基础上，采用通俗的语言，文图并茂的方法，编写成《当代梨》一书。本书主要目标是面向生产第一线，为生产优质梨果服务，也可为科研人员和广大梨树爱好者提供参考。

全书共分六章，涵盖优新品种选择、优质高效栽培、病虫害综合防控、梨果贮藏和加工全产业链。第一章梨生产概况由赵德英、袁继存、徐锴和闫帅编写；第二章梨主栽品种由曹玉芬、田路明、张莹、齐丹、董星光、欧春青、霍宏亮、郑迎春和马春晖编写；第三章栽培技术由刘军、朴宇、伍涛、张彦昌、刘松忠和赵德英编写；第四章梨病虫害防治由王国平、洪霓、徐文兴、王利平、王江柱、陈汉杰和闫文涛编写；第五章采收与采后处理技术及第六章梨果加工由王文辉和贾晓辉编写。由曹玉芬、赵德英进行统稿。

我们在编写本书的过程中，承蒙有关单位和个人的大力支持，同时还参考了国内外相关资料和图书，在此向原书作者及提供资料和图片的同志表示衷心的感谢。因技术水平、写作能力所限，书中难免有疏漏和谬误之处，万望读者批评、补充和纠正。

编　者

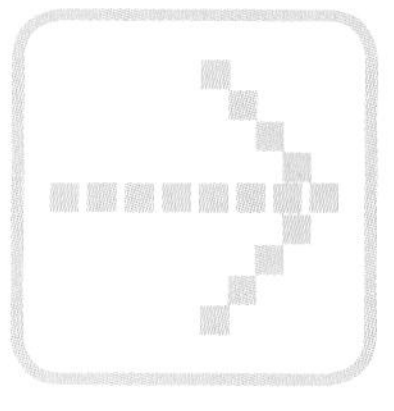

目 录

CONTENTS

第四章　梨病虫害防治

第五章　梨采收与采后处理技术

第六章　梨果加工

第一章

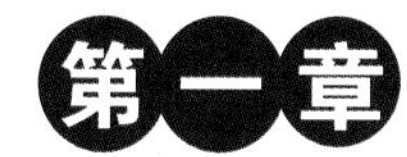

梨生产概况

LI SHENGCHAN GAIKUANG

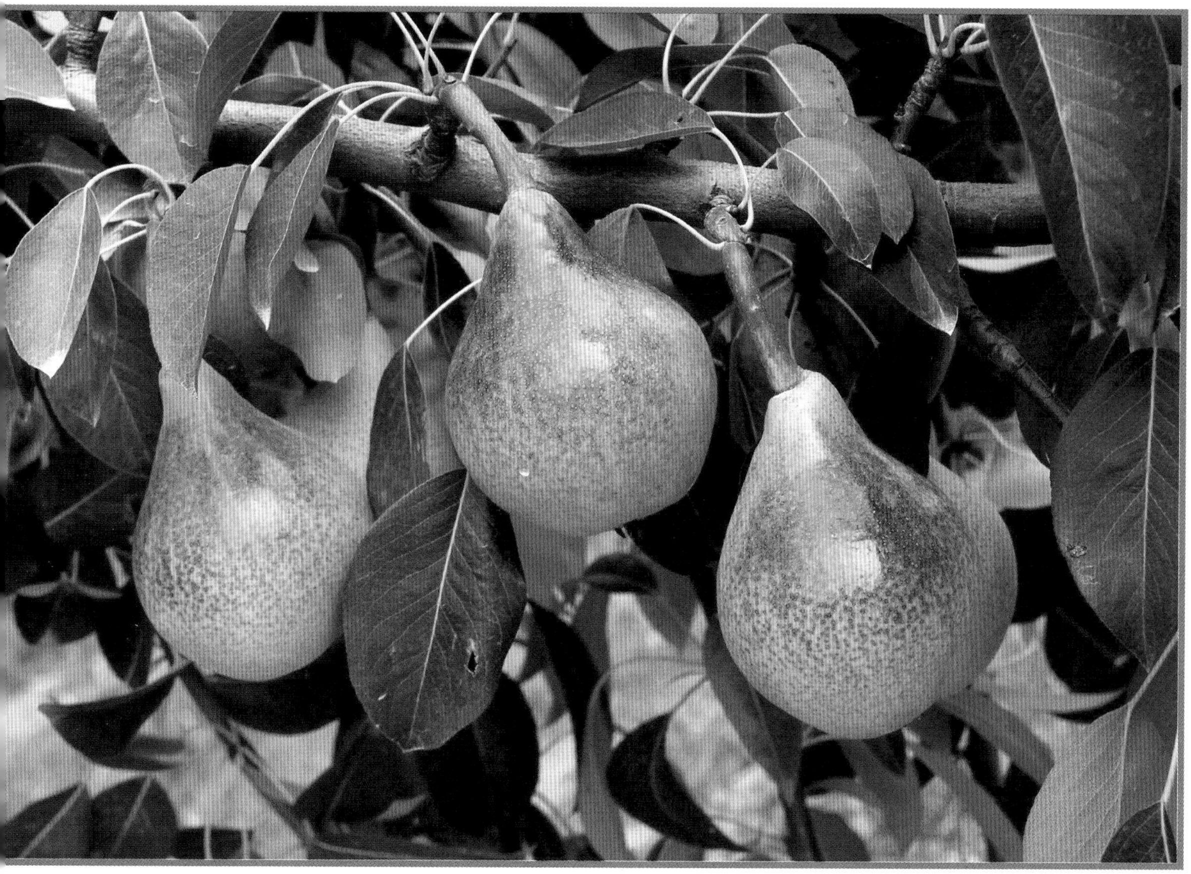

第一节　世界梨主产国产量、面积消长

一、世界梨生产概况

据联合国粮农组织（FAO）最新统计，2013 年世界梨栽培面积和总产量分别为 1 766.98khm^2 和 25 203.75kt，栽培总面积比 2012 年增加了 0.6%，较 2003 年增加了 12.18%；总产量比 2012 年增加了 3.67%，较 2003 年增加了 43.39%（图 1-1）。

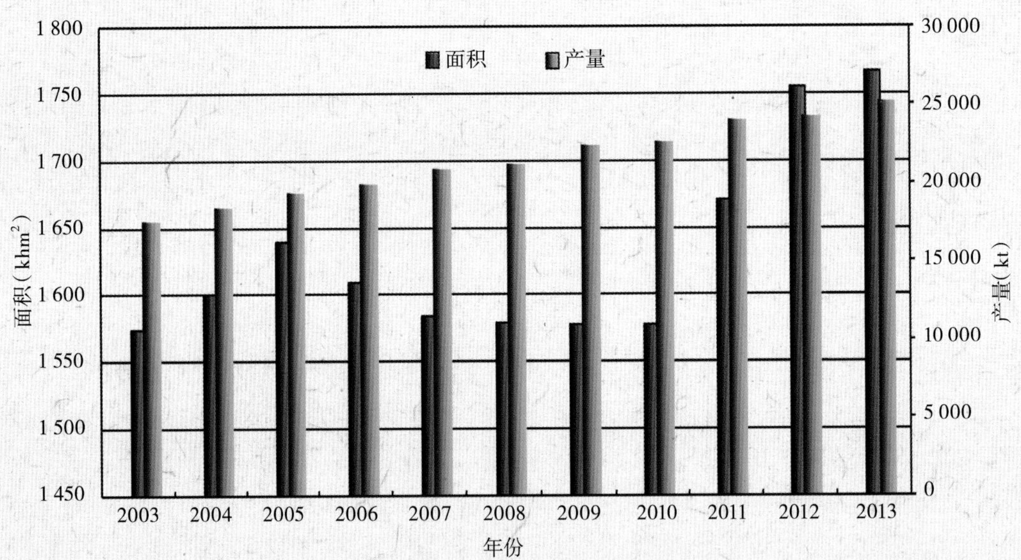

▲ 图 1-1　2003~2013 年世界梨产量和面积消长情况（数据来源：联合国粮农组织 FAOSTAT 数据库）

二、世界梨主产国栽培面积和产量情况

目前全世界栽植梨树的国家和地区共 88 个，2013 年，栽培面积最大的 10 个国家依次为：中国、印度、土耳其、意大利、阿根廷、阿尔及利亚、西班牙、美国、乌兹别克斯坦和塞尔维亚，占全球总种植面积的 85.22%；2013 年产量排名前十位的国家分别是中国、美国、意大利、阿根廷、土耳其、西班牙、南非、印度、荷兰和比利时，占全球总产量的 86.35%（图 1-2）。

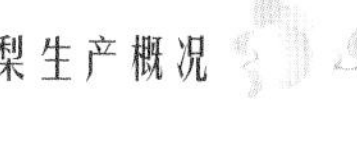

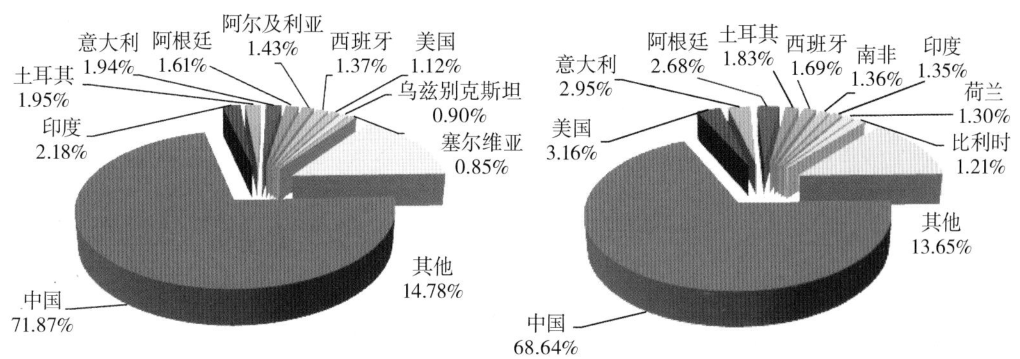

图 1-2　2013 年世界梨主产国面积（左）和产量（右）情况

三、世界梨单产情况

从单产情况来看，2013 年全球平均单产为 $14.26t/hm^2$，其中瑞士单产最高，为 $55.89t/hm^2$；单产水平位列前十的其他国家包括斯洛文尼亚、新西兰、美国、荷兰、比利时、智利、南非、法国和阿根廷，分别为 $51.56t/hm^2$、$45.33t/hm^2$、$40.10t/hm^2$、$38.43t/hm^2$、$34.27t/hm^2$、$32.34t/hm^2$、$30.79t/hm^2$、$26.09t/hm^2$ 和 $25.42t/hm^2$，而中国单产水平较低，仅为 $13.67t/hm^2$，与发达国家差距较大，瑞士、斯洛文尼亚、新西兰、美国、荷兰、比利时、智利、南非、法国和阿根廷分别为中国梨单产的 4.09 倍、3.77 倍、3.32 倍、2.93 倍、2.81 倍、2.51 倍、2.37 倍、2.25 倍、1.91 倍和 1.86 倍（表 1-1）。

表 1-1　世界梨主产国单产情况　　单位：t/hm^2

序号	国家	2003 年	2004 年	2005 年	2006 年	2007 年	2008 年	2009 年	2010 年	2011 年	2012 年	2013 年
1	瑞士	94.74	75.29	68.25	67.42	96.13	98.50	80.89	48.21	75.72	62.13	55.89
2	斯洛文尼亚	39.88	50.06	28.92	40.31	53.50	42.08	46.08	52.10	55.19	30.56	51.56
3	新西兰	44.08	42.11	44.44	44.00	44.25	43.33	43.98	42.86	43.62	43.29	45.33
4	美国	32.45	31.17	30.48	31.50	33.68	33.26	37.65	32.57	39.80	35.37	40.10
5	荷兰	24.90	32.34	29.14	32.11	35.62	22.93	37.82	34.27	40.96	24.36	38.43
6	比利时	26.90	33.90	29.37	33.97	35.38	21.05	34.22	37.43	34.67	27.49	34.27
7	智利	24.20	26.52	30.43	28.84	29.55	28.91	28.94	28.92	29.02	28.94	32.34
8	南非	27.17	27.21	26.06	28.06	30.06	29.87	29.57	30.20	27.62	26.04	30.79
9	法国	20.93	26.81	24.57	26.45	24.97	21.94	26.35	24.79	28.27	20.83	26.09
10	阿根廷	37.59	30.07	29.95	29.02	29.50	30.58	25.64	26.35	26.54	26.42	25.42
中国		9.23	9.83	10.18	11.02	12.04	12.60	13.28	13.94	14.04	14.25	13.67
世界		11.20	11.58	11.86	12.44	13.23	13.47	14.27	14.43	14.81	14.53	14.26

四、世界梨加工产业概况

梨加工比重约为世界梨总产量的 10%，主要生产梨罐头，其次为梨浓缩汁、梨酱、梨酒、梨醋，还有少量的梨保健饮料、梨夹心饼、蜜饯及梨丁等。表 1-2 为世界十大梨加工品生产国加工品生产情况，2005~2013 年，中国梨加工品产量几乎增加了一倍，处于持续上升状态；而美国、阿根廷、智利和波兰保持相对稳定，在历史平均水平附近波动；南非 2012 年加工品产量比 2005 年度降低 20%，2013 年恢复到 2005 年水平；其余四国梨加工品产量降低一半以上。波兰梨加工量较小，但其作为新进前十的国家而言，逐渐取代了俄罗斯的位置。2013 年，十大梨加工品生产国所占比重为全世界的 96.2%。除中国外，其余九个梨加工生产国的加工品生产量已经较 2005 年下降了 243kt（22.4%），世界梨加工比率从 55.5% 下降到 37.0%。全球梨加工产业已经向亚洲倾斜，特别是中国。

表 1-2 世界梨加工产业主产国情况 单位：kt

号	国家	2005 年	2006 年	2007 年	2008 年	2009 年	2010 年	2011 年	2012 年	2013 年
1	中国	680	816	950	1 030	1 102	1 120	1 264	1 350	1 500
2	美国	288	300	290	290	319	256	282	276	265
3	阿根廷	200	170	175	240	170	240	256	200	215
4	南非	142	128	133	122	132	113	116	114	141
5	意大利	200	200	200	200	200	70	103	72	74
6	智利	62	59	63	68	64	72	70	70	58
7	澳大利亚	60	48	38	35	31	30	30	30	30
8	法国	45	42	31	24	30	30	30	21	23
9	西班牙	68	50	35	25	25	25	25	18	20
10	波兰	19	18	13	15	26	16	23	18	15
合计		1 764	1 831	1 928	2 049	2 099	1 972	2 199	2 169	2 341
所占比率（%）		90.4	92.5	91.3	94.9	95.5	95.9	97.5	97.9	96.2
除中国外其他国家		1 084	1 015	978	1 019	997	852	935	819	841
所占比率（%）		55.5	51.3	46.3	47.2	45.3	41.4	41.5	37.0	34.6

第二节　中国梨年产量、面积状况

一、我国梨果面积、产量发展趋势

联合国粮农组织（FAO）统计数据表明，2013 年我国梨树的栽培面积为 1 111.70khm²，比 2003 年的 1 070.20khm² 增长了 3.99%，2003~2013 年梨栽培面积维持较为稳定的态势。2013 年我国梨果产量为 17 300.8kt，比 2003 年的 9 920.6kt 增加了 74.39%。2003~2013 年，我国梨果产量呈持续上升趋势（图 1–3）。在栽培面积相对稳定的情况下，产量逐年上升，充分体现了我国梨树栽培技术水平的提升。

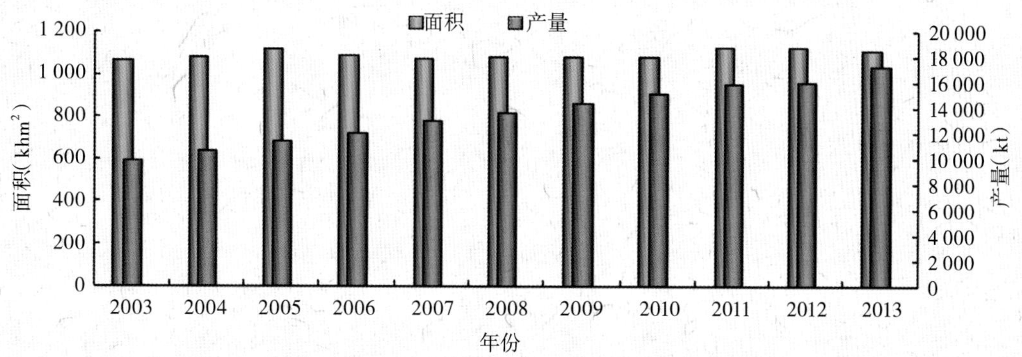

▲ 图 1–3　2003~2013 年我国梨果种植面积和产量变化趋势

如图 1–4 所示，2003~2013 年我国梨的栽培面积和产量占全国水果面积和产量的比例处于缓慢降低的状态，但始终维持较为稳定的水平。梨栽培面积占全国水果面积的比例介于 8.98%~11.24%，梨产量占全国水果产量的比例始终稳定在 11.22%~12.98%。

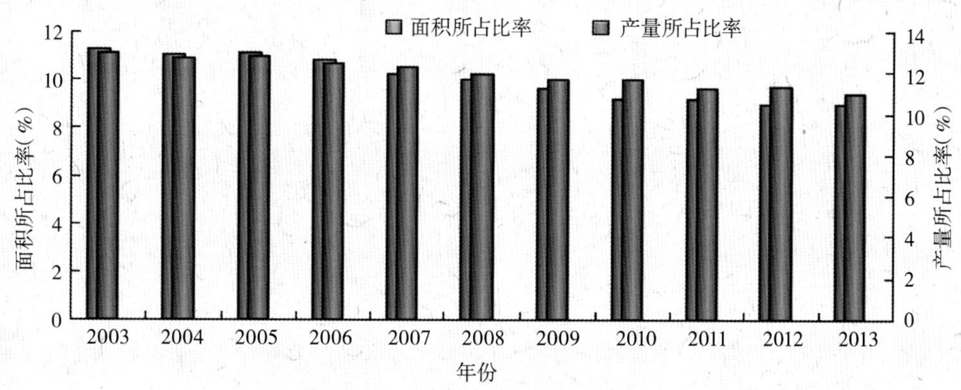

▲ 图 1–4　2003~2013 我国梨果占全国水果种植面积和产量比例示意图

二、我国梨果单产情况

根据联合国粮农组织（FAO）数据库资料显示，2003~2013 年，随着梨栽培面积和栽培技术水平的不断提高，梨单产基本呈稳定增长的趋势。2013 年我国梨的单产达到 15.56t/hm^2，比 2003 年的 9.27t/hm^2 增长了 67.85%（图 1-5）。

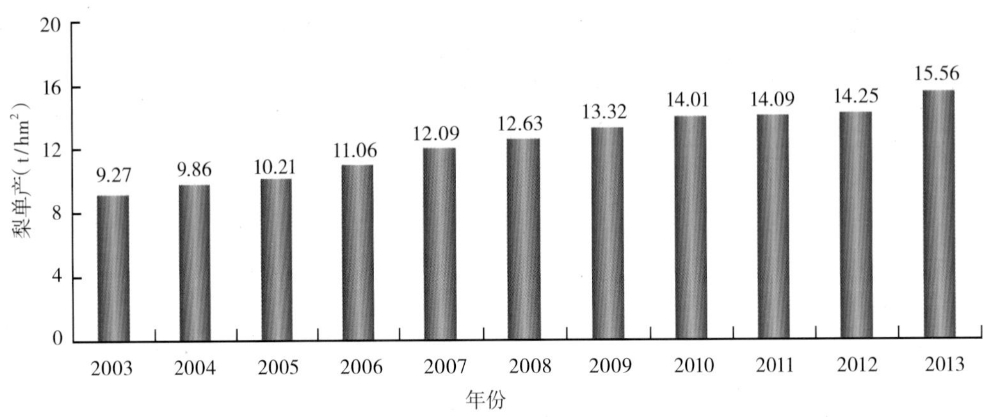

图 1-5　2003~2013 年我国梨单位面积产量变化趋势

三、我国梨主产省（市）面积和产量

我国梨种植范围很广，北起黑龙江，南至广东，西自新疆，东至海滨，全国除海南省、港澳地区外其余各省（市、区）均有梨树栽培。在长期的自然选择和人工栽培过程中，形成了具有典型地方特色的华北白梨区（河北及鲁西北），环渤海（辽、冀、京、津、鲁）秋子梨、白梨区，西部（新、甘、陕、滇）白梨区，黄河故道（豫、皖、苏）白梨、砂梨区，长江流域（川、渝、鄂、浙）砂梨区 5 大产区。

其中，如图 1-6 所示，河北、辽宁、四川、新疆和云南梨栽培面积位于全国前列，梨产量位列全国前 5 名的分别是河北、辽宁、山东、河南和安徽。河北省为我国梨栽培面积和产量第一大省，2013 年栽培面积达 195.22khm^2，占全国梨栽培总面积的 17.56%，产量达到 4 456kt，占全国梨总产量的 25.76%。

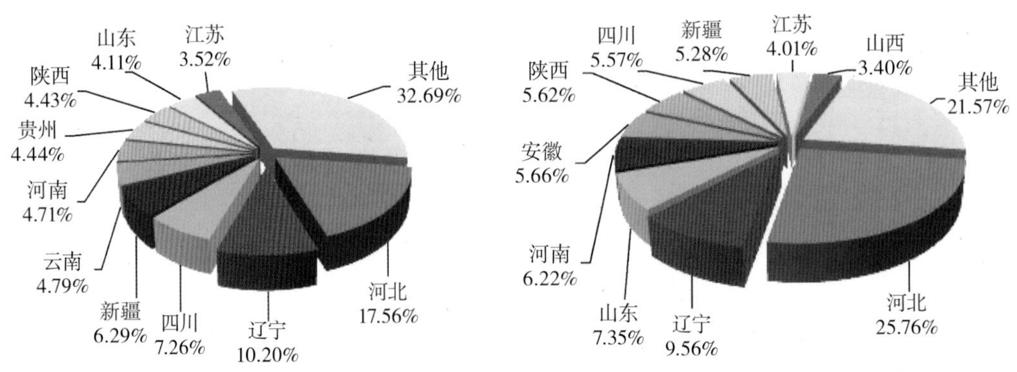

图 1-6　2013 年我国梨主产省区面积（左）和产量（右）情况

第三节　国内外贸易

一、世界梨贸易概况

如图 1-7 所示，2003~2008 年世界梨贸易量和贸易额均呈上升趋势，2009 年出现跌落趋势，之后缓慢回升，但受世界经济危机影响，2012 年世界梨进口量和出口量较 2011 年略有下降，分别为 2 631kt 和 2 617kt，下降了 1.38% 和 0.82%。从贸易额来看，同样受到世界经济危机的影响，在 2009 年、2010 年、2011 年和 2012 年梨贸易额增长势头有所放缓，进口额分别为 2 372.62 百万美元、2 546.75 百万美元、2 766.38 百万美元和 2 728.17 百万美元，出口额分别为 2 190.93 百万美元、2 315.69 百万美元、2 513.31 百万美元和 2 492.65 百万美元。

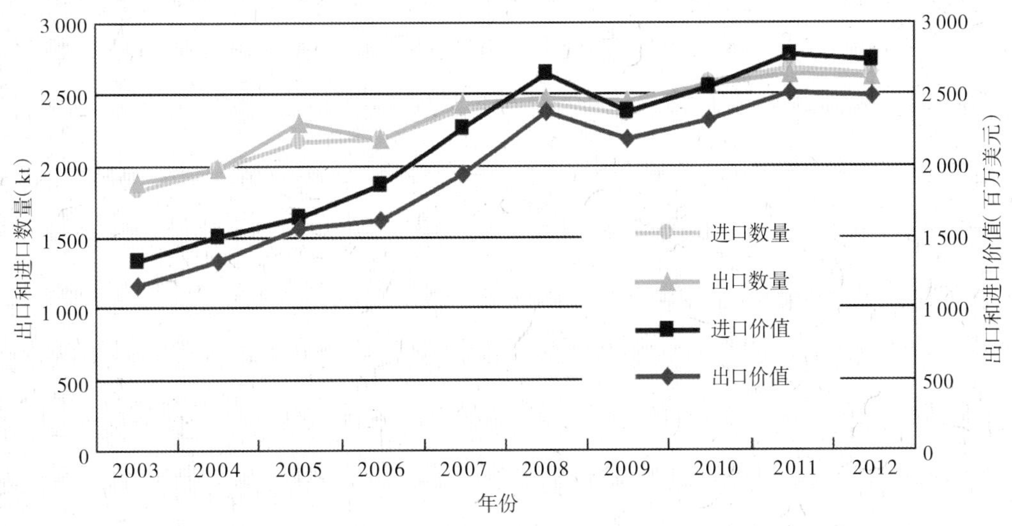

▲ 图 1-7　2003~2012 年全球梨贸易数量与贸易价值的变化趋势

二、主要梨贸易国概况

从进口数量来看，俄罗斯、巴西和荷兰为 2012 年世界前三大进口国，俄罗斯进口数量一直保持较快的增长势头，2012 年进口数量为 419.33kt；巴西和荷兰进口量始终保持稳定的增长势头，2012 年进口量分别达 210.33kt 和 190.72kt（图 1-8）。

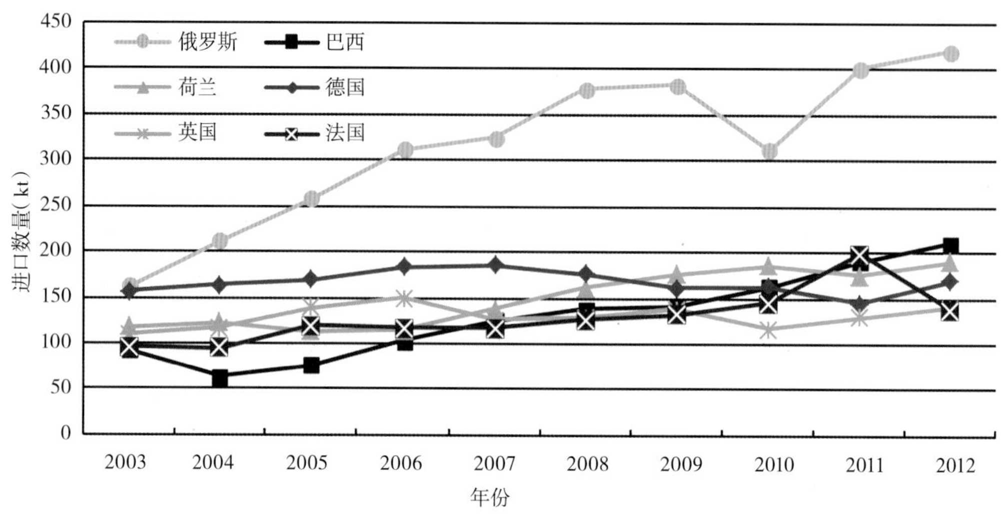

▲ 图 1-8　2003~2012 年全球梨主要进口国进口数量变化趋势

注：数据来源于联合国粮农组织数据库。

俄罗斯、巴西、荷兰、德国、英国和法国六大进口国在 2003~2012 年期间的进口量占世界总进口量 45.78%，其中 2010 年、2011 年和 2012 年分别占世界总进口量的 46.13%、47.99% 和 47.51%。

从出口数量看，中国和阿根廷一直是全球前两位的出口大国，且出口数量一直保持较快的增长速度。中国、阿根廷、荷兰、比利时和南非这五个主要出口国在 2003~2012 年间的出口数量占世界出口总量的 65% 左右，其中 2009 年、2010 年、2011 年和 2012 年分别为 66.4%、63.2%、64.0% 和 64.8%（图 1-9）。

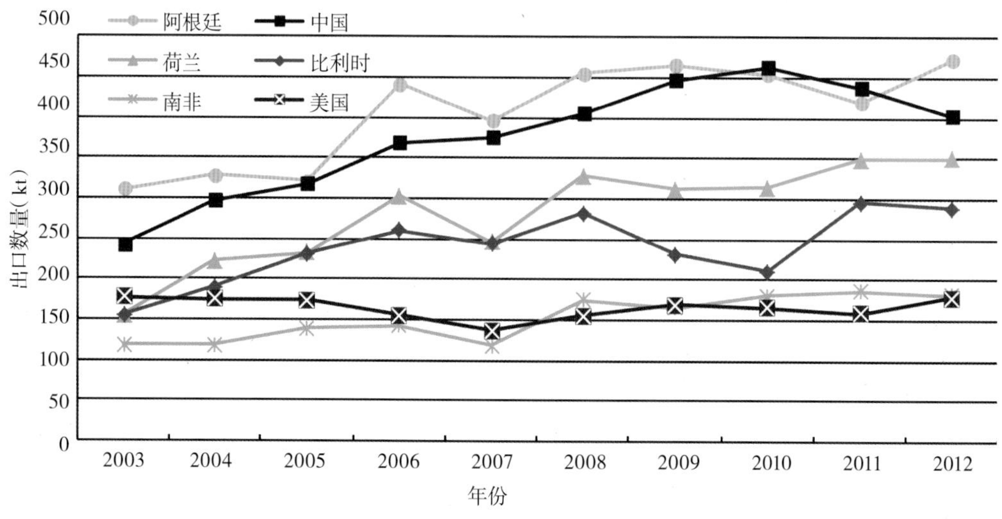

▲ 图 1-9　2003~2012 年全球梨主要出口国出口数量变化趋势

注：数据来源于联合国粮农组织数据库。

三、我国梨出口贸易概况

据联合国粮农组织（FAO）数据统计（图 1-10），2012 年我国梨出口数量为 419.79kt，是 2003 年的 1.4 倍。受世界经济危机的影响，2010 年我国梨出口数量首度出现下降，为 438.58kt，较 2009 年减少了 25.39kt。

与出口数量不同的是，我国梨出口额保持连年增长势头，2012 年出口额为 339.55 百万美元，是 2003 年的 4.19 倍。尽管 2010 年、2011 年、2012 年较 2009 年出口量分别减少了 25.39kt、60.67kt 和 44.19kt，但是出口额却分别增长了 22.64 百万美元、65.13 百万美元和 118.34 百万美元，表明我国出口梨的平均价格在不断提高，意味着出口梨的品质在逐年上升。

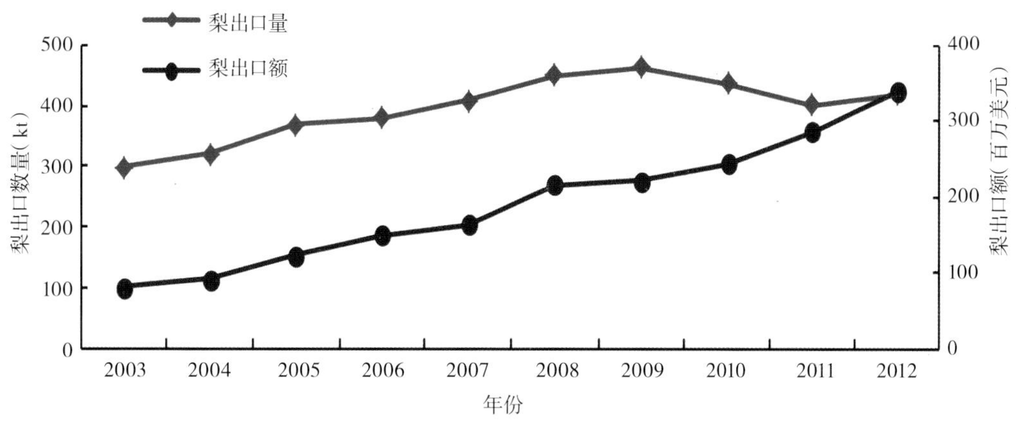

图 1-10　2003~2012 年我国梨出口数量与金额的变化趋势

注：数据来源于联合国粮农组织数据库。

中国大陆是梨的主要出口区域，占我国梨出口量和出口额的 99% 以上，香港占 0.7% 左右，台湾占 0.03% 左右，澳门地区几乎没有出口。2012 年，我国大陆地区鲜梨出口量高于 10kt 的国家依次为印度尼西亚、越南、马来西亚、泰国、俄罗斯联邦、印度、菲律宾和加拿大（图 1-11）。我国大陆地区出口梨分为鲜鸭梨与雪花梨、库尔勒香梨和其他鲜梨三大类，2012 年我国分别出口三类梨 50.4kt、5.7kt 和 347.4kt，分别占我国梨出口总量的 12.49%、1.40% 和 86.10%；出口额分别为 27 百万美元、12 百万美元和 281 百万美元，分别占我国梨出口总额的 8.55% 、3.76% 和 87.69%。我国鸭梨与雪花梨出口市场主要分布在亚洲、北美及欧洲部分地区。印度尼西亚一直是我国最大的鸭梨与雪花梨出口市场，2012 年我国向其出口鸭梨与雪花梨 27.6kt，出口额 12.37 百万美元，分别占我国出口鸭梨与雪花梨的 54.72% 和 45.20%。我国鸭梨与雪花梨出口量较多的国家和地区还包括美国、马来西亚、加拿大和俄罗斯联邦。我国库尔勒香梨目前仅出口印度尼西亚、美国、马来西亚、越南、加拿大、新加坡、澳大利亚、泰国和菲律宾等 11 个国家和地区。印度尼西亚、马来西亚和美国是 2012 年库尔勒香梨出口量排在前 3 位的目标市场，出口量分别达 1.8kt、1.1kt 和 0.7kt，分别占我国库尔勒香梨出口总量的 32.41% 、19.86% 和 12.94% ；出口额分别为 3.35 百万美元、2.24 百万美元和 2.31 百万美元，分别占我国库尔勒香梨出口总额的 27.83%、18.63% 和 19.25%。其他梨出口市场一直位列前 3 位的为印度尼西亚、越南和泰国。

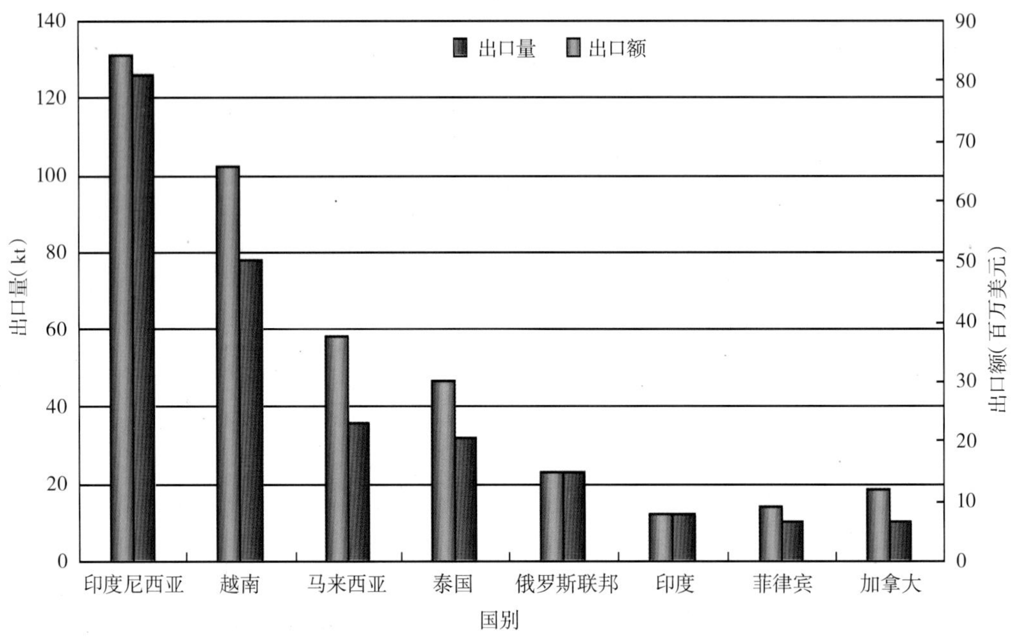

▲ 图 1-11　2012 年我国梨主要出口目的国情况

四、我国梨进口贸易概况

据联合国粮农组织（FAO）数据统计，2012 年我国梨进口数量为 108.26kt，是 2003 年的 2.46 倍。其中香港是主要的进口地区，占我国总进口量的 86.76%，其次为台湾，占我国进口总量的 9.44%，中国大陆地区进口量占我国总进口量的 2.29%，澳门进口量占我国总进口量的 1.51%。2012 年我国梨进口总额为 74.99 百万美元，是 2003 年的 2.45 倍。其中香港进口额占 2012 年我国进口总额的 73.45%，其次为台湾，2012 年进口额占我国进口总额的 20.81%，中国大陆地区进口额占我国总进口额的 5.06%，澳门进口额占我国进口总额的 0.68%。

如图 1-12 所示，与出口贸易的增长趋势不同，近年来我国大陆地区进口贸易总体呈波动变化趋势。2003~2008 年，我国大陆梨进口量均在下降，尤其是在 2005 年有较大幅度的下降，之后一直保持低量进口水平；2008 年进口量下降到 9.22t。2009 年和 2010 年进口量略有增长，分别为 12.7t 和 13.4t，但 2011 年进口量较 2010 年有较大幅度增长，为 527t。由于人民币升值较快，对外购买能力大大增强，2012 年我国大陆梨进口总量为 2.48kt，进口总额为 3.79 百万美元,分别比 2011 年提高 370.7% 和 263.6%。中国大陆梨主要从墨西哥、比利时、新西兰和中国台湾有少量进口，其中墨西哥占 80% 以上。

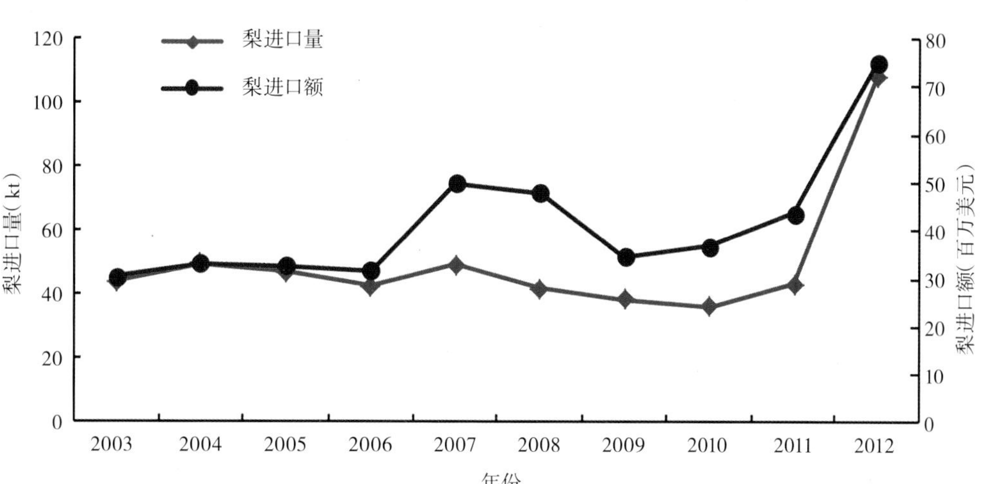

图 1-12 2003~2012 年我国梨进口数量与金额的变化趋势

注：数据来源于联合国粮农组织数据库。

第四节　中国梨产业面临的挑战和发展趋势

目前，世界梨产业的发展正面临着一系列严峻挑战。资源的短缺、天气原因造成的减产、经济衰退造成消费需求的下降都对梨产业的进一步发展构成威胁。在很多发达国家，鲜梨和梨罐头的消费量持续下降。受到国际市场疲软和国内生产成本上涨的共同影响，我国梨果出口呈下滑趋势。

首先，出口难度加大。世界其他国家对于鲜梨和梨罐头的消费需求不断下降必然导致进口量的减少，人民币升值以及来自其他水果的竞争也导致中国梨果出口面临巨大压力。其次，成本的上升导致收益下降。随着大量农村劳动力流入城镇，从事农业的人口逐渐减少，劳动力价格近年来普遍上涨。由于受到人工费用增长以及化肥、农药等农资价格上涨的影响，梨果的生产、采收、分级包装、贮藏、销售成本逐步提高。消费者对于优质梨的需求随着生活水平的提升不断增强，但梨果质量的参差不齐导致优质优价无法实现。而如今很多梨生产者只重产量不重视质量，品牌意识差，包装和分级标准较低，导致梨果在质量和价格上无差别，无法满足消费者的高层次需求，导致无法获得理想的收益。

根据梨果种植面积变化的规律，并结合各地市场需求和生态条件的差异，在充分保障农民收益和尊重个人意愿的基础上，加快培育梨果生产的重点发展区域，积极引导各种资源向优势产区集中,形成更加合理的生产区域布局。大力培育发展宽行密植、简化修剪、矮化栽培等省力化栽培模式，有效解决劳动力成本过高的问题，并结合水果对生态环境、气候条件的依赖，因地制宜，积极探索适合本地区资源、劳动力等要素优势的品种，将生产高档果和省力化栽培有机结合起来，在满足生产高档果的基本条件下，利用先进的集约省力化栽培模式，有效降低成本，最终实现优质优价。

未来一段时间内，随着单产的提高，我国梨果产量还将继续上升。产业创新无疑是发展的重要趋势。通过生产技术、果园管理方式、采后贮藏和加工技术、销售手段等的创新，在保证果品优质的前提下开展果园省力化生产，减少采后损耗、增加产品附加值、扩大销售渠道，最终实现提高效益，促进中国梨产业健康、可持续发展。

第二章 梨主栽品种

LI ZHUZAI PINZHONG

第一节　各主产国品种结构

一、中国梨品种结构

中国梨的栽培品种涵盖了白梨、砂梨、秋子梨、新疆梨和西洋梨5个种。大面积栽培的品种就达100多个。传统的主栽品种有砀山酥梨、鸭梨、南果梨、京白梨、库尔勒香梨、雪花梨、苍溪雪梨、三花梨等，均为古老地方品种，成熟期中或晚。在品种构成上，一直以传统地方品种为主，砀山酥梨、鸭梨、雪花梨等晚熟品种约占全国总量的40%。

以市场需求、生态条件和产业基础为依据，我国梨重点区域划分为华北白梨区、西北白梨区、长江中下游砂梨区和特色梨区。华北白梨区应加快发展特色梨品种，适当压缩鸭梨、酥梨和雪花梨比例；西北白梨区加快新品种更新换代，确定合理的品种结构；长江中下游砂梨区压缩、改造老劣中熟品种，积极发展早、中熟品种，增加早熟梨的比例；特色梨区包括辽宁鞍山和辽阳的南果梨重点区域、新疆库尔勒和阿克苏的香梨重点区域、云南泸西和安宁的红梨重点区域和胶东半岛西洋梨重点区域。

二、日本和韩国梨品种结构

日本梨主要的栽培品种有幸水、丰水、二十世纪、新水、喜水、秋水、南水、南月、丰月、长十郎和筑水等，产量比较稳定，年产量在400kt左右。日本梨主要是鲜食，兼用于加工的品种有二十世纪、长十郎等。幸水、丰水、二十世纪和新高4个主栽品种的栽培面积占日本梨栽培总面积的87.8%，分别占总面积的39.6%、25.5%、14.1%和8.8%，幸水和丰水两个品种的面积就达到日本梨总栽培面积的65.1%。从10年间4个主栽品种的发展趋势来看，面积表现最为平稳的是幸水，栽培面积基本没有多大的变化。变化最大的是二十世纪，栽培面积从3 780hm^{2}减少到2 180hm^2；而新高、丰水栽培面积则有所上升，丰水的面积由3 840hm^{2}上升到3 960hm^2，新高的面积由1 190hm^{2}上升到1 360hm^2。

20世纪50~60年代，韩国梨栽培品种均来自日本，如长十郎、晚三吉、今村秋、二十世纪和早生赤等；20世纪70年代日本梨新品种新高成为新建梨园的首推品种，现在新高的栽培面积仍然占韩国梨栽培总面积的80%左右。从20世纪90年代后期

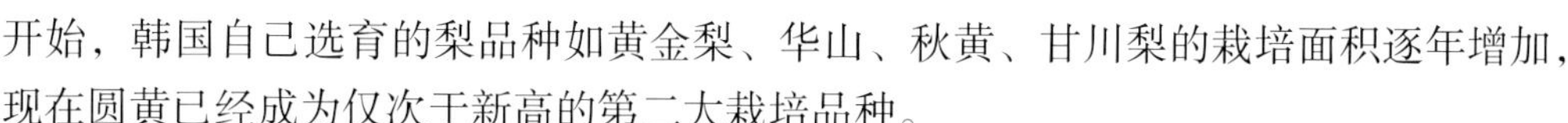

开始，韩国自己选育的梨品种如黄金梨、华山、秋黄、甘川梨的栽培面积逐年增加，现在圆黄已经成为仅次于新高的第二大栽培品种。

三、欧盟主产国梨品种结构

2013 年欧盟梨产量为 2 272kt，其中主要生产国为意大利 726kt（31.95%）、西班牙 371kt（16.33%）、荷兰 327kt（14.39%）、比利时 315kt（13.86%）、葡萄牙 162kt（7.13%）、法国 157kt（6.91%），其次为波兰、德国、希腊和英国。Conference 是欧盟成员国主栽品种，所占比重为 38.2%，其次为 AbateF 和 WilliamBC，分别占欧盟梨总产的 13.1% 和 12.2%（图 2–1）。

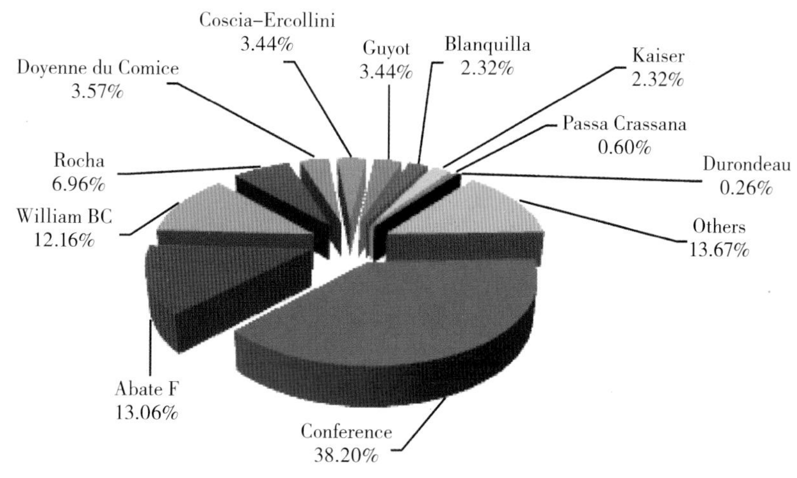

图 2–1　欧盟国家主要梨品种结构

注：数据来自世界苹果和梨协会 WAPA（World Apple and Pear Association）。

意大利是欧盟最大的梨生产国，位列世界第三位，仅次于中国和美国。意大利梨主要分布在东北部地区，艾米利亚—罗马涅地区（Emilia–Romagna）（包括摩德纳 Modena、费拉拉 Ferrara 和博洛尼亚 Bologna）是意大利梨主产区，该地区梨产量占意大利梨总产量的 67%，其次为威尼托—弗留利地区 Veneto–Friuli，该地区梨产量占意大利梨总产量的 11%。意大利主栽梨品种为 AbateF（41.32%）、WilliamBC（20.66%）、Conference（10.12%）、Kaiser（6.61%）、Coscia–Ercollini（4.99%）、Doyenne du Comice（3.37%）、Passacrassana（0.54%）和 Guyot（0.27%）。西班牙是欧盟第二大梨生产国，位于西班牙东部的加泰罗尼亚（Catalonia）、阿拉贡（Aragona）、里奥哈（La Roja）和穆尔西亚自治区（Murcia）是西班牙最大梨产区，分别占西班牙梨总产量的 53%、15%、14% 和 5%。主栽品种是 Conference，占西班牙梨总产量的 43.59%，其次为 Balnquilla（15.64%）、William BC（10%）、Coscia–Ercollini（9.23%）和 Guyot（9.23%）。荷兰是欧盟第三大梨生产国，康佛伦斯是最主要的栽培品种，占总产的 82.71%，其次为 Doyenne du Comice（6.39%）；比利时是欧盟第四大梨生产国家，主栽品种主要有 Conference（89.45%）、Doyenne du Comice（5.86%）和 Durondeau（1.95%）；葡萄牙的主栽品种为 Rocha；法国主栽品种包括 William BC（32.68%）、Guyot（27.45%）、Conference（14.38%）、Doyenne du Comice（7.84%）和 Passacrassana（4.58%）。波兰的主栽品种为 Conference（63.64%）和 Kaiser（9.09%）；德国的主栽品种有 Conference（28.94%）和 William BC（7.89%）；希腊的主栽品种有 William BC（29.03%）、Passacrassana（9.68%）、Abate F（6.45%）和 Coscia-Ercollini（3.23%）；英国主栽品种主要为 Conference（84%），其次为 Doyenne du Comice（8%）和 William BC（8%）。

四、美国梨品种结构

美国的梨生产主要集中于三大州，包括华盛顿州（Washington）、加利福尼亚州（California）和俄勒冈州（Oregon），2013 年三大洲梨总产量占美国梨总产量的 98.62%。华盛顿州主要有三个生产区域，中央华盛顿州（Central Washington State）的北部地区主要生产 Anjou 和 Bosc 两个品种，韦纳奇谷地（Wenatchee River Valley）主要生产 Anjou，以 Bartlett 作为授粉品种；亚基马谷地主要生产 Bartlett 用于罐装，并生产少量的 Anjou 和 Bosc。

加利福尼亚州梨主要产于湖区和河流沿岸，以早熟的 Bartlett 为主导，极少进行气调贮藏。俄勒冈州（Oregon）有两个梨生产区域，胡德河区域（Hood River）主要生产 Anjou 和少量的 Bosc，梅德福地区（Medford District）主要生产 Bosc、Comice 和 Seckel，也有少量的 Anjou。

Bartletts/William BC 是美国第一大主栽品种，占美国梨总产量的 50.83%，其次为 Anjou，占梨总产的 32.23%，还包括 Bosc（10.74%）、Red Anjou（3.03%）、Doyenne du Comice（0.83%）和 Seckel（0.28%）（图 2-2）。

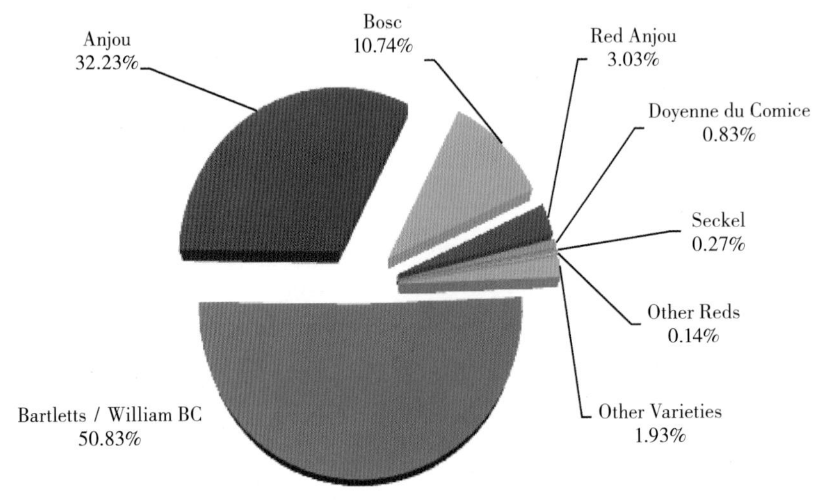

▲ 图 2-2 美国梨品种结构

注：数据来自世界苹果和梨协会 WAPA（World Apple and Pear Association）。

五、南半球梨品种结构

南半球生产梨的两个大国分别是阿根廷和南非，分别占南半球梨总产量的 54.47% 和 23.88%，其次是智利（12.57%）、澳大利亚（8.49%）和新西兰（0.66%）。南半球 2013 年梨总产量为 1 476kt，Packham's Triumph 为第一大主栽品种，占梨总产的 36.8%，第二大主栽品种为 William BC/Bart，占梨总产的 32.0%，其他品种还包括 Forelle（6.2%）和 Beurre Bosc（2.0%）（图 2-3）。

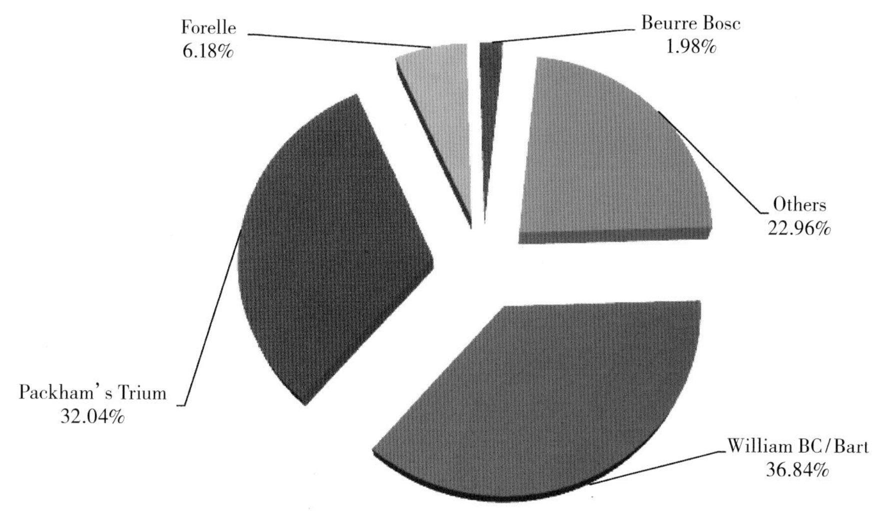

图 2-3　南半球梨品种结构

注：数据来自世界苹果和梨协会 WAPA（World Apple and Pear Association）。

阿根廷 80%~85% 的梨生产集中在内格罗河省的 AltoValle 地区和内乌肯省，其余的主要分布在门多萨省，主栽品种为 William BC/Bart（45.62%）、Packham's Triumph（31.37%）和 Anjou（11.19%）。

南非梨的主要生产区域为 Ceres（39%）、Groenland（12%）、Wolseley/Tulbagh（11%）（均位于西开普省 Western Cape）和 Langkloof East（13%）（位于东开普省 Eastern Cape），西开普省梨产量占南非梨总产的一半以上。南非梨主栽品种为 Packham's Triumph、Forelle、Williams Bon Chretien 和 Abate F，分别占梨总产的 29%、26%、25% 和 6%。其他的梨品种还包括 Beurre Bosc（3%）、Rosemarie（3%）、Doyenne Du Comice（2%）、Golden Russet Bosc（1%）、Cheeky（1%）和 Flamigo（1%）。

智利梨生产区域主要分布在圣地亚哥首都（Metropolitana），第六大区 VIth- 奥伊金斯将军解放者大区（Libertador G. B. O' Higgins）和第七大区 VIIth- 马乌莱大区（Maule）（32°~36°33'S），主栽品种为 Packham's Triumph，占智利梨总产的 50.26%，其他主要品种还包括 WilliamBC/Bart（9.95%），Beurre Bosc（8.90%），Abate Fetel（6.81%）和 Winter Nelis（4.19%）。

澳大利亚梨的生产区域为 Goulburn Valley & Southern（维多利亚州 Victoria），占梨总产的 89%，其他梨生产区域还包括 Donnybrook & Manjimup（澳大利亚西部 Western Australia）、AdelaideHills（澳大利亚南部 South Australia）、Huon Valley（塔斯马尼亚州 Tasmania）、Stanthorpe（昆士兰州 Queensland）、Orange & Batlow（新南威尔士州 New South Wales），分别占澳大利亚梨总产的 6%、4%、0.8%、0.5% 和 0.4%。澳大利亚的梨品种主要是 Packham's Triumph（42.74%）和 William BC/Bart（41.94%），其他品种还包括 Beurre Bosc（6.45%）、Corella（2.42%）、Josephine（2.42%）、Nashi（2.42%）和 Sensation（0.81%）。

新西兰的梨主要品种包括 Doyenn é du Comice，William's Bon Chr é tien 和 Packham's Triumph，还包括新西兰自己选育的 Taylor's Gold，该品种占新西兰梨出口总量的 50% 左右。

第二节　梨优新品种

一、白梨品种

（一）茌梨

别名慈梨，山东莱阳、栖霞栽培最多，河北、江苏、陕西、新疆南部等地亦有分布。

树势强，始果年龄中或晚，丰产。在辽宁兴城，果实9月下旬或10月上旬成熟，果实多不整齐，梗端多向一侧弯曲，单果重233g，卵圆形或纺锤形。果皮黄绿色，果点大而明显；果心中大，果肉浅黄白色，肉质细，松脆，汁液多，味浓甜，石细胞小而少；可溶性固形物含量14.15%，可滴定酸0.19%，品质上等。如图2-4所示。

▲ 图2-4　茌梨结果状

（二）砀山酥梨

别名酥梨、砀山梨，在山西、山东、陕西、河南、四川、云南、新疆等地有大面积栽培。

树势强，始果年龄中等，丰产。在辽宁兴城，果实9月下旬成熟。单果重239g，圆柱形，萼端平截稍宽；果皮绿黄色，贮后黄色，果肩部或有小锈块；果心小，5心室，果心周围有大颗粒石细胞，果肉白色，较细或中粗，肉质疏松，汁液多，味甜；可溶性固形物含量12.45%，可滴定酸0.10%，品质上等。果实耐贮藏。如图2–5所示。

▲ 图2–5 砀山酥梨结果状

（三）冬果梨

在甘肃、宁夏等地有栽培。

树势强，始果年龄中等，丰产。在辽宁兴城，果实9月下旬成熟。单果重250g，倒卵圆形；果皮绿黄色，贮藏后黄色；果心中等大，5心室，果肉白色，肉质稍粗，松脆或稍紧，汁液多，味酸甜；可溶性固形物含量12.23%，可滴定酸0.23%，品质中或中上等。果实耐贮藏。如图2–6所示。

▲ 图2–6 冬果梨结果状

图 2-7　金川雪梨结果状

（四）金川雪梨

别名大金鸡腿梨，四川省大金川两岸分布较多。

树势强，丰产，始果年龄中等。在辽宁兴城，果实 9 月下旬成熟。单果重 221g，葫芦形或倒卵圆形；果皮绿黄色；果心中大，5 心室，果肉白色，肉质中粗，松脆，汁液多，味淡甜或酸甜；可溶性固形物含量 11.27%，可滴定酸 0.20%，品质中上等。如图 2-7 所示。

（五）金花梨

在四川金川及云南昆明等地有栽培。

树势强，丰产，始果年龄中等。在辽宁兴城，果实 9 月下旬成熟。单果重 291g，长圆形或倒卵圆形；果皮绿黄色；果心小，5 心室，果肉白色，肉质细，松脆，汁液多，味甜；可溶性固形物含量 12.78%，可滴定酸 0.14%，品质上等。果实耐贮藏。如图 2-8 所示。

图 2-8　金花梨结果状

（六）金梨

在山西省万荣、隰县、蒲县等地有栽培。

树势强，丰产，始果年龄早或中等。在辽宁兴城，果实 9 月下旬成熟。单果重 390g，圆锥形或长圆形；果皮绿色或绿黄色，贮藏后黄色；果心中等大，5 心室，果肉白色，肉质脆，中粗，汁液多，味淡甜或酸甜；可溶性固形物含量 11.33%，可滴定酸 0.25%，品质中上等。果实耐贮藏。如图 2–9 所示。

（七）蜜梨

在河北省昌黎、青龙、兴隆、迁安和天津蓟县等地有栽培。

树势强，丰产，始果年龄较晚。在辽宁兴城，果实 9 月下旬成熟。单果重 93g，长圆形或圆锥形；果皮绿黄色，阳面微有红晕；果心中大，4 或 5 心室，果肉白色，肉质细，松脆，汁液多，味甜；可溶性固形物含量 11.93%，可滴定酸 0.18%，品质中上等。果实耐贮藏。如图 2–10 所示。

▲ 图 2–9　金梨结果状

▼ 图 2–10　蜜梨结果状

（八）苹果梨

在吉林省龙井、和龙、延吉等地有大面积栽培，在辽宁、甘肃及内蒙古和新疆等地亦栽培较多。

树势中庸，丰产，始果年龄中等。在辽宁兴城，果实 9 月下旬或 10 月上旬成熟。单果重 212g，扁圆形，不规整，形态似苹果；果皮绿黄色，阳面有红晕；果心极小，5 心室，果肉白色，肉质细，脆，汁液多，味酸甜；可溶性固形物含量 12.77%，可滴定酸 0.26%，品质上等。果实耐贮藏。如图 2–11 所示。

▲ 图 2–11　苹果梨结果状

（九）秋白梨

在河北燕山山脉和辽宁西部地区有大面积栽培。

树势中庸，产量中等，始果年龄中等。在辽宁兴城，果实9月下旬至10月上旬成熟。单果重150g，近圆形或长圆形；果皮绿黄色，贮后为黄色；果心小，3~5心室，果肉白色，肉质细，脆，紧密，汁液较多，味甜；可溶性固形物含量13.50%，可滴定酸0.21%，品质上等。果实耐贮藏。如图2–12所示。

▲ 图2–12　秋白梨结果状

（十）栖霞大香水

别名南宫茌，为茌梨较好的授粉品种，在山东省栖霞市及陕西渭北地区有栽培。

树势中庸，产量中等或较高，始果年龄早或中等。在辽宁兴城，果实9月下旬成熟。单果重101g，长圆形；果皮采收时绿色，贮后转黄绿色或黄色；果心中大，5心室，果肉白色，肉质松脆，较细，汁液多，味酸甜；可溶性固形物含量11.05%，可滴定酸0.25%，品质中上或上等。果实耐贮藏。如图2–13所示。

▲ 图 2-13　栖霞大香水结果状

（十一）夏梨

在山西省原平、五台、榆次等地有栽培。

树势强，丰产，始果年龄晚，树龄长。在辽宁兴城，果实 9 月下旬成熟。单果重 146g，倒卵圆形；果皮绿黄色；果心中大，4 或 5 心室，果肉白色，肉质中粗，松脆，汁液中多，味甜；可溶性固形物含量 14.23%，可滴定酸 0.27%，品质中上等。果实较耐贮藏。如图 2-14 所示。

图 2-14　夏梨结果状

（十二）雪花梨

河北省定县最优良的主栽品种。山西代县、忻县、太原、榆次和陕西渭北各县均有栽培。

树势中庸，始果年龄较早，丰产。在辽宁兴城，果实 9 月下旬成熟。单果重 391g，长卵圆形或长椭圆形；果皮绿黄色，贮后变黄色；果心小或中大，5 心室，果肉白色，肉质细，松脆，汁液多，味淡甜；可溶性固形物含量 11.60%，可滴定酸 0.11%，品质中上或上等。果实较耐贮藏。如图 2-15 所示。

图 2-15　雪花梨结果状

（十三）鸭梨

在河北、山东、山西、陕西、河南栽培最多，辽宁、甘肃、新疆均有栽培。

树势中庸或较弱，枝条稀疏屈曲，较丰产，始果年龄早或中等。在辽宁兴城，果实9月下旬成熟。单果重159g，倒卵圆形，果梗一侧常有突起，并具有锈块；采收时果皮绿黄色，贮后变黄色；果心小，5心室，果肉白色，肉质细，松脆，汁液极多，味淡甜；可溶性固形物含量11.98%，可滴定酸0.18%，品质上等。贮藏果实易黑心。如图2–16所示。

图2–16　鸭梨果实

二、砂梨品种

（一）宝珠梨

在云南呈贡、晋宁等地有栽培。

树势强，丰产，始果年龄中或晚。在辽宁兴城，果实9月下旬成熟。单果重198g，近圆形；果皮黄绿色，厚；果心中大，5心室，果肉白色，肉质中粗，松脆，汁液多，味甜；可溶性固形物含量13.63%，可滴定酸0.23%，品质上等或中上等。如图2–17所示。

图2–17　宝珠梨果实

（二）苍溪雪梨

别名施家梨或苍溪梨，原产于四川省苍溪县，为砂梨系统著名地方品种之一。

树势中庸，丰产，始果年龄中等。在辽宁兴城，果实9月下旬成熟。单果重321g，倒卵圆形或瓢形；果皮褐色；果心小，5心室，果肉淡绿白色，肉质中粗，疏松，汁液多，味甜或淡甜；可溶性固形物含量11.43%，可滴定酸0.11%，品质上等或中上等。如图2–18所示。

图2–18　苍溪雪梨果实

（三）早三花

别名三花梨，在浙江义乌等地有栽培。

树势中庸，丰产，始果年龄早或中等。在辽宁兴城，果实9月下旬成熟。单果重139g，长圆形；果皮绿黄色或黄色，梗端有锈斑，向萼端锈斑逐渐减少；果心小或中大，5心室，果肉淡黄白色，肉质细，松脆，汁液多，味甜或酸甜；可溶性固形物含量13.47%，可滴定酸0.11%，品质上等。如图2-19所示。

图 2-19　早三花结果状

三、秋子梨品种

（一）安梨

在辽宁省北镇、鞍山，河北省兴隆、青龙、抚宁等地栽培较多。

树势强，丰产，始果年龄中或晚。果实10月上旬成熟。单果重106g，扁圆形，不规则；果皮较粗糙，黄绿色，厚；果心中大，5心室，果肉白色或淡黄白色，肉质粗，采收时紧密而脆，味酸稍涩，后熟变软，味甜酸，涩味消失；可溶性固形物含量14.23%，可滴定酸1.13%，品质中上等。果实耐贮藏。如图2-20所示。

（二）花盖

在辽宁西部、吉林延边及河北燕山山脉地区均栽培较多。

树势中庸，丰产，始果年龄中或晚。果实9月下旬至10月上旬成熟。单果重77.5g，扁圆形；果皮绿黄色或黄色，梗端有片锈；果心中大，4或5心室，果肉淡黄白色，肉质中粗，采收时肉质紧密而硬，后熟果肉变软，汁液多，味甜酸，有香气；可溶性固形物含量15.40%，可滴定酸0.69%，品质中上等。果实耐贮藏。如图2-21所示。

▲ 图2-20 安梨果实

▲ 图2-21 花盖果实

（三）京白梨

在北京近郊、东北南部、山西、西北各省有栽培。

树势中庸，丰产，始果年龄晚。果实9月上中旬成熟。单果重121g，扁圆形；果皮黄绿色或黄白色；果心中大，5或6心室，果肉黄白色，采收时肉质脆，10~14天后熟，肉质变软，中粗或细，汁液多，味甜，微有香气；可溶性固形物含量14.83%，可滴定酸0.82%，品质上等。果实不耐贮藏。如图2-22所示。

图 2-22　京白梨结果状

（四）南果梨

原产辽宁鞍山，在鞍山和辽阳等地栽培最多，在吉林、内蒙古、山西等地亦有栽培。

树势中庸，丰产，产量不稳定，始果年龄中等。果实 9 月上中旬成熟。单果重 58g，圆形或扁圆形；果皮绿黄色或黄色，有些果实有红晕；果心中大，4 或 5 心室，果肉淡黄白色，采收时肉质脆，经 15~20 天后熟，肉质变软溶，汁液多，甜酸味浓，浓香；可溶性固形物含量 15.50%，可滴定酸 0.56%，品质极上。如图 2-23 所示。

图 2-23　南果梨结果状

（五）鸭广梨

在北京近郊、天津武清区和河北东北部栽培较多。

树势强，丰产，始果年龄晚。果实9月中旬成熟。单果重87g，倒卵圆形或扁圆形，

不规则，果面凹凸不平；果皮绿色、黄绿色或黄色；果心中大，5 心室，果肉淡黄白色，肉质中粗，采收时硬，汁液较少，经 8~9 天后熟，肉质变软，汁液增多，味甜酸而浓，具香气；可溶性固形物含量 13.05%，品质中上等。如图 2-24 所示。

图 2-24 鸭广梨结果状

四、新疆梨品种

（一）库尔勒香梨

在新疆南部栽培最多，以库尔勒地区生产的最为有名。

树势强，丰产，始果年龄中等。在新疆库尔勒，果实9月上旬成熟。单果重107g，纺锤形；果皮绿黄色，阳面有条红，果皮薄；果心大，5心室，果肉白色，肉质细，松脆，汁液多，味甜；可溶性固形物含量14.99%，可滴定酸0.07%，品质上等。果实耐贮藏。如图2–25、图2–26所示。

▲ 图2–25　库尔勒香梨果实

▲ 图2–26　库尔勒香梨结果状

（二）奎克句句

别名绿句句，原产新疆。

树势较弱，产量中等，始果年龄晚。在辽宁兴城，果实9月上中旬成熟。单果重62g，圆形；果皮黄绿色，有片锈；果心中大，5心室，果肉淡黄白色，肉质细，疏松，汁液多，味酸甜或甘甜；可溶性固形物含量17.06%，可滴定酸0.35%，品质中上等。如图2-27、图2-28所示。

▲ 图2-27 奎克句句果实

▲ 图2-28 奎克句句结果状

（三）兰州长把梨

主要分布在甘肃省兰州、张掖等地。

树势较弱，较丰产，始果年龄早或中。在辽宁兴城，果实8月下旬或9月上旬成熟。单果重80g，短葫芦形；果皮绿黄色；果心中大，5心室，果肉淡黄白色，肉质中粗，疏松，汁液中多，味甜酸；可溶性固形物含量13.52%，可滴定酸0.57%，品质中上等。如图2-29所示。

图2-29　兰州长把梨结果状

五、中国梨选育品种

（一）翠冠

浙江省农业科学院园艺研究所育成，母本为幸水，父本为杭青 × 新世纪，1999年通过审定。浙江省主栽梨品种，在我国长江流域及以南地区有大面积栽培。

树势强，丰产，始果年龄早。在浙江海宁，果实7月底至8月初成熟。单果重277g，圆形或扁圆形；果皮黄绿色，有果锈；果心较小，5或6心室，果肉白色，肉质细，松脆，汁液极多，味甜、浓；可溶性固形物含量13.20%，可滴定酸0.11%，品质上等。如图2-30所示。

▲ 图2-30　翠冠结果状

（二）初夏绿

浙江省农业科学院园艺研究所育成，母本为西子绿，父本为翠冠，2008 年通过品种认定，在浙江、江苏、江西、福建等省有栽培。

树势强，丰产，始果年龄早。在浙江杭州，果实 7 月中旬成熟，较翠冠梨早 5 天，货架期 10 天左右。单果重 278g，扁圆形或近圆形；果皮浅绿色，无果锈，外观美，果心小或中大，5 心室，肉质细，松脆，汁液多，味甜；可溶性固形物含量 10.0%，品质中上或上等。如图 2–31 所示。

▲ 图 2–31　初夏绿结果状

（三）寒香梨

吉林省农业科学院果树研究所育成，母本为延边大香水，父本为苹香梨，2002年通过审定，在辽宁、吉林、黑龙江、内蒙古等地有栽培。

树势强，丰产，始果年龄中等。在吉林中部地区，果实9月下旬成熟。单果重151g，近圆形；果皮黄绿色或黄色，部分果实阳面有红晕；果心中大偏小，5心室，果肉白色，采收时肉质硬，经10天左右后熟，肉质变软、细，汁液多，酸甜味浓，有香气；可溶性固形物含量14.38%，可滴定酸0.32%，品质上等。如图2–32所示。

图2–32　寒香梨结果状

（四）寒红梨

吉林省农业科学院果树研究所育成，母本为南果梨，父本为晋酥梨，2003年通过审定，在辽宁、吉林、黑龙江、内蒙古等地有栽培。

树势中庸，丰产，始果年龄中等。在吉林公主岭，果实9月下旬成熟。单果重200g，圆形或阔纺锤形；果皮绿黄色或黄色，阳面有红晕，外观美；果心中大，4或5心室，果肉淡黄白色，肉质细，脆，汁液多，味甜酸，微有香气；可溶性固形物含量14.0%，品质上等。如图2–33所示。

▲ 图 2-33　寒红梨结果状

（五）红香酥

中国农业科学院郑州果树研究所育成，母本为库尔勒香梨，父本为郑州鹅梨，1997 年通过审定，在黄河流域、云贵高原、华北平原等地有栽培。

树势中庸，丰产，始果年龄早。在河南郑州，果实 9 月中下旬成熟。单果重 220g，纺锤形或长卵圆形；果皮绿黄色，阳面有红晕；果心中大，4 或 5 心室，果肉淡黄白色，肉质较细或中粗，松脆，汁液多，味甜；可溶性固形物含量 13.5%，品质上等，果实较耐贮藏。如图 2-34 所示。

▲ 图 2-34　红香酥结果状

（六）华酥

中国农业科学院果树研究所育成，母本为早酥，父本为八云，1999年通过审定，在辽宁、河北、江苏、四川等地有栽培。

树势中庸，丰产，始果年龄早。在辽宁兴城，果实8月上旬成熟。单果重242g，圆形；果皮绿色或黄绿色；果心中大偏小，5心室，果肉淡黄白色，肉质细，松脆，汁液多，味酸甜；可溶性固形物含量10.5%，品质上等。如图2-35所示。

▲ 图2-35　华酥梨果实

（七）黄花

原浙江农业大学育成，母本为黄蜜，父本为三花，1974年通过鉴定，在浙江省有大面积栽培，在福建、湖北、江苏等地亦有栽培。

树势强，丰产，始果年龄早。在湖北武汉，果实8月中旬成熟。单果重216g，圆锥形；果皮黄褐色；果心中大，5心室，果肉白色，肉质细，脆，汁液多，味甜；可溶性固形物含量11.7%，可滴定酸0.19%，品质中上等。果实较耐贮藏。如图2-36所示。

▲ 图2-36　黄花结果状

（八）黄冠

河北省农林科学院石家庄果树研究所育成，母本为雪花梨，父本为新世纪，1997年通过审定，在我国华北、长江流域及以南、西部地区等有大面积栽培。

树势强，丰产，始果年龄早。在河北晋州，果实8月中旬成熟。单果重355g，椭圆形，外观较美；果皮黄色或绿黄色；果心小，5心室，果肉白色，肉质细，松脆，汁液多，味甜；可溶性固形物含量12.18%，可滴定酸0.16%，品质上等。如图2–37、图2–38所示。

▲ 图2–37 黄冠果实

▼ 图2–38 黄冠结果状

（九）锦丰

中国农业科学院果树研究所育成，母本为苹果梨，父本为茌梨，1969年定名，在我国东北西部、华北北部及西北等地有栽培。

树势强，产量较高，始果年龄晚。在辽宁兴城，果实10月上旬成熟。单果重282g，近圆形；果皮绿黄色，贮藏后转黄色，果点大而明显；果心小，5心室，果肉白色，肉质细，松脆，汁液多，酸甜味浓；可溶性固形物含量13.53%，品质极上。果实耐贮藏。如图2–39所示。

▲ 图2–39　锦丰果实

（十）锦香

中国农业科学院果树研究所育成，母本为南果梨，父本为巴梨，1989年通过专家鉴定，2003年获植物新品种权，在辽宁、河北等地有栽培。

树势中庸，产量中等，始果年龄早。在辽宁兴城，果实9月中旬成熟。单果重128g，纺锤形；果皮绿黄色或黄色，阳面有红晕；果心中大，5心室，果肉淡黄白色，采收时肉质坚硬，不能食用，经后熟变软溶，细，汁液多，味甜酸，具浓香；可溶性固形物含量13.73%，品质上等。适宜加工制罐。如图2–40所示。

▲ 图2–40　锦香果实

（十一）龙园洋红

黑龙江省农业科学院园艺分院育成，母本为56–5–20，父本为乔玛，2005年通过审定，在黑龙江省南部及东部等地有栽培。

树势强，丰产，始果年龄早。在黑龙江哈尔滨，果实9月中旬成熟。单果重167g，短的粗颈葫芦形，不整齐；果皮黄色，有红晕；果心小，5心室，果肉黄白色，肉质细，软，汁液多，味甜酸，有香气；可溶性固形物含量16.05%，可滴定酸0.81%，品质上等。如图2–41所示。

▲ 图2–41　龙园洋红果实

（十二）满天红

中国农业科学院郑州果树研究所与新西兰皇家园艺与食品研究所选育，母本为幸水，父本为火把梨，2008 年通过审定，在河南、河北、云南、甘肃等地区有栽培。

树势强，丰产，始果年龄早。在河南郑州，果实 9 月下旬成熟。单果重 294g，近圆形；果皮绿黄色，阳面有红晕；果心较小，5 或 6 心室，果肉淡黄白色，肉质细，脆而紧密，汁液多，味甜酸或微酸；可溶性固形物含量 12.9%，品质上等或中上等。果实较耐贮藏。如图 2-42 所示。

▲ 图 2-42　满天红结果状

（十三）五九香

中国农业科学院果树研究所育成，母本为鸭梨，父本为巴梨，1959年定名，在辽宁、北京、甘肃等地有栽培。

树势较强，树冠紧凑，丰产稳产，始果年龄中等。在辽宁兴城，果实9月上中旬成熟。单果重272g，粗颈葫芦形；果皮绿黄色，部分果实阳面有淡红晕，肩部有片锈；果心中大，5心室，果肉白色，采收时肉质紧脆，经后熟变软，中粗，汁液中多，味酸甜；可溶性固形物含量12.20%，品质中上等。如图2-43所示。

▲ 图2-43 五九香果实

（十四）新梨 7 号

新疆塔里木农垦大学育成，母本为库尔勒香梨，父本为早酥，2000 年通过审定，在新疆、山东、河北等地有栽培。

树势中庸，丰产，始果年龄早。在新疆阿拉尔，果实 8 月上旬成熟。单果重 253g，卵圆形、椭圆形或圆锥形，果面凹凸不平；果皮黄绿色或黄白色，阳面有红晕；果心中大，5 心室，果肉黄白色，肉质疏松，极细，汁液多，味酸甜，可溶性固形物含量 11.88%，品质极上。果实耐贮藏。如图 2-44 所示。

▲ 图 2-44　新梨 7 号结果状

（十五）雪青

浙江大学育成，母本为雪花梨，父本为新世纪，2001 年通过审定，在浙江、江西、湖北、四川等地有栽培。

树势强，丰产，始果年龄早。在北京，果实 8 月上旬成熟。单果重 307g，近圆形；果皮绿黄色；果心小，5 心室，果肉白色，肉质较细，松脆或疏松，汁液多，味甜或淡甜；可溶性固形物含量 11.39%，可滴定酸 0.14%，品质上等或中上等。如图 2-45、图 2-46 所示。

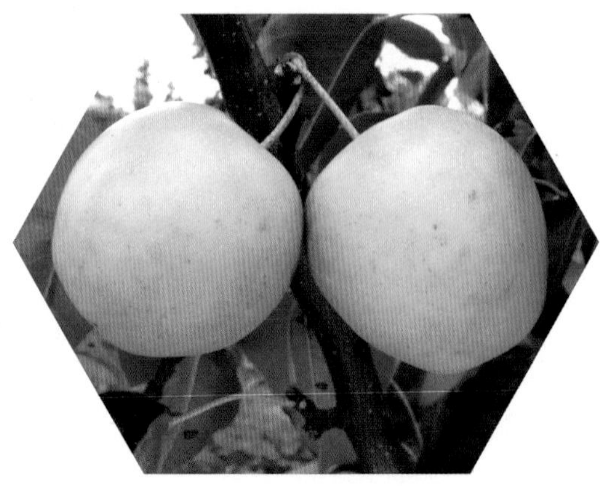

▲ 图 2-45　雪青果实

▲ 图 2-46　雪青结果状

（十六）玉露香

山西省农业科学院果树研究所育成，母本为库尔勒香梨，父本为雪花梨，2003年通过审定，在山西、新疆、河北、陕西等地有栽培。

树势中庸，丰产，始果年龄中等。在山西晋中地区，果实8月下旬或9月上旬成熟。单果重294g，近圆形或卵圆形，不规则，果面有沟；果皮绿黄色，果面有暗红色条红；果心小或中大，5心室，果肉白色或浅绿白色，肉质细，疏松，汁液多，味甜；可溶性固形物含量13.9%，品质上等。果实较耐贮藏。如图2–47、图2–48所示。

▲ 图2–47 玉露香果实

▼ 图2–48 玉露香结果状

（十七）早酥

中国农业科学院果树研究所育成，母本为苹果梨，父本为身不知，1969 年命名，在辽宁、河北、北京、江苏、甘肃、山西、陕西等地有栽培。

树势强，丰产，始果年龄早。在辽宁兴城，果实 8 月中下旬成熟。单果重 270g，卵圆形或圆锥形；果皮绿色或黄绿色；果心中大，5 心室，果肉白色，肉质细，松脆，汁液特多，味淡甜；可溶性固形物含量 11.15%，品质上等。如图 2-49、图 2-50 所示。

▲ 图 2-49　早酥果实

▼ 图 2-50　早酥结果状

▲ 图 2-51　蔗梨果实

▲ 图 2-52　中梨 1 号果实

▲ 图 2-53　早金香果实

（十八）蔗梨

吉林省农业科学院果树研究所育成，母本为苹果梨，父本为杭青，2000 年通过审定，在辽宁、吉林等地有栽培。

树势强，丰产，始果年龄早。在吉林公主岭，果实 9 月下旬成熟。单果重 275g，近圆形或圆锥形；果皮绿色，贮藏后转黄色；果心小，5 心室，果肉白色，肉质细，脆，汁液多，味酸甜；可溶性固形物含量 11.25%，品质上等。如图 2-51 所示。

（十九）中梨 1 号

别名绿宝石，中国农业科学院郑州果树研究所育成，母本为新世纪，父本为早酥，2003 年通过审定，在华北、西南和长江中下游地区有栽培。

树势较强，丰产，始果年龄早。在河南郑州，果实 7 月中旬成熟。单果重 264g，近圆形或扁圆形；果皮绿色或绿黄色；果心中大，5~7 心室，果肉白色，肉质细，松脆或疏松，汁液多，味甜；可溶性固形物含量 12.5%，品质上等。果实不耐贮藏。如图 2-52 所示。

（二十）早金香

中国农业科学院果树研究所育成，母本为矮香，父本为三季梨，2009 年通过审定，在辽宁、北京等地有栽培。

树势中庸，丰产，始果年龄早。在辽宁兴城，果实 8 月中旬成熟。单果重 294g，粗颈葫芦形；果皮黄绿色转黄色；果心小，5 心室，果肉白色，肉质细，软，汁液多，味酸甜，有香气；可溶性固形物含量 13.50%，品质上等。如图 2-53 所示。

六、日本砂梨品种

（一）丰水 Housui

日本农林省园艺试验场1972年育成，母本为幸水，父本为I–33，在我国长江流域、黄河故道、华北平原等地有栽培。

树势中庸，丰产，始果年龄早。在山东冠县，果实8月下旬成熟。单果重326g，圆形或扁圆形；果皮锈褐色，果面用手触摸稍显粗糙，有棱沟；果心中大或小，5心室，果肉淡黄白色，肉质细，松脆或疏松，汁液极多或多，味甜；可溶性固形物含量13.06%，可滴定酸0.13%，品质上等或极上。如图2–54所示。

图2–54 丰水果实

（二）幸水 Kousui

产于日本静冈县，母本为菊水，父本为早生幸藏，在我国江苏、上海、江西等地有少量栽培。

树势中庸，较丰产，始果年龄早或中等。在湖北武汉，果实8月上旬成熟。单果重195g，扁圆形；果皮绿黄色，有果锈，或淡黄褐色；果心小，6~8心室，果肉白色，肉质细，松软，汁液多，味甜；可溶性固形物含量12.3%，品质上等。如图2–55所示。

图2–55 幸水果实

（三）新高 Niitaka

日本神奈川农业试验场育成，母本为天之川，父本为今村秋，1927年命名，在我国胶东半岛、黄河故道等地有栽培。

树势较强，丰产，始果年龄早。在湖北武汉，果实9月上旬成熟。单果重484g，阔圆锥形；果皮黄褐色；果心小，5心室，果肉白色，肉质中粗，疏松，汁液多，味甜；可溶性固形物含量12.49%，可滴定酸0.11%，品质中上等。果实较耐贮藏。如图2–56所示。

图2–56 新高果实

（四）晚三吉 Okusankichi

产于日本新泻县，为早生三吉偶然实生。在我国山东、辽宁等地有栽培。

树势中庸，较丰产，始果年龄早，自花结实率高。在辽宁兴城，果实9月中下旬成熟。单果重393g，近圆形；果皮绿褐色或锈褐色；果心小，5心室，果肉白色，肉质细，松脆，汁液多，味甜酸；可溶性固形物含量12.9%，品质上等或中上等。如图2–57所示。

▲ 图2–57　晚三吉结果状

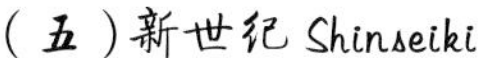

（五）新世纪 Shinseiki

日本冈山县农业试验场 1945 年育成，母本为二十世纪，父本为长十郎，在我国浙江、山东、福建等省有栽培。

树势较强，树冠紧凑，丰产，始果年龄极早。在日本冈山县，果实 8 月中旬成熟。较二十世纪早 15 天；单果重 300g，近圆形，稍扁；果面平滑，果皮黄绿色或黄白色；果心中大，5 心室，果肉白色，肉质较细，松脆，汁液多，味淡甜；可溶性固形物含量 11.0%，品质中上等。如图 2–58 所示。

▲ 图 2–58　新世纪结果状

七、韩国砂梨品种

（一）甘川梨 Gamcheonbae

韩国农村振兴厅园艺研究所1990年育成，母本为晚三吉，父本为甜梨。

树势强，丰产，始果年龄早。在韩国水原，果实10月上中旬成熟；在北京地区，果实9月下旬成熟。单果重590g，果实阔圆锥形；果皮黄褐色或橙褐色；果心小，4或5心室，果肉白色，肉质细，松脆，味甘甜；可溶性固形物含量13.3%，品质上等。果实较耐贮藏。如图2-59所示。

▲ 图2-59　甘川梨果实

（二）黄金梨 Whangkeumbae

韩国农村振兴厅园艺研究所1984年育成，母本为新高，父本为二十世纪，在我国华北平原、长江流域、黄河故道等地区有栽培。

树势较强，丰产，始果年龄早。在韩国水原，果实9月中下旬成熟；在北京地区，果实9月上旬成熟。单果重430g，扁圆形或圆形；果皮淡黄绿色或黄色；果心小或中大，5心室，果肉白色，肉质细，脆或松脆，汁液多，味甜；可溶性固形物含量14.9%，可滴定酸0.13%，品质上等。如图2-60所示。

▲ 图2-60　黄金梨果实

（三）圆黄 Wonhwang

韩国农村振兴厅园艺研究所1994年育成，母本为早生赤，父本为晚三吉，在我国北京、河北、山东、四川等地有栽培。

树势强，丰产，始果年龄早。在山东莱西，果实9月上旬成熟。单果重570g，圆形或扁圆形；果皮黄褐色；果心中大，5心室，果肉淡黄白色，肉质极细，松脆或疏松，汁液极多，味甘甜；可溶性固形物含量13.4%，可滴定酸0.14%，品质上等或极上。如图2-61所示。

▲ 图2-61　圆黄果实

八、西洋梨品种

（一）阿巴特 Abbe Fetel（Abate Fetel）

法国品种，1866 年发现，来源不详，在我国胶东半岛、北京等地有栽培。

树势中庸，丰产，始果年龄早。在山东烟台，果实 9 月上旬成熟。单果重 310g，长颈葫芦形；果皮绿色或黄色，部分果实阳面有红晕；果心小，5 或 4 心室，果肉白色，肉质细，采收后即可食用，经 10~12 天后熟，肉质变软或软溶，汁液多，味甜，有香气；可溶性固形物含量 13.0%，品质上等。如图 2-62 所示。

图 2-62　阿巴特结果状

（二）巴梨 Bartlett

原产英国，1770 年在英国伯克郡发现，偶然实生，在我国胶东半岛、辽东半岛、黄河故道等地有栽培。

树势中庸，丰产，始果年龄中等。在辽宁兴城，果实 8 月下旬至 9 月上旬成熟。单果重 217g，粗颈葫芦形，不规则，表面凹凸不平；果皮绿黄色或黄色，少数果实阳面有红晕；果心较小，5 心室，果肉白色，肉质细，经 7~10 天后熟，肉质变软溶，汁液特多，味酸甜，有浓香；可溶性固形物含量 13.85%，可滴定酸 0.28%，品质极上。果实不耐贮藏。如图 2–63、图 2–64 所示。

▲ 图 2–63　巴梨果实

▼ 图 2–64　巴梨结果状

（三）茄梨 Clapp Favorite

原产美国，母本为日面红，父本为巴梨，1860 年育成，在我国胶东半岛、黄河故道等地有栽培。

树势强，丰产，始果年龄中或晚，抗寒性较强。在辽宁兴城，果实 8 月下旬成熟，较巴梨早 7~10 天。单果重 175g，短葫芦形或倒卵圆形；果皮绿黄色，阳面有淡红晕；果心中大，4 或 5 心室，果肉白色，肉质较细，紧密，经 7~10 天后熟，肉质变软溶，汁液多，味甜，有香气；可溶性固形物含量 12.75%，可滴定酸 0.23%，品质上等。如图 2–65 所示。

图 2–65　茄梨结果状

（四）康佛伦斯 Conference

英国品种，LeonLeclercdeLaval 实生，1894 年发现，在我国山东烟台等地有少量栽培。

树势中庸，丰产，始果年龄中或晚，自花授粉结实率较高。在山东烟台，果实 9 月上旬成熟。单果重 300g，细颈葫芦形，果皮绿色，不规则着生果锈，部分果实阳面有红晕；果心较小，5 心室，果肉白色，肉质细，紧密而脆，经后熟变软，肉质软溶，汁液多，味甜，有香气；可溶性固形物含量 12.45%，品质上等。如图 2–66 所示。

图 2-66　康佛伦斯结果状

（五）三季梨 Docteur Jules Guyot

法国品种，1870 年发现，实生，在我国胶东半岛、辽东半岛、辽西等地有栽培。

树势中庸，较丰产，始果年龄中或晚。在辽宁兴城，果实 8 月下旬成熟，成熟期较巴梨稍早。单果重 249g，粗颈长葫芦形，果面凹凸不平；果皮绿黄色，部分果实阳面有红晕；果心较小，5 或 6 心室，果肉白色，较细，紧密，经 10 天左右后熟，肉质变软或软溶，易沙面，汁液多或中多，味酸甜，有香气；可溶性固形物含量 11.48%，品质中上等。果实不耐贮藏。如图 2-67 所示。

图 2-67　三季梨结果状

（六）派克汉姆 Packham's Triumph

原产澳大利亚，1897 年选育，母本为 UvedaleSt.Germain，父本为 Bartlett，在我国山东烟台等地有少量栽培。

树势中庸，丰产，稳产。果实成熟期较巴梨晚 30 天。单果重 317g，粗颈葫芦形，表面稍显粗糙，凹凸不平；果皮绿黄色或黄色；果心极小，5 心室，果肉白色，肉质细，紧密，后熟变软溶，汁液多，味甜，有香气；可溶性固形物含量 12.70%，品质上等。果实冷藏贮藏期与安久梨相当。如图 2-68 所示。

▲ 图 2-68　派克汉姆结果状

（七）红茄梨 Red Clapp Favorite

美国品种，1950 年发现，1956 年专利注册，为茄梨的红色芽变，在我国胶东半岛，晋、豫、陕交界，冀东、北京等地有栽培。

树势较强，丰产，始果年龄中或晚。在辽宁兴城，果实 8 月中下旬成熟。单果重 131g，葫芦形，果面平滑；果皮为全面深红色，美观；果心中大或小，4 或 5 心室，果肉浅黄白色，肉质紧密，经 5~7 天后熟，肉质软溶，汁液多，味甜，有香气；可溶性固形物含量 12.30%，可滴定酸 0.24%，品质上等。果实不耐贮藏。如图 2-69 所示。

图 2-69　红茄梨结果状

第三节 梨砧木

一、杜梨

杜梨（图 2–70）也叫棠梨、梨丁子，野生种，是我国西北、华北和辽宁南部地区常用的梨砧木，主要产于华北、西北各省，河南、河北、山东、山西、陕西、甘肃等地，辽宁南部、湖北、江苏、安徽等省也有分布，在美国本土、意大利北部和以色列等温度不是特别寒冷的地区也有一定范围的应用，尤其被用于排水不良、土壤黏重的地方。

种子较小，千粒重 14.3~35.7g。其野生分布较多，采集比较容易。杜梨的根系深而发达，侧根少，适应性强，与栽培梨品种亲和性好，嫁接树生长旺盛，结果早、丰产、寿命长。耐盐碱、耐旱、抗涝、耐瘠薄，抗寒和抗病虫能力较强。

▲ 图 2–70 杜梨的花及结果状

二、豆梨

豆梨，野生种，我国长江流域及其以南地区常用的砧木类型。野生于华东和华南地区，在山东、河南、江苏、江西、浙江、湖南、湖北、安徽、福建、广东、广西等地都有分布。常生长于海拔 1 000~1 500m 的高山上，日本、朝鲜也有分布，南美和澳大利亚等地也有应用。

种子很小，千粒重 11.1~14.3g。适应能力较强，适应黏土和酸性土壤，在较恶劣的条件下也能生长。植株比杜梨矮，根系较浅，抗寒力较差，适于温暖、湿润的气候。抗腐烂病能力强，抗火疫病、梨衰弱病和绵蚜，耐盐碱、耐旱、抗涝、耐瘠薄能力仅次于杜梨。

三、山梨

山梨（图 2–71）为秋子梨的野生类型，是东北地区、华北北部、西北北部地区主要的砧木类型。产于我国的东北、华北北部、内蒙古和西北等地，以吉林、辽宁、河北、山西和陕西北部最多。该种栽培品种较多，常在寒地栽培，是北美大平原等极度严寒地区的主要梨树砧木，在温暖湿润的南方不适应。

种子较杜梨、豆梨大，千粒重 35.7~62.5g。本种是梨属植物中抗寒力最强的种，抗黑星病、腐烂病能力强，但耐盐碱能力较差。实生苗根系旺盛，须根繁多。嫁接树

▲ 图 2–71　山梨的花及结果状

树冠大，乔化作用强。丰产、寿命长，与秋子梨、白梨、砂梨系统品种亲和性好，与西洋梨系统品种亲和性弱，有些品种嫁接后易得“铁头病”。

四、梨矮化砧木

1917年，英国哈顿报道M系矮砧对苹果生长和结果的作用，这引起了世界各国的重视，由此开始了矮化密植研究。经过多年的实践经验，人们发现梨树矮化栽培具有树体矮化，管理方便，早结果、早丰产，果实品质优，高效益等特点，已成为梨树栽培发展的必然趋势。

欧美应用比较广泛的有榅桲A、榅桲C和榅桲BA29等。由于榅桲具有易感病毒、固地性差、自根砧适应性不强和抗寒性差等缺点，20世纪60年代，美国俄勒冈州立大学选育出OH×F矮化砧木。此外，比较有前途的西洋梨砧木还有德国的Pyrodwarf和Pyro™2-33、法国的Pyriam、南非的BP系砧木、意大利的Fox系砧木、东茂林试验站的QR193-16，以及法国的Blossier系砧木和Rètuzière砧木等。由于国外矮化砧木与中国梨存在亲和性差和适应性不强等问题，我国自20世纪80年代也开始了适于本国生长的梨矮化砧木的选育工作，先后选育出了中矮1~3号系列矮化砧木。

（一）国内选育的梨矮化砧木

1. 中矮1号

中矮1号（原代号S2）（图2-72）是中国农业科学院果树研究所1980年自锦香梨实生后代中选出，1999年通过辽宁省农作物品种审定委员会审定并命名。中矮1号本身树体矮化紧凑，株高只相当于乔化型对照的49.9%，矮状参数为91.79，是典型的紧凑矮壮型梨。16年生的中矮1号树高仅1.9m。果实9月上中旬成熟。高抗枝干轮纹病，抗枝干腐烂病。抗寒性强，在吉林省珲春地区无冻害发生。生根比较困难，可用作梨的矮化中间砧。

▲ 图2-72　中矮1号的花及采穗树

中矮1号作中间砧与基砧及各系统梨品种均亲和良好，接口上下干粗无差异，没有明显“大小脚”现象。矮化程度为乔砧对照的60%~70%，为半矮化砧木类型，砧段长度大于20cm效果较好。以其作中间砧可以促进品种树早果，苗圃地部分植株可形成花芽，一般定植后2年部分植株开花，促进品种树早期丰产。定植后4~5年亩产在2 000kg以上，较对照园提早2~3年进入盛果期。还具有提高嫁接品种果实品质的优点。中矮1号嫁接南果梨定植4年开花状如图2–73所示。目前，该砧木在生产中已有一定范围的推广应用。

▲ 图2–73　中矮1号嫁接南果梨定植4年开花状

2. 中矮2号

中矮2号（原代号PDR54）是中国农业科学院果树研究所由香水梨 × 巴梨杂交后代选育而成的梨树矮化砧木。1979年杂交，2006年通过辽宁省品种审定委员会登记备案并定名。高抗枝干腐烂病和枝干轮纹病。抗寒性较强，在吉林珲春、辽宁鞍山大冻害之年只有轻微冻害，平时年份能安全越冬。不能扦插生根，可用作梨的矮化中间砧。

中矮2号作中间砧与基砧和现有栽培品种亲和性良好，接口上下干粗无差异，没有明显“大小脚”现象。矮化程度为对照的50%左右，中间砧段长度20cm左右为宜。嫁接树结果早，苗圃地部分植株可形成花芽，一般定植后2年部分植株开花。丰产性好，定植后4~5年亩产在2 000kg以上，较对照园提早2~3年进入盛果期。嫁接树果实可溶性固形物含量较对照提高1%~2%，果实大小无明显差异。中矮2号嫁接南果梨定植4年开花状如图2–74所示。该砧木在生产中也有一定范围应用，不及中矮1号广泛。

▲ 图2–74　中矮2号嫁接南果梨定植4年开花状

3. 中矮 3 号

中矮 3 号是中国农业科学院果树研究所从锦香实生后代中选育而成的梨矮化砧木。1981 年获得锦香梨实生种子，2011 年通过辽宁省非主要农作物品种备案办公室备案。树体矮化紧凑，株高相当于乔化型早酥的 54%。1 年生枝条节处略有膨大，顶端停止生长后亦膨大成瘤状（图 2–75）。抗梨枝干轮纹病和枝干腐烂病，抗寒性强。不能扦插生根，可用作梨的矮化中间砧。

▲ 图 2–75　中矮 3 号的花、1 年生枝条及母本树

中矮 3 号作中间砧与基砧和栽培品种亲和性良好，树体光滑，没有“大小脚”现象，不发气生根。矮化程度相当于对照的 50%~70%，中间砧段长度大于 20cm 效果较好。比对照树提早 2~3 年结果，早期丰产，作中间砧嫁接树果实的可溶性固形物含量较乔砧对照树提高 1~2 个百分点。中矮 3 号嫁接南果梨定植 4 年开花状如图 2–76 所示。

4. K 系矮化砧木

1980~1981 年，山西省农业科学院果树研究所以身不知、朝鲜洋梨、二十世纪、菊水、象牙梨等 10 多个具矮化倾向的品种（系）为亲本进行杂交，在杂种实生苗中选育出 K 系矮化砧木。经过对其性状的多年系统观察和品种试验，初选出 15 个优系，从中复选出 13、19、21、28、30 和 31 等优系。这些优系表现砧穗亲和、易繁殖、适应性和抗逆性强等优点，嫁接品种树体矮化、树冠紧凑、开花结果早、丰产、优质。1994 年 12 月通过山西省鉴定，正式定名为梨 K 系矮化砧木。K 系矮化砧木压条繁殖容易，可用作自根砧或中间砧，嫁接白梨系统栽培品种最好，抗干燥、抗寒冷，在土壤瘠薄、pH 值为 7.8 的石灰性土壤条件下，生长发育正常，适于西北和华北的大部分地区。

（二）国外选育的梨矮化砧木

1. 榲桲砧木

在欧洲，矮化密植栽培比较广泛，为了适应矮化密植的要求，必须有一种可以控制树势的砧木，于是人们选用了榲桲（图 2-76），榲桲早在 17 世纪就已在英国和法国被用作梨树的砧木，世界上大多梨树矮化密植栽培应用的都是榲桲砧木。与西洋梨实生苗砧木相比，榲桲砧木可以使嫁接品种的树体减小 30%~60%，并能缩短结果时间，增大果个。榲桲有很多类型，英国东茂林试验站从众多类型中选出了 7 个优良的类型，分别命名为 EMQuinceA、B、C、D、E、F 和 G。一般习惯上将 EM 去掉称作榲桲 A、B、C、D、E、F 和 G。而法国科学家一般将榲桲分为两大类群，即昂热榲桲（Angers Quince）和普罗文斯榲桲（Provence）。不同类型的榲桲砧木都不同程度地存在着易感火疫病、根腐病、缺铁性黄化病，抗寒性差，不耐涝，固地性差，与许多品种嫁接亲和性差等问题。榲桲 A（EMA）、榲桲 B（EMB）、榲桲 C（EMC）是欧洲和其他地区梨栽培应用的主要砧木，普罗文斯榲桲 BA29 是美国加利福尼亚州等地应用最广

▲ 图 2-76　中矮 3 号嫁接南果梨定植 4 年开花状

▲ 图 2-77　榲桲开花状

泛的榅桲砧木。

（1）榅桲A　榅桲A（图2–78）是真正的昂热榅桲，是应用最广的类型，它生长非常健壮，植株直立，枝条向各方伸展；叶片大、先端渐尖，叶背有一些柔和的皱纹，中脉带红色。叶片大小介于较大的葡萄牙榅桲（E）、苹果榅桲（F）、梨形榅桲（G）与榅桲B、C、D之间。果实中等大小，近苹果形，品质中到上等，它既是一个良好的栽培品种，又是一个良好的砧木品种。压条繁殖容易，扦插也容易，生长健壮，抗叶斑病，根系的须根发育良好，嫁接树固地性良好。做砧木矮化性好，嫁接梨品种树高只及乔化树的1/3~1/2。结果早，果实品质好，为欧美最常用的榅桲矮化砧木。

▲ 图2–78　榅桲A

（2）榅桲B　榅桲B与榅桲A的特性有些相似，但生长势稍弱，新梢的直立性稍强。叶片比榅桲A较小，长大于宽，叶背有茸毛，叶形稍小，先端锐尖，下垂，并有一些像榅桲A一样的柔和皱纹，但中脉红色较淡。果实小而硬，有石细胞，具茸毛，形状和榅桲A不同，品质差。在苗圃中，压条和扦插生根良好。根系须根稍少，植株生长缓慢。嫁接到它上面的植株比接在榅桲A上的稍小，因此，易于培育灌木型的矮生梨树。抗寒性差。

（3）榅桲C　榅桲C（图2–79）在生产上很少见到，几乎已经绝种，它的特点是自身非常直立，然而生长矮小，外貌大体上为成束的“烛台”状，与榅桲A和B比较起来，新梢细，淡棕色。叶片小，近圆形，先端钝尖，具有较多硬皱纹（好

▲ 图2–79　榅桲C

像浆过一样），早春叶片呈黄色。在苗圃内生长势弱，不像榅桲 A 那样耐寒，非常容易感染叶斑病，因此它常常在盛夏就完全落叶。压条和硬枝扦插都容易生根，根系小而浅。做砧木矮化性能极强，嫁接梨品种树高只及乔化树的 1/2，为极矮化的榅桲砧木。嫁接在它上面的植株比嫁接在榅桲 A 和榅桲 B 上的要小些，结果早些。其产量较高，固地性差，不耐寒，通常在荷兰、比利时和意大利等国土壤比较肥沃的地方栽植。

榅桲 A 和榅桲 C 我国曾有引种试栽，这两种类型均属广义的昂热榅桲。它们有一个共同的特点，即易在嫁接处折断，和东方梨嫁接不亲和，与西洋梨中许多品种也高度不亲和。

（4）普罗文斯榅桲 BA29 和 Sydo　普罗文斯榅桲 BA29（图 2-80）和 Sydo 是法国农业科学院昂热果树和观赏植物育种单位专门为西洋梨栽培品种威廉姆斯和康弗伦斯、考密斯选育的矮化砧木。Sydo 生长势与榅桲 A 相当，扦插繁殖比榅桲 A 容易，嫁接树比榅桲 A 产量高，较抗病毒病。BA29 是生长势最强的榅桲砧木，长势略强于 Sydo 和榅桲 A，矮化效果为实生砧木 60%~75%，产量与实生砧木相当。该砧木对生长条件要求不严格，耐瘠薄，耐盐碱，耐旱。对石灰诱导性黄化和梨衰弱病的抗性比榅桲 A 和 Sydo 强，适合在这方面存在问题的地方栽植。与西洋梨品种亲和性好，是

▲ 图 2-80　BA29

西班牙、葡萄牙、法国、荷兰和澳大利亚等国比较常用的梨矮化砧木。

（5）普罗文斯榅桲 Le Page Series C 和普罗文斯榅桲 BA29-C　这是两种新的榅桲砧木，应用有限。普罗文斯榅桲的特点是在早春叶片为深绿色，带有浓厚的茸毛；枝条强壮，直立，顶部和小枝上有很多茸毛；植株一般较强壮，较不开展，直立性较强。普罗文斯榅桲 BA29-C 是从普罗文斯榅桲中筛选出来的脱毒株系，这两种砧木都具有早果，高产的特性，嫁接树树高仅为乔化树的 1/2~2/3。它们也易感火疫病。普罗文斯榅桲 BA29-C 抗梨衰弱病、根癌病、线虫和根蚜，对碱性土壤适应性更强。它也与一些梨品种嫁接不亲和，需要用故园或哈代做亲和中间砧，与巴梨系列的梨品种亲和性良好。

（6）Quince Adams　Quince Adams（图 2-81）是 20 世纪 80 年代比利时育种者选育的榅桲砧木。在荷兰和比利时应用广泛，虽然表现良好，但在意大利应用不多。矮化效果在 Quince Sydo 或 MA 和 MC 之间。

（7）其他榅桲砧木　近年来，还出现了 3 个较为优秀的榅桲砧木，即英国东茂林试验站选育的 Quince EMH，选自俄罗斯高加索地区的 C132 和荷兰选育的 Eline®。据报道这些砧木在对嫁接树生长势的控制和产量方面的表现与榅桲 C 相似。有些试验中它们的表现还优于榅桲 C，如 EMH 比榅桲 C 略为矮化，EMH 和 C132 可以增大果个，且抗霜冻能力强，Eline®在减少果锈方面更优秀等。Quince Ct.S.212（图 2-82）为欧洲选育出的榅桲无性系砧木，在意大利栽培较多，抗寒性和抗缺铁引起的黄化病能力较强。

▲ 图 2-81　Quince Adams

▲ 图 2-82　Quince Ct.S.212

2. OH × F 系砧木

OH × F 系砧木（图 2-83 至图 2-85）是美国的 Brooks 于 20 世纪 60 年代以西洋梨故园（Old Home）为母本，法明代尔（Farmingdale）为父本进行杂交，选育出的抗火疫病的砧木。由于 OH × F 杂交后代中多数植株均抗火疫病和衰退病，其中一些个体还具有矮化、早果作用，Westwood 和 Lambard 等对其进行了细致的研究，从中筛选出了既有较好丰产特性，又没有严重的根萌蘖，硬枝扦插又易生根的半矮化砧木 OH × F40、69、87、230 和 333，以及矮化程度与榅桲 A 相似的矮化砧木 OH × F51，其中最著名的就是 OH × F333 和 OH × F51。这些砧木均抗梨衰退病和火疫病，与梨属品种亲和良好，固地性好，除有报道说 OH × F51 在加拿大易遭受冻害，建园难外，其他砧木抗寒性均强。

OH × F 系砧木在我国北方地区腐烂病严重，适于我国较南部地区栽培。中国农业科学院果树研究所于 20 世纪 80 年代初最先引进了其中的 OH × F51、OH × F333 和 OH × F69 等砧木。贾敬贤等（1990）以杜梨做基砧，OH × F51、OH × F333 和 OH × F69 做中间砧嫁接早酥对其进行了鉴定，表明 OH × F51 和 OH × F333 均为半矮化砧木类型，其矮化作用小于中国农业科学院果树研究所培育的梨矮化砧 PDR54（中矮 2 号），且易患梨腐烂病。OH × F69 属乔化砧木类型。

▲ 图 2-83　OH × F40

▲ 图 2-84　OH × F333

▲ 图 2-85　OH × F97（王然提供）

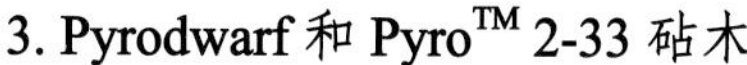

3. Pyrodwarf 和 $Pyro^{TM}$ 2-33 砧木

Pyrodwarf 和 $Pyro^{TM}$ 2–33 砧木是德国吉森海姆（Geisenheim）果树研究所自 Old Home × Bonne Louise d' Avranches 杂交后代中选出的。有报道称嫁接到 Pyrodwarf 砧木上的梨树长到 15 片叶时仅为嫁接到 OH × F97 砧木上相同品种的 50% 大小，同时 Pyrodwarf 砧木嫁接的品种单位面积产量高，与欧洲梨和一些中国梨品种亲和性好，耐涝，抗寒性、固地性良好，并且不产生根出条，缺铁性黄化率低，火疫病抗性适中。Pyrodwarf 在许多欧洲地区高密度生产中表现为生长势太强，并未大面积推广。嫁接到 $Pyro^{TM}$ 2–33 砧木上的梨树早果性极强，比 OH × F 系砧木早丰产两年，且实生苗生长势一致。有报道称上述两种砧木在生长势控制方面均不超过实生西洋梨或杜梨砧木的 1/3。

4. Pyriam

Pyriam 是法国农业科学院从自然授粉的西洋梨品种故园的后代中筛选出来的。认为在法国东南部具有取代 BA29 的潜力。其嫁接树生长势略强于 BA29，产量与 BA29 相当。法国的试验证明其与西洋梨品种威廉姆斯嫁接亲和性好，繁殖性好。

5. Fox 系砧木

Fox 系砧木是意大利博洛尼亚大学选育的梨矮化砧木。其中 Fox 11（图 2–86）和

▲ 图 2–86 Fox11

Fox16 获得了品种权。Fox11 与 BA29 矮化程度相当，建议栽植密度为 2 000~2 500 株/hm^2。其与嫁接品种亲和性好，耐盐碱。Fox16 矮化性略低于 BA29，耐旱，但不如 Fox11 耐盐碱。

6. BM2000

BM2000 是澳大利亚通过实生选种获得，其亲本可能是西洋梨品种威廉姆斯和贝克汉姆，生长势适中，关于早果性、丰产性和生产率方面的文献较少。

7. BP 系列砧木

BP 系列砧木中的 BP1 和 BP3 已经在南非作为主要砧木栽培超过 20 年。BP1 矮化性与榅桲 A 和 BA29 相当，产量高。由于其极易感梨衰弱病和火疫病，限制了其在欧美地区的应用。近年来，南非也有应用榅桲砧木的趋势（尤其是红色品种），但需要对营养和灌溉进行精细化管理。试验表明许多嫁接在榅桲砧木上的栽培品种在不同的生长条件下通常比嫁接到 BP1 砧木上的矮化，且单位面积产量高。还发现红色品种在榅桲砧木上比在 BP 系列砧木上着色好且固形物含量高，可能与光照分布较好有关。嫁接到不同砧木和梨属实生苗上的梨树的相对百分比大小如图 2-87 所示。

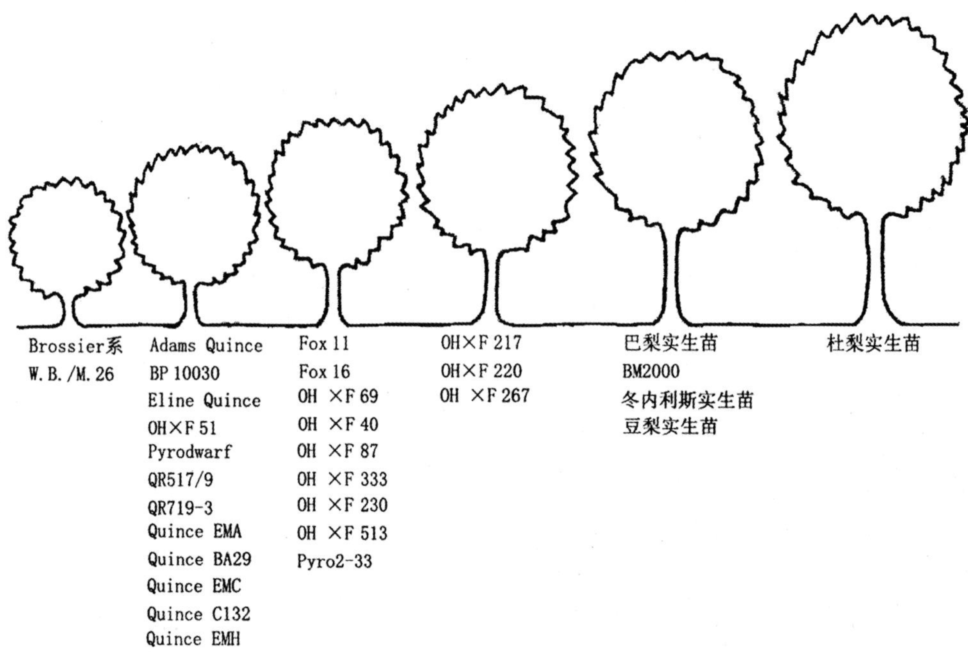

▲ 图 2-87 嫁接到不同砧木和梨属实生苗上的梨树的相对百分比大小（Elkins, et al., 2012）

注：W.B./M.26 为嫁接到 M26 砧木上的苹果品种 Winter Banana。

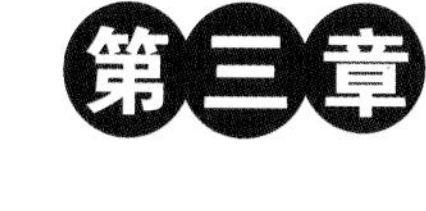

梨栽培技术

LI ZAIPEI JISHU

第一节　栽培模式

随着人口老龄化和城镇化水平的不断提高，探索和发展省力化栽培技术成为梨生产的发展趋势。随着科技的发展，梨的栽培制度发生了重大变革，已经呈现出由分散管理到集约化管理、精细管理到省工高效、人工作业到机具作业、稀植到密植、低品质到高品质和低产到高产的发展趋势。梨树的栽培模式主要有稀植栽培和密植栽培2种，稀植栽培需要的肥水多、栽培空间大、结果晚、管理成本较高，密植栽培有提前结果、便于管理、生产成本低、梨品质好和品种更新快等优点，成为世界梨栽培发展的方向。

一、乔砧密植

我国梨树栽培目前仍处在乔化稀植为主的栽培模式下，特别是老果园和丘陵山地果园（图3-1、图3-2）。常用株行距为（3~4）m×（4~5）m，栽培密度为33~56株/667m^2。这种栽培模式一般5~6年开始结果，8~9年进入盛果期，年平均产量1 500~2 500kg/667m^2。树体高大，树形多是疏散分层形，结构层次多，整形修剪技术复杂，劳动强度大，作业不便。乔化稀植梨园作业机械化程度很低，除整地、中耕少数使用旋耕机或微耕机，喷雾打药用机动喷雾器或背负式喷雾器，运输用农用三轮车外，果园其他农事作业一般均为人工劳动。修剪、疏花疏果、套袋和采收主要凭借凳子、梯子人工进行；果园施肥多采用铁锹、镐等工具人工挖沟作业，少数果园采用挖穴机，有的将肥施于地面再用小旋耕机旋搅，使肥混施于土壤之中；除草时多采用人工锄草或者喷洒除草剂的方式，很少有果园采用除草控草的动力机具；肥料、果品等的运输多采用农用三轮车，一般梨园年用工时间高达3 200h/hm^2，是西欧和美国用工时间的7~8倍。

20世纪80年代我国曾在梨乔砧密植早期丰产上获得很大成功，但大多数梨园盛果期后效果不是很理想。除了我国梨主产区多属干旱半干旱地区，自然条件较差这个原因外，主要由于栽培中树形选择、栽植密度、树体结构及配套技术等方面存在诸多问题，特别是常出现的由于树冠控制不当导致的光照条件恶化，持续优质、丰产的果园不是很多。但随着梨树形改造技术的推广应用，大多数乔砧密植园果实品质和产量获得了大幅提高。

▲ 图 3-1　传统稀植大冠树形

▲ 图 3-2　丘陵山地梨园大冠树形

梨树形改造要点为：逐步疏除干高1.2m以下的大主枝；控制树高为3~3.5m，太高的树体进行落头；全树保留大枝5~7个，大枝间距40~50cm；对保留的主枝开张角度控制为60°~70°；疏除直立枝、强旺枝、徒长枝、交叉枝和重叠枝，使树冠内小枝分布均匀合理。乔砧密植梨园如图3-3所示。

图 3-3　乔砧密植梨园

近年来，梨树省力密植栽培模式在河北、山西、辽宁等省逐步推广，实现了梨优质高产高效，成为乔砧密植栽培的一次重大突破。这种栽培模式采用圆柱形树形，宽行窄株，株行距为（0.7~1）m×（3.5~4）m，树高控制在 2~3m，在大砧育苗、坐地苗建园的前提下，采用多位刻芽，改变梨自然发枝特性，使枝条在中心干上均匀分布，有效控制了结果部位上移或外移，较常规生产园提早 1~2 年结果，提早 3~4 年进入盛果期，在河北农业大学与河北高阳天丰农业集团共建的试验基地，实现建园后第三年产量 2 500kg/667m^2，第四年产量 6 000kg/667m^2，第五年产量 7 500kg/667m^2，优质果率 93% 以上，亩产值 3.3 万元，每亩生产成本降低 30%~38%。这种省力高效栽培模式，解决了传统树体高大导致的整形修剪、花果管理、果园喷药等田间操作困难以及果园郁闭的问题，实现了省工省力、优质丰产及果园机械化作业的目标。省力化乔砧密植梨园如图 3-4 所示。

图 3-4　省力化乔砧密植梨园

二、矮砧密植

在西欧和美国，梨矮化栽培发展很快，矮化砧梨园占 80% 以上。法国发展最早，德国发展最快，美国、意大利（图 3–5）、英国、波兰、苏联等国都在发展这一模式。梨园每年用工一般为 400~550h/hm^2，在巴西为 750h/hm^2，波兰则少于 400h/hm^2。

梨树矮化密植栽培模式的主要特点如下：

1. 采用矮化砧

国外采用的梨矮化砧主要是英国东茂林试验站培育的榅桲 A、B、C 型和普鲁文斯砧，及美国培育的 OH×F 系列矮化砧。我国梨矮化砧木有中国果树研究所选育的中矮 1 号、中矮 2 号，山西果树研究所选育的 K 系矮化砧。

2. 宽行窄株

采用纺锤形，株行距（0.9~1.2）m×（3.3~4）m，每亩栽 139~222 株。树高 3.5m，冠幅 0.8~1.2m，全树 15~20 个主枝，均匀分布，栽后当年不挂果，第二年亩产 1 000kg 左右，第四年 3 000~4 000kg，达到成龄果园水平。

图 3–5　意大利矮砧密植梨园

3. 架式栽培

采用钢管、水泥杆或木材支架，顺行每 8m 设立 1 支柱，拉 4 道铁丝，幼树树干固定在其上，铁丝架高达 3m。

4. 肥水一体化

基本采用微喷和滴灌，行内毛细管主要布置在地上 40cm 处。

5. 果园生草

普遍采用生草技术，以各种当地草种和白三叶为主。

6. 修剪调节

围绕中干培养大量的结果枝，通过去大留小，把冠幅控制在合理的范围内，实现枝组更新与顶端优势的维持。

7. 机械化

国外常用的机械有苗圃播种机、定植挖穴机、除草刈割机、喷药施肥机、修剪机、气动修剪机等。一般每个劳力可管理 3~5hm^2 梨园。一人操作一台圆盘修剪机，每天工作 8h，可修剪 3~5hm^2 梨树；一台高速弥雾机 15min 可完成 1hm^2 果园的喷药。

第二节　苗木繁育

一、苗圃地选择与规划

（一）苗圃地的选择

苗圃地的选择应从具体情况出发，因地制宜，需注意以下事项。

1. 地点

应设在需要苗木地区的中心地带，以减少苗木运输费用和运输途中的损失，而且苗木对当地的环境条件适应性强，栽植成活率高，生长发育良好。

2. 地势

宜选择背风向阳、排水良好、地势较高、地形平坦的开阔地带。

3. 土壤

以沙壤土和壤土为宜。因其理化性质好，适于土壤微生物的活动，对种子发芽、幼苗生长都有利。起苗省工，伤根少。

4. 灌溉条件

果树种子的萌发和插条生根均要求较湿润的土壤。幼苗期根系浅，耐旱性弱，如果不能保持水分供应，会造成生长停止，严重缺水会造成死亡。在自然降水不足的地区，必须有充足的水源，以供灌溉。

其他还应考虑的因素有：有无病虫、鸟、兽危害，是否重茬等。对严重危害果树苗木的立枯病、根头癌肿病和地下害虫如蛴螬、金针虫、线虫等必须采取防治措施。

（二）苗圃地的规划设计

苗圃要根据育苗的性质、任务、培育苗木的树种、品种，结合当地的气候、地形、土壤等资料进行全面规划。一般应包括母本园采穗圃和繁殖区两部分。梨苗圃地如图3–6所示。

▲ 图3–6　梨苗圃地

1. 母本园

主要任务是提供繁殖材料，如砧木种子、自根砧繁殖材料、中间砧和优良品种的采穗圃等。良种采穗圃也可与品种园结合起来，以保证苗木品种纯正，优质健壮。

2. 繁殖区

根据所培育的苗木种类分为实生苗培育区、自根苗培育区和嫁接苗培育区。可划分为若干个小区（作业区）。地势平坦一致时，小区面积可 66 700m^2 左右，地形复杂时可 20 010~33 350m^2，每个小区内的气候、土壤条件应基本一致，有利水土保持和防风，有利于运输和管理。小区的形状多采用长方形。

3. 道路

结合小区规划设置，主干路从苗圃中心与外部主要道路相通，宽 6m 左右，支路结合大区划分，然后根据需要划分若干小区，小区间留作业路。

4. 排灌系统与防护林

为节约用地，排灌渠道应与路结合起来，防护林可参照果园防护林的要求设计。

5. 房舍建筑

办公室、工具室、仓库等应选择位置适中、交通方便的地点建筑，尽量少占用好地。

苗圃地繁殖区的轮作换茬是十分重要的。因为上茬根系分泌有毒物质，加之土壤中某些营养元素的缺乏，土壤结构破坏，病虫害严重，从而造成重茬地苗木生长不良。应根据规划安排，2 年轮作，或不同种类果树苗轮作，同时深翻改良土壤，刨除上茬苗的余根，进行土壤消毒等，可取得较好效果。

二、嫁接与圃内定植

嫁接的方法很多，概括起来有芽接和枝接两大类。对一年生砧木苗常采用“T”形或方块形芽接。当砧木和接穗不离皮时，可采用嵌芽接，春季和秋季都可进行。育苗中的枝接多用舌接、切接和皮下接，主要用于冬季和春季嫁接。

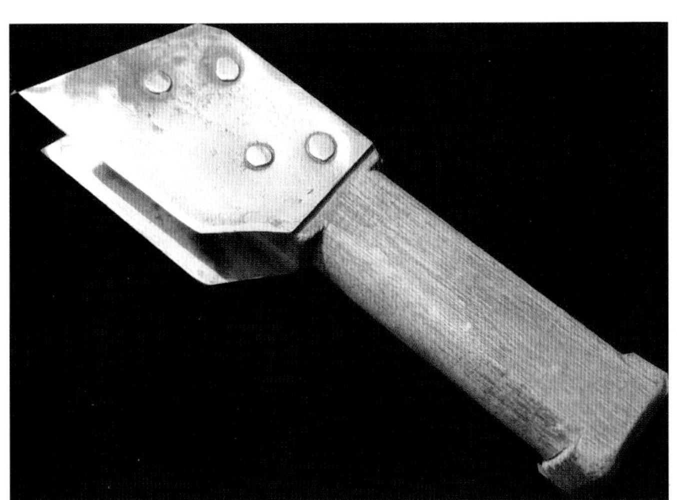

▲ 图 3–7　双刃嫁接刀（朱立武提供）

（一）双刃刀芽接法

双刃刀芽接法是近年来育苗生产中新出现的一种嫁接方法，具有嫁接速度快、成活率高的优点，现介绍如下。

1. 芽接刀具

使用双刃刀（图 3–7）是这种嫁接方法的关键。这种嫁接刀将两片相同形状的不锈钢刀片固定在木质手柄上，刀片之间距离为 1.5~2.0cm。

2. 砧木与接穗

▲ 图 3-8　杜梨砧木（朱立武提供）

砧木利用当年春季播种培育的杜梨（图 3-8）、山梨或豆梨实生苗，接穗为所繁育品种的当年生充实、健壮的新梢。

3. 嫁接时间

于夏秋季节、砧木与接穗皮层容易剥离时进行，一般在 7 月下旬至 8 月下旬。

4. 砧木剥皮和刻取芽片

捋去砧木苗基部 10cm 处叶片，横切一刀并自一边挑开皮层（图 3-9），再于接穗的芽上横刻一刀，切开一边后用手指一推取下接芽（图 3-10）。由于采用的是双刃刀，使原本需要 4 刀才能完成的过程（削取芽片、切开砧木各需 2 刀）变为刻两刀即可，大大提高了嫁接速度，普通嫁接工每天（8h）可接 2 000 株以上。

5. 贴芽与绑缚

迅速取下接芽贴入砧木切口（图 3-11），以塑料薄膜自下而上绑缚（图 3-12）。由于双刃刀的刀刃之间距离固定，使得砧木切口大小与接芽的长度完全一致，保证了砧木与接芽形成层的完全结合，成活率几乎可达 100%。

▲ 图 3-9　横切砧木挑开皮层（朱立武提供）

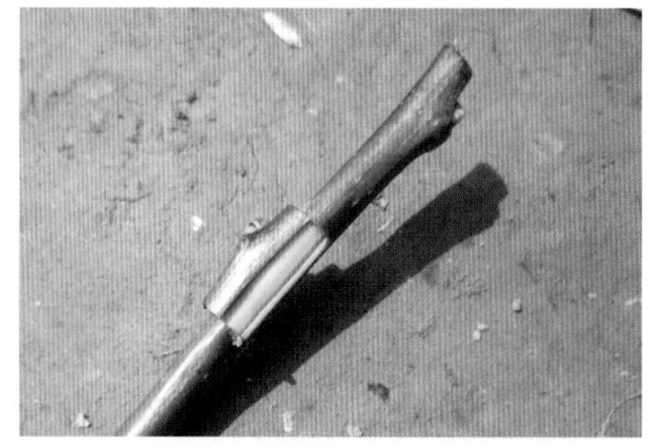
▲ 图 3-10　一刀刻取接芽（朱立武提供）

▲ 图 3-11　剥去砧木皮层贴入接芽（朱立武提供）

▲ 图 3-12　塑料薄膜绑扎（朱立武提供）

6. 剪砧

不同立地条件由于气候差异，剪砧的时间不同。在冬季干旱、寒冷的西北地区，采取保芽过冬、第二年萌芽前剪砧，两年出圃苗高度可达 200cm 左右，150cm 处直径 1.0cm 以上。在生长季节较长的南方地区，嫁接 7~10 天后可以剪去砧木，接穗当年可以抽生 30cm 左右的新梢，当年即可出圃。

（二）冬季根接育苗技术

冬季根接育苗，不仅延长了嫁接期限，使嫁接育苗周年进行，而且可充分利用冬季农闲时期，同时可在室内操作，大大减轻了劳动强度。采用此法嫁接和管理，一般成活率在 85% 左右，当年 667m^2 出圃苗数在 1.0 万 ~1.5 万株。

1. 嫁接时期和方法

嫁接时期一般在梨树休眠季节，即每年的 1 月初至 2 月底。嫁接方法：

（1）准备砧木　掘取一年生砧木主根，洗净泥沙晾干水分备用。剪成长约 10cm，粗度要求在 0.8cm 以上。

（2）采用舌接、单芽切接或双芽切接　接后用薄膜将整个嫁接部位和接穗捆扎严密。嫁接时可一人专削接穗及切砧木，另一人专包薄膜，以利提高工效。

（3）接后保存　嫁接完后不能立即定植，每 10 株捆为 1 束，埋在室内湿沙床中，上部以微露接穗顶部为宜。沙的湿度以捏之能成团，触之即散为宜，过干过湿均为不利。如在室外沙床中保存需用薄膜及稻草覆盖。并注意经常检查，以防霉烂。

2. 圃地栽植

4 月上旬，梨芽即将萌动之时，将砧穗体于苗圃地定植。苗圃地应根据土壤肥力状况，一次性施足腐熟有机肥，另外每亩撒施 25kg 三元复合肥，整理成畦面宽 1.2m 左右，沟宽 0.25m 左右（限南方多雨地区），畦面上覆盖黑地膜。

栽植时，先用尖锐的棍棒将黑地膜刺出一个洞，并在土壤中形成种植孔，将嫁接好的苗种入，然后压紧苗周围的土。以株距 10~15cm，行距 20~25cm 为宜。采用模板打洞效率更高。

3. 夏季管理技术

（1）摘心　及时摘心有利苗木生长整齐。由于砧木质量及接穗等差异，苗木生长有一定差异。当苗木高度达到 50~60cm 时，进行摘心，促进苗木生长整齐。枝梢不直立的品种，需用直细棒等绑缚，以保证苗木直立。

（2）及时除萌　由于苗木种植深浅不一，加上砧木生长势强，常常会有萌蘖产生，过早除萌会影响成活率。当新根长出，苗木高度达到 20cm 以上后开始除萌，并且尽量不要摇动砧木。

（3）重视病虫害的防控　因苗圃地没有产量，生产上往往对蚜虫、梨瘿蚊、梨锈病等病虫危害放松警惕，导致苗木质量下降，应注意克服。

（三）矮化中间砧苗繁育

1. 三年出圃苗的培育

第一年，春天培育实生砧苗，多采用栽植上一年播种获得的幼苗，在生长季较长的地方也可采用春季直接播种的方式（图 3-13）。秋季在砧苗上嫁接矮化中间砧接芽（图 3-14）。第二年，春季在接芽上方 0.5~1.0cm 处剪砧，秋季在中间砧上 25~30cm

▲ 图 3-13 春季实生砧木栽植（假植、剪根、栽植、浇水）

▲ 图 3-14 矮砧接穗及秋季第一次嫁接

处嫁接梨品种接芽。第三年，春季在接芽上方 0.5~1.0cm 处剪砧，秋季即可培育成矮化中间砧梨苗（图 3–15）。此种方法较为常见。

▲ 图 3–15　矮化砧木当年生长状态及嫁接品种后春季萌发

2. 二年出圃苗的培育

（1）分段嫁接法　第一年，培育实生砧苗，秋季在中间砧母本树的一年生枝条上，每隔 30~35cm 嫁接一个梨品种接芽。第二年，春季将嫁接梨品种接芽的矮砧分段剪下（每个中间砧段顶部带有一个梨品种接芽），再分别嫁接到上年培育好的实生砧苗上，秋季成苗。此法虽然节省 1 年时间，但所需矮砧接穗量大，且树上嫁接较为费工，不适合大规模生产。

（2）双重枝接法　第一年，培育实生砧苗。第二年，早春将梨品种接穗枝接在长 25~30cm 的矮化中间砧段上，并缠以塑料薄膜保湿，再将接好梨接穗的中间砧茎段枝接在实生砧上，秋季即可出圃。此法与分段嫁接法相似，对矮砧接穗需要量大，树下嫁接使嫁接变得容易，但双重嫁接使成活率下降。

3. 嫁接与接后管理

（1）采穗　从品种采穗圃或生产园中选择生长健壮、结果正常、无检疫性病虫害的母株，在树冠外围、中部采集生长正常、芽体饱满的新梢。生长季节，剪除叶片，保留叶柄（长 0.5cm 左右），剪去枝条不充实部分，然后置阴凉处保湿贮存；休眠季节，在树液流动前采穗，采后置阴凉处覆盖湿沙贮存。

（2）嫁接方法　秋季嫁接采用芽接法或带木质芽接法（图 3–16），春季嫁接采用硬枝接法或带木质芽接法。春季可在室内嫁接，嫁接后定植于圃内。秋季多在田间嫁接，避免反复伤根，利于苗木快速生长。

（3）嫁接后管理　嫁接后 10~15 天检查成活情况，对未接活的及时补接。枝接后萌发的新梢长至 20~30cm 长时，解除绑缚的塑料条，多风地区应绑缚支棍，避免刮折。及时抹除砧木上的萌芽和萌梢。春季嫁接苗在嫁接成活后及时剪砧，秋季嫁接苗

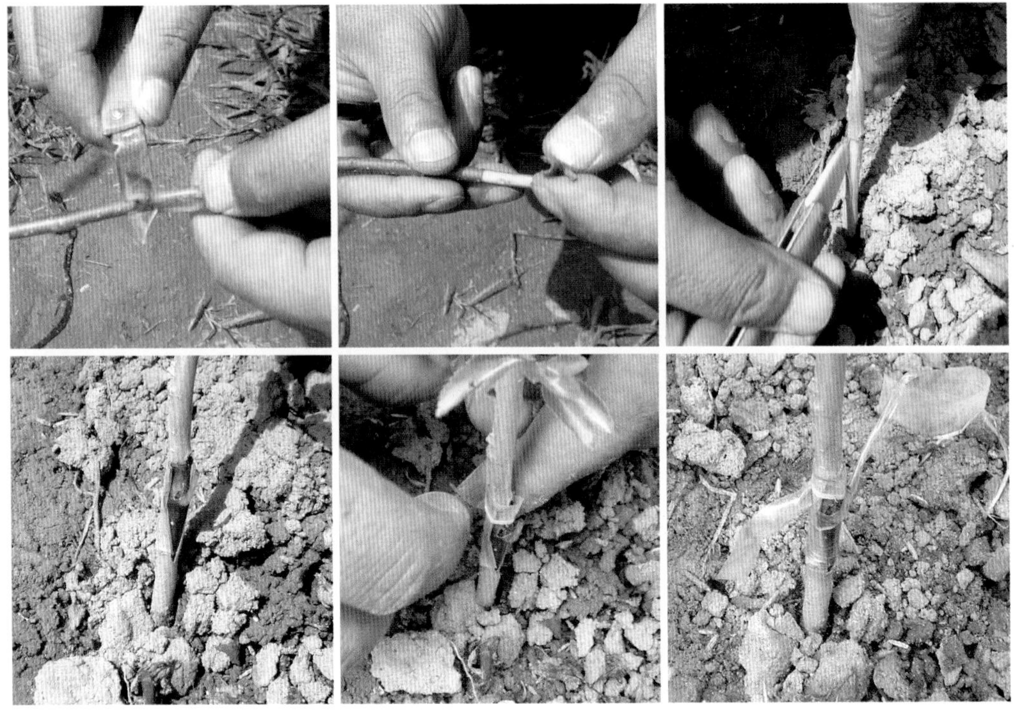

▲ 图 3-16 "丁"字形芽接过程

于翌年春萌芽前剪砧。剪砧位置在接芽上方 0.5~1.0cm 处，剪口斜向芽对面并涂伤口保护剂(图 3-17)。剪砧后及时除萌(图 3-18)。干旱和寒冷地区,封冻前苗行浅培土,将嫁接部位埋于土下,翌年春天土壤解冻后,撤去培土,以利于萌芽和抽梢。注意松土、除草、追肥和灌水。加强对卷叶虫、蚜虫、梨茎蜂、梨瘿蚊等虫害的防治。矮砧梨苗圃一览见图 3-19、矮砧梨大苗分枝见图 3-20、矮砧梨带分枝大苗见图 3-21。

▲ 图 3-17 剪砧前后

▲ 图 3–18　去除萌蘖

▲ 图 3–19　矮砧梨苗圃一览

▲ 图 3–20　矮砧梨大苗分枝

▲ 图 3–21　矮砧梨带分枝大苗

三、苗木出圃

梨树苗木质量的好坏，直接影响到建园的效果和果园的经济效益，而苗木检疫、出圃及贮运是保证苗木质量的关键措施之一。

1. 检疫

苗木的检疫必须由生产单位报经当地植物检疫机构，按照国家植物检疫有关法规实施。一般从 5 月到苗木出圃前，调查 2~4 次，采用随机抽样法对苗圃进行多点查验，每点 50~100 株。根据检疫对象的形态特征、生活习性、危害情况和控制病虫害的症状、特点进行田间鉴别。当田间发现可疑应检病虫害时，应带回实验室进一步鉴定。苗木符合国家或省级种苗质量标准，并按规定履行检疫手续，可取得“果树种苗质量合格证”和“果树种苗检疫合格证”。

2. 品种鉴定及标记

为保证苗木品种的纯度，在良种繁育过程中，必须做好品种鉴定工作。

（1）品种鉴定　在苗木停止生长到落叶前，枝叶性状表现充分时，以品种为单位划分检查区，超3 335m²选2个检查区，超过6 670m²的选3个检查区，每个检查区内苗数应500~1 000株；在划定的检查区内，划出取样点，受检查的株数不应少于检查区内总数的30%。从形态特征、生长习性和物候期等方面加以鉴定。确定品种的真实性和品种纯度，淘汰混杂变异类型，并在田间做好标记，防止苗木混杂。

（2）品种标记　起苗和分级时根据枝条的颜色、茸毛多少、柔韧性、节间长度以及皮孔特征、芽的特征等进行逐株鉴定，去杂去劣。

3. 起苗

（1）起苗时期　梨苗多在秋季苗木进入休眠期以后起苗，此时苗木新梢停止生长并已木质化、顶芽已经形成并已落叶。在土壤结冻时起苗对根系伤害重，不宜进行。若需要落叶前起苗，必须人工剪除叶子后再起苗。起苗时应选择在无风的阴天进行，因强光照或大风天会使苗木失水过多，降低苗木成活率。

（2）起苗方法　起苗前3~5天，应对苗圃适当浇水，土壤含水量保持在60%左右为宜，这样起苗时既省工省力，又利于保护苗木根系尤其是须根，以免起苗时伤根过多。起苗时应有一定深度和幅度，不损伤根皮，不断侧根和须根，不损伤地上枝干，做到树皮不碰伤、根系较完整。

大型苗圃可使用起苗机（图3-22）。起苗机由一台75马力拖拉机或两台小型拖拉机牵引，用起苗铲切断根系，起苗深度约32cm，工作幅宽50cm，挖掘后的苗木直立在松动的土壤中，便于人工捡拾，每小时起苗量可达8 000~10 000株。如图3-23所示。

人工起苗一般用铁锹沿苗基周边距苗30cm左右垂直下挖，挖到15cm深度再斜挖，保证主根长度大于25cm。起好的苗木不宜去掉附带的土壤，而是分级时再进行。

▲ 图3-22　起苗机构造

▲ 图 3-23　起苗机起苗作业

4. 分级和包装

按照梨苗的质量标准进行分级（表 3-1），分级时首先看根系指标，以根系所达到的级别确定苗木级别，在根系达到要求的同时，按苗木的高度和粗度等指标分级。起苗后应立即进行分级和包装，先剔除不合格苗木，再挑选一级苗、二级苗；包装时每 50 株 1 捆，用尼龙绳或草将根部和茎部扎牢，根部必须对齐，并挂上标签，注明品种、数量、苗木等级；立即用草毡将包装好的苗木盖上或假植。

表 3-1　梨树苗木分级标准

项　目		规　格	
		一级	二级
品种与砧木		纯度≥ 95%	
根	主根长度（cm）	20~25	
	主根粗度（cm）	≥ 1.2	≥ 1.0
	侧根长度（cm）	≥ 15.0	
	侧根粗度（cm）	≥ 0.3	≥ 0.2
	侧根数量（条）	≥ 5	≥ 4
	侧根分布	均匀、舒展而不卷曲	
基砧段长度（cm）		≤ 8	
苗木高度（cm）		≥ 120	≥ 100
苗木粗度（cm）		≥ 1.0	≥ 0.8
倾斜度		≤ 15°	
根皮与茎皮		无干缩皱皮、无新损伤，旧损伤总面积≤ 1.0cm^2	
饱满芽数（个）		≥ 8	≥ 8
接口愈合程度		愈合良好	
病虫害		无	

四、苗木贮存

贮存地点应地势平坦、背风、沙壤土、排水和透水性好、交通方便。假植沟一般为南北方向，沟深 0.6m，沟宽 1~1.5m，沟长依苗木的数量而定。将捆好的苗木按照品种和级别分别整齐一致、紧挨着排在沟内，每排捆数相同，以便统计，注意苗木的根部必须对齐；先用细沙或沙土填充根部，将假植沟填平；再顺沟进行漫灌并晃动苗木，使苗木与细沙充分接触；然后用细沙将根茎以上 10~30cm 的部分埋入土内，如图 3-24 所示。假植期间要经常检查，及时补充水分，防止苗木失水。风大地区需加盖覆盖物。

▲ 图 3-24　苗木假植

第三节　大苗建园

一、苗木选择

健壮的苗木是梨园早果、丰产、稳产的基础。采用在苗圃经过整形和良好土肥水管理，苗高 1.5~2.0m，具有 1~2 层 4~6 个主枝的 3~4 年生的大苗定植，一般栽后当年就始花挂果，次年即可投产，4 年进入盛果期。比用一年生嫁接一级苗定植，提早 2~3 年投产和丰产。如图 3-25、图 3-26、图 3-27 所示。

▲ 图 3-25　大苗建园

二、定植时间

秋冬气温较高的南方地区，可在秋季定植，栽植后苗木根部的伤口愈合快，

▲ 图 3-26　大苗建园第二年春季开花情况

▲ 图 3-27　大苗建园第二年结果情况

当年还能发出部分新根，成活率高，翌年春季生长发育早，缓苗快，长势旺。北方地区由于冬季气温低，秋季定植苗木易冻死或抽干，多采用春季定植。

三、定植技术

（一）挖定植沟（穴）

根据果园设计，确定株行距。在定植点挖定植沟（穴）。株距小于 3m，宜挖定植沟，沟深 60~80cm，宽 60cm 左右。株距大于 3m，宜挖定植穴，穴深 60~80cm，直径 80cm 左右。沟（穴）挖好后，回填时先将表土填入沟、穴底部，然后在挖出的土中掺入有机肥回填，这样沟穴底层为 20cm 表土，肥料层主要分布在沟穴深 20~60cm 处，沟穴表层再回填表土将沟填平。注意有机肥要充分腐熟并与土混匀，以免烧根。最后浇水使沟中的土肥沉实。如图 3-28、图 3-29、图 3-30 所示。

▲ 图 3-28　机器开沟

▲ 图 3-29　挖穴机挖穴

▲ 图 3-30　定植沟内加入有机肥

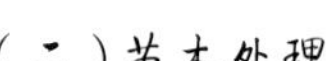

（二）苗木处理

将准备好的苗木，按苗木质量进行分级。同时将苗木主侧根剪留 20~25cm，根端伤口剪成齐茬。修剪后将苗木根系浸泡于水中 12h 以上。栽植前用生根剂浸蘸，以促进生根。如图 3-31 所示。

▲ 图 3-31　修剪根系和蘸根处理

（三）栽植

1. 测量打点

梨树定植前要做好充分的准备工作，采用不同的打点方法，决定了定植苗木的速度和质量。一般的打点方法是定点标记后，在挖沟、穴时原有标记被破坏，定植时再重新拉测尺找点栽种，进度十分缓慢，苗木根系被长时间风吹日晒，极大地影响了成活率和长势。如果大面积定植，最好采用定植板法，不但省去了重新定位的麻烦，而且可以多人多组多方位同时栽植，快捷而准确。方法是在打点前先准备 1cm 左右粗、25cm 长的木棍，每株树准备 3 根；做定植板，选 5cm 宽、120cm 长、1~2cm 厚的平直木板，在木板中线和两端 3cm 处各开 1 个 2.5cm 宽、1.5cm 深的“V”形豁口，就做成了定植板。准备工作就绪即可开始测量打点。高标准打点应使用水平仪和钢卷尺测量，用水平仪先定出小区的南北方向边行点，然后转角 90° 测出东西方向行距点，再在每行端点定行向，用钢卷尺量株距并定点插上准备的木棍。这样测量后，每个定植点都准确插有一个木棍。最后再派人拿定植板比量，将每一定点插棍对入中心豁口，然后在定植板两端豁口也插上木棍，定位棍应东西分布，挖沟、穴时注意保护两侧的定位插棍。如图 3-32 所示。

2. 定植

利用三点成一线的原理，用定植板比量两侧的木棍，即可准确找到挖沟、穴去掉的定点位置。定植时可分多组进行，每组 3 人，一人负责挖坑、埋土和踏实暄土，一人抱苗递苗，一人拿定植板定位将苗木对准中间豁口和掌握种植深度。要使苗木根颈部稍高于地面 5~10cm，根系分层伸展，再分层填土至坑平。如图 3-33 所示。

在树基部培土并沿树的行向形成土垄或土垵，土垄的高度和宽度以能起到固定植株、防止风摇的作用为限。最后灌透水，使土壤沉实后苗木根颈部基本与地面齐平。

▲ 图 3-32　定植板法打点

▲ 图 3-33　使用定植板确定栽苗位置

第四节　整形修剪

一、几种主要树形结构特点及整形方法

（一）纺锤形

1. 结构特点

树高不超过 3m，干高 80cm 左右。在中心干上着生 10~12 个大型枝组，从主干往上螺旋式排列，间隔 20~30cm，插空错落着生，均匀伸向四面八方，同侧重叠的大型枝组间距 80~100cm，与主干的夹角 70°~80°，在其上直接着生中小结果枝组，大型枝组的粗度小于着生部位中心干的 1/2，中小结果枝组的粗度不超过大型枝组粗度的 1/3。修剪以缓放、拉枝、回缩为主，很少用短截。如图 3-34、图 3-35 所示。

▲ 图 3-34　盛花期的纺锤形梨树

▲ 图 3-35　纺锤形梨树结果情况

2. 整形方法

定植当年定干高度 80cm 左右，中心干直立生长。第一年不抹芽，在中心干 60cm 以上选 2~4 个方位角度较好、长度在 50cm 以上的新梢，新梢停止生长时对长度达到 1m 的枝进行拉枝，一般拉成 70° ~80°，将其培养成大型枝组。冬剪时，中心干延长枝剪留 50~60cm。第二年以后仍然按第一年的方法继续培养大型枝组。冬剪时中心干延长枝剪留长度要比第一年短，一般为 40~50cm。经过 4~5 年，该树形基本成形。为将树冠高度控制在 2.5~3m, 可对中心干的延长枝进行极重短截，使用单枝更新或双枝更新的方法固定干高。几年后，中心干延长枝的长势变弱，就可以落头开心。前 4 年冬剪时一般不对小枝进行修剪，其延长枝可根据平衡树势的原则进行轻短截。对达到 1m 长的大型枝组拉枝开角。未达到 1m 长的枝不拉枝。延伸过长、过大的大型枝组应及时回缩，限制其加粗生长，使其不得超过着生部位中心干粗度的 1/2。5 年生以上的大型枝组，如果过粗时，有条件的可以回缩到后部分枝处，或选定备用枝后在基部疏除。及时疏除中心干上的竞争枝及内膛的徒长枝、密生枝、重叠枝，以维持树势稳定，保证通风透光，为提高梨果实品质打下基础。

（二）圆柱形

圆柱形树形，又称主干形，是国外梨树密植常用树形，也是我国梨密植栽培中推广的主要树形之一。这种树形适合（1~2）m×（4~5）m 的株行距，栽植密度 66~166 株 /667m^2。如图 3-36 所示。

▲ 图 3-36　梨树圆柱形树形

1. 结构特点

树高 3~3.5m，中心干直立，着生自由排列的 20~25 个结果枝组，结果枝组不固定，随时可疏除较粗（通常超过所在处中心干粗度的 1/4，或直径超过 2.5cm）的结果枝组，利用更新枝培养新的结果枝组。圆柱形树冠小，通风透光好，有利于花果管理等各项作业和果实品质的提高，具有早果丰产，树体结构简单，修剪技术容易掌握，便于机械作业等优点，适应梨树集约化、规模化生产，是非常有推广价值、具有广阔发展前景的一种树形。

2. 整形方法

（1）苗木选择　苗木应尽量采用矮化砧做基砧或中间砧，不仅能早结果，而且能改变树体营养分配，抑制枝干增粗和减弱离心生长势。如使用乔砧，则品种应选择生长势较弱、容易成花的品种，如黄金、丰水和雪青等。为获得早期丰产，应选用枝干粗大、芽饱满的优质大苗，也可采用大砧建园，坐地嫁接培养优质苗木。

（2）定植当年的修剪　定植时，可在预定树高的一半处定干，如树高 3m，则定干高度为 1.5m，不要急于将中心干长放到预定的高度，以防树体终身上强，影响树冠下部果实的产量和品质。为促使中心干上多发枝，可采用萌芽前刻芽或涂抹发枝素的方法。刻芽时距离地面 60cm 以内不刻，枝条上端 30cm 不刻，其余芽全刻。萌芽后，为开张新梢角度，维持中心干的绝对优势，可对中心干二芽枝（竞争枝）和强壮直立的三芽枝进行重摘心，促使其重新萌发中弱枝。或在冬剪时对竞争枝及直立枝实行重短截，以平衡树势。中心干上其他角度直立的新梢，可以在其长到 15~30cm 时用牙签开角，使之与中心干呈 60°～70° 夹角。

（3）定植第二年及以后的修剪　每年冬季修剪对中心干延长头留 40~60cm 短截，直至长到预定高度时，对枝组的延长枝进行重短截，仍然采用单枝更新或双枝更新的方法固定干高。中心干上结果枝组单轴延伸，主要由中庸枝甩放形成，在缺枝的条件下强枝和弱枝也可利用，但强枝需重截或中截（剪口留对生平芽），弱枝需轻截（剪口留上芽）。由于圆柱形的树冠小，生长两三年后，枝组即无发展空间，此时也采取对枝组的延长枝进行重短截，实行单枝更新或双枝更新，固定枝组位置。在枝量、花量充足的情况下，可随时去大枝、留小枝，防止枝组过大、过粗，勿使枝组基部粗度超过中心干的 1/3。疏枝时注意留橛，以利重新发枝。另外，树冠下部的结果枝组由于后期光照较差，更新不易，可在原有枝组的基础上留 1/3~1/2 长度的枝轴进行回缩，有利于枝组的更新复壮。

（4）以果压冠　密植栽培控冠的最主要方法是以果压冠，可通过拉枝、刻芽、肥水调控（膜下滴灌，控制肥水供应）等方法促进花芽的形成，提早结果。还可以通过根系修剪、主干环割、施用生长调节剂等方法抑制营养生长，调节树体营养分配，达到控制树冠的目的。

（三）篱壁形

篱壁形是欧洲在梨生产中常采用的树形之一，与我国传统的疏散分层形相比，具有树冠小、结果早、通风透光好、便于田间作业等特点，是梨树集约化生产的良好树形之一，如图 3–37、图 3–38、图 3–39 所示。

▲ 图 3–37　意大利篱壁式梨园（夏季）

▲ 图 3–38　意大利篱壁式梨园（秋季）

▲ 图 3–39　澳大利亚篱壁式梨园

1. 结构特点

梨树篱壁形是在立支柱、拉铅丝的“篱壁”基础上进行，主要特点是利用篱架和铅丝绑缚新梢，使大部分枝条位于篱架面上。篱架高 2.2 m左右，树形分为 3 层，第一层距地面 60~70cm，第二层距第一层、第三层距第二层距离均为 70cm，分别拉 3

根铁丝，株距 3m，行距 4m。第四年调查，主干高 50~60cm，主干距地面 20cm 处的直径为 5.55cm，中心干高 1.2~1.4cm（不含主干高度）。第三年开始结果，平均单株果实数量 16 个，平均株产 5kg；第四年果实数量 39 个，产量 12kg。主干粗度与同期栽植的其他树形相比，不及疏散分层形，但高于棚架形和“Y”形。第四年，1 年生营养枝平均数量 79 个，其中 60cm 以上长枝数量 37 个，占 46.8%。该树形的树体抗风能力强，顶层枝梢生长旺，枝条更新容易。

2. 整形方法

（1）定植与第一年整形修剪　如果选用 3 年生大苗，定植时尽可能少修剪。不定干或轻打头，仅去除直径超过主干干径 1/3 的大侧枝。如果用二年生苗木，在 1~1.2m 饱满芽处定干，并抹掉剪口下第二、第三芽。由于大苗分枝较多，建议栽后树盘（行内）覆膜。萌芽后严格控制侧枝（新梢）生长势，一般侧枝长度达到 25~30cm 时进行拉枝，角度 80°~90°，生长势旺和近中心干上部的角度大些，着生在中心干下部或长势偏弱的枝条角度小些，确保中心干健壮生长，树高应达到 2.5~3m。

（2）第二年修剪　第二年春，在中心干分枝不足处进行刻芽或涂抹药剂促发分枝（中心干上部 50cm 不用刻芽），留橛疏除因第一年控制不当形成的过粗（粗度大于 1/3 分枝处干径）分枝。生长季整形修剪同第一年，不留果，使树高达到 2.8~3.3m。

（3）第三年及 3 年以后修剪　第三年修剪基本与第二年相同，严格控制中心干近枝头（上部 50cm）留果，尤其是对于部分腋花芽，可以疏花并利用果台枝培养优良分枝。依据有效产量决定下部分枝是否留果。一般产量低于 $300kg/667m^2$，建议不留果。

第四年开始，树高达到 3m 以上，分枝 18~25 个，整形基本完成。果树进入初果期，如果树势较弱，春季疏除花芽，推迟结果 1 年。7~8 年生进入盛果期，盛果期产量控制在 $3\,000\text{~}4\,000kg/667m^2$。

（4）更新修剪　随着树龄增长，适时去除主干上部过长的大枝，尽量不回缩，及时疏除顶部竞争枝。为了保证枝条更新，去除主干中、下部大枝时应留小桩，促发出平生的中庸更新枝，培养细长下垂结果枝组。

（四）棚架式

1. 结构特点

（1）平棚架结构　我国梨生产上常用的平棚架由水泥杆、地锚及地锚线、钢绞线和钢丝线组成。平棚架高 1.8~2m，水泥杆分为角柱、边柱和支柱。在架面高度 1.8m 时，水泥杆的规格分别是 330cm×12cm×12cm、300cm×10cm×10cm、230cm×8cm×8cm，与地锚线相连。采用直径为 6.6mm（7 股）镀锌钢绞线作为边线串连起边柱，形成平棚架外围边框；采用直径为 4.8mm（7 股）镀锌钢绞线作为园内主线纵横连接边柱，形成平棚架主网；最后用直径 2.4mm 镀锌钢丝线纵横交织连成 50cm×50cm 平棚架网格。

（2）平棚架树形　棚架树形的类型按主干的高低可分为高干、中干和低干型，按主枝多少可分为四主枝、三主枝和两主枝型。目前生产采用的主要是三主枝中干型。

▲ 图 3–40　三主枝棚架梨园

▲ 图 3–41　高接换种建成的棚架梨园

▲ 图 3–42　日本鸟取县棚架式梨树丰产园

三主枝棚架树形主干高 0.8~1m（近年来为便于机械化操作，主干可提高到 1.3m 左右），均匀分布 3 个主枝，主枝间水平方位角呈 120°，主枝与主干之间呈 45° 角度向架面延伸。每个主枝分别留有 2~3 个侧枝。第一侧枝距主干 100cm，两个主枝的侧枝间距 180~200cm，主枝及侧枝上均匀配备结果枝组，结果枝组之间的间距为 40~50cm。近年来随着省力化、轻简化栽培技术的推广应用，两主枝树形将成为今后我国棚架省力化树形的发展方向，例如湖北省农业科学院果树茶叶研究所最近研发的“双臂顺行式”新型棚架式树形等。如图 3–40、图 3–41、图 3–42 所示。

2. 整形方法

（1）第一年修剪　苗木定植后，选饱满芽定干，定干高度 1~1.2m，剪口下至少有 4 个饱满芽，一般将剪口第一芽作为牺牲芽，在生长到 10cm 左右时将其疏除。用作主枝培养的新梢生长到 20cm 以上时，用牙签撑开基角，将其角度调整到 45°，随着枝梢的生长，逐步用竹竿对枝梢先端进行抬高诱引。作主枝培养以外的新梢及时扭伤或拉至水平状，控制其生长，辅养树体。冬季修剪时，用竹竿辅助主枝向平棚架面作 45° 诱引，主枝延长枝在健壮的侧芽处短截，疏除主干上的过旺枝，延长枝下垂的要用竹竿诱引保持先端向上抬高。

（2）第二年修剪　生长季节及时疏除主枝背上的徒长枝，继续用竹竿对主枝诱引，保持主枝先端的生长优势，其余枝条在不影响主枝生长的前

提下尽可能保留，作为辅养枝利用。冬季修剪时对主枝先端竞争枝、背上枝及主干上长出的枝条全部疏除，主枝已上架的部分将其水平绑缚至架面上，主枝延长枝保持向上生长状。主枝上侧芽萌发的枝条作结果枝组培养，已形成腋花芽的长果枝绑缚于架面让其结果；未形成腋花芽的一年生枝呈 60° 甩放，待来年形成短果枝后再于冬季拉平绑缚至架面。

（3）第三年修剪　生长季节及时用竹竿对主枝延长枝进行抬高诱引，始终保持主枝延长枝呈向上生长状；及时抹除背上枝及剪口萌蘖枝，生长中庸的枝条适当保留，辅养树体。冬季修剪时将超过架面的主枝水平绑缚在平棚架面上，先端延长枝选饱满芽短截，保持向上生长状。疏除主枝上的背上枝及结果枝组上的分枝。形成短果枝的上年甩放枝，拉平绑缚于架面结果。生长较弱的侧位枝适当重截，促其抽生较长的新梢，“截—放”结合，培养结果枝组。

（4）第四年修剪　生长季节及时疏除上架后的背上旺枝、基部萌蘖枝，确保主枝延长枝的生长优势。冬季修剪时在距分枝点 1m 左右选留 1~2 个侧位枝条作为侧枝培养，保持其先端延长枝的生长势。侧枝上及时选留侧位枝用于结果枝组培养。至此三主枝棚架式树形整形工作基本完成。如图 3–43 所示。

▲ 图 3–43　三主枝棚架梨树整形

（五）小冠疏层形

1. 结构特点

由疏散分层形树形改进演化而来，适用于株行距 3.5m × 4.0m 的山地梨园和 3m ×（3.0~5.0）m 的平地及缓坡地梨园。优点是树冠矮小，结构简化，整形自然，修剪量少，成形快，易于成形，通风透光良好，骨干牢固，负载量较大，丰产稳产。缺点是前几年修剪量较重，稍晚投产和丰产，盛果期后，控制不当易造成外强内弱，结果部位外移。

树体结构：初期树高 3.2~3.5m，中期落头后 2.5~3.0m，干高 50~60cm。前期按疏散分层延迟开心形整形和培养骨干枝。前期全树主枝 7 个，第一层 3 个，第二层 2 个，第三层 2 个，各层主枝错落着生，不可重叠。从中期起，为了降低树高，改善光照，锯除上层，只留一、二层主枝。层间距第一层至第二层 100~120cm，第二层至第三层 80~90cm。第一层每主枝配侧枝 2 个，第二、第三层不配侧枝，只配枝组。中心干上不配辅养枝，只配枝组。主枝角度，第一层 70° ~ 80° ，第二层 55° ~ 65° 。如图 3-44 所示。

▲ 图 3-44 小冠疏层形梨树

2. 整形方法

（1）选好主枝　定植后，选饱满芽，在80~90cm处定干；定植2年内在基部3个方向选3个主枝，三主枝间的水平夹角各为120°。在中心干上距第三主枝80cm处选出第四、第五主枝，在距第五主枝60cm处选第六主枝，其方位最好选在南部。6个主枝配齐后，顶部落头开心，以利于光照。在定植后的4年内，对中央领导干和主枝延长枝进行轻度短截。主枝用撑、拉、坠等方法开张角度，基角50°，腰角70°左右，主枝上不安排侧枝，直接着生结果枝组。梨树极性强，容易造成上强下弱，应在上部适当疏枝，少短截，多结果，以果缓势，下部主枝上的1年生枝，适当增加短截数量，以增强下部枝势。幼树整形期间各主枝的延长枝进行中度短截，以扩大树冠。

（2）处理竞争枝和直立枝　中心干上的延长枝短截后长出的第二枝为竞争枝，对竞争枝要及时处理。成枝力强的品种可将竞争枝疏除。当中心干延长枝位置不正或过强时，可利用竞争枝换头。如果是成枝力弱的品种，长枝数量少，可将竞争枝进行反弓弯曲，弯向缺枝部位，利用它提早结果。主枝开张角度后，背上容易长出直立枝，对直立枝应及时剪除。如有空间，亦可将直立枝弯倒拉平，以缓和树势，提早结果。

（3）结果枝组的配置　小冠疏层形第二、第三层不配置侧枝，直接在主枝上着生大、中、小型结果枝组，应注意对大型结果枝组的配置和培养，从第一层主枝上距中心干50cm处选一背斜侧枝做大型结果枝组，距第一大枝组50cm的另一侧，选第二个大枝组。第二层主枝上选留一个大枝组。第三层则不配大型枝组，以中小型为主。在大枝组与大枝组间配置中小型枝组。

（4）结果枝组的培养　分布在各个部分的枝组，要大中小、立侧垂、长短、高矮合理搭配，大枝组占空间，小枝组补空隙，错开着生，呈波浪状，要达到多而不挤，枝枝见光。大枝组本身不得叠加大枝组，着生在大枝组上的中型枝组，基部干径不得超过大枝组干径的50%，大枝组整体上形成单轴延伸状态，在空间允许条件下枝头保持连年健壮单延，否则可回缩另选新枝头。新枝头仍应保持单轴延伸趋势，冬季修剪应以更新和复壮小枝组为重点，而对主枝和大中型枝组没必要再做调整，切忌随意回缩、枝头拐弯。冬剪的重点是小型枝组的培养和轮替更新，小型结果枝组在正常情况下3年更新1次，以缓放和缩剪为主。如图3-45所示。

（六）"Y"形和"V"形

1. "Y"形结构特点

"Y"形又叫两主枝开心形，起源于韩国，适用于高密度栽植，单位面积产量高，投资回收早，授粉、疏花、疏果、套袋、采摘和修剪管理容易。株距2~4m，行距5~8m，主干高50~70cm，树体高2m左右，主枝两个，着生在主干东西两侧，夹角100°~120°，侧枝8~19个，均匀分布在两主枝的两侧，夹角55°~65°，腰角为65°~75°，主枝上直接着生单轴延伸的枝组，第一枝组距主干30~40cm，其他枝组之间距离25~30cm。具有结构简单、光照条件好、容易培养、易于矮化密植、树体矮小、管理容易等特点。

▲ 图 3-45　小冠疏层形梨树整形

2.“Y”形整形方法

（1）设立支架　“Y”形架，架高 3.5m，架宽 6m。顺栽植行，每间隔 8~10m 埋设一“Y”形架，必须预先在地面做好混凝土基础，立柱埋土深 50cm，四周浇灌混凝土。顺栽植行，间隔 80~100m，每侧柱相对设二顶柱，一端斜立地面，一端顶在侧柱自下往上 2/3 处。每行“Y”形架两端，每侧柱内侧须设一顶柱，外侧相对设两个地锚。离地面 0.5m，在“Y”形架侧柱上顺行向架设第一道 8 号铁丝，在离地面 1m、1.5m、2m 分别架设第二道、第三道、第四道铁丝，侧柱顶端架设第五道铁丝，每道铁丝用铁丝绑缚固定在侧柱上。

（2）整形过程　栽植第一年定干高度 50cm，定干后最先端抽生的第一个或第二个枝条角度开张小，不能利用，定干时要在欲培养主枝（第三或第四个枝条）的部位之上留 1~2 个芽。待主枝形成后于夏季把先端两芽抽生的枝条疏除。选留东西两个方向的主枝，作为“Y”形树形两大骨干枝，夏季把两个主枝的角度拉开至 80°~90°。除两个主枝外，其余枝条全部疏除。第二年每个主枝在离地面 40cm 处进行短截，促生分枝，并留 2 个分枝，用布条均匀绑缚在就近的铁丝上。以后每年春季发芽前对主枝延长枝短截 1/3，以防主枝延长枝长势衰弱。对主枝延长枝的竞争枝，于生长季摘心或疏除。对主枝上抽生的强旺枝，通过摘心、扭梢等控制其生长，以免影响主枝生长，在主枝上培养以中、短枝为主的结果枝组。如图 3–46、图 3–47、图 3–48、图 3–49 所示。

▲ 图 3–46 "Y" 形梨树整形

▲ 图 3–47 意大利 "Y" 形梨树整形

▲ 图 3–48 韩国 "Y" 形梨树整形

▲ 图 3–49 法国 "Y" 形梨树整形

3. "V"形结构特点及整形

梨树定植前按南北行向设置"V"形架作树体支撑物。架体由立柱（角铁或木杆）和粗铁丝组成，柱长 3~5m 因行距而定。立柱每 2 根组成一对，以 60° 夹角交叉插入地下，深 0.7~1m，行内架距 10m。从柱顶向下每隔 0.5m 设一道铁丝。梨树每 2 株为一组成单行以 60° 夹角交叉栽于"V"形架中心线上，组内株距 10cm，组间株距 0.7~1.5m，行距 3.2~6m。组内 2 株树培养中心干分别向东西方向生长，引缚架上。由中心干分生的小侧枝也绑在铁丝上，中心干上直接着生中小型枝组。夏剪时全部疏除背上枝，并用疏截调整两侧和背后方向枝的长势和密度，促使树体结构和枝量合理。如图 3-50、图 3-51 所示。

▲ 图 3-50　"V"形梨树

▲ 图 3-51 “V”形梨树整形

二、整形修剪技术

（一）不同季节整形修剪技术

1. 夏季修剪

夏季修剪，也称生长季修剪，指春季萌芽到秋季落叶前这段时期的修剪，修剪技术如下：

（1）目伤　指在枝条芽的上方用锯条横割，深达木质部，也称刻芽。目伤一般在春季萌芽前进行，目的是暂时阻止水分和养分的运输，促进伤口下芽的萌发。目伤一般应用在缺枝部位，通过此法促进枝条抽生，填补空间，使树体丰满。对直立的强旺枝通过对多个芽的目伤，可促生中、短枝，并将其培养成结果枝组。为提高萌芽、成枝的效果，还可在目伤的同时，在芽上涂抹发枝素等药剂。如图 3-52、图 3-53 所示。

▲ 图 3-52 目伤

▲ 图 3-53 目伤并涂抹发枝素后发枝效果

（2）抹芽　将不恰当部位芽发出的背上枝、过密枝、竞争枝、剪口枝等在萌芽后或嫩梢期抹除叫抹芽，或称为除萌。抹芽可选优去劣，节省养分，改善光照，并避免冬剪造成较大伤口。尤其是选用棚架式、“Y”形等树形的幼树，由于开张角度较大，主枝背上易发枝，且生长快，容易造成树冠郁闭，应及时抹除。如图 3-54 所示。

（3）捋枝　又叫拿枝，在生长季节用手握住枝条从基部向梢尖逐渐移动并轻微折伤木质部，促使枝条角度开张。拿枝的主要对象是较直立的旺枝、竞争枝、辅养枝等。拿枝可以开张枝条角度，提高枝条萌芽率，促进花芽和中短枝形成，培养结果枝组。拿枝时注意手部力量的轻重，避免折断枝条或重伤枝条皮层。如图 3-55 所示。

抹芽前　　抹芽后

▲ 图 3-54　抹芽

▲ 图 3-55　捋枝

（4）牙签开角　用牙签将新梢角度支大。方法：当新梢长到 20~30cm 的时候，用一根两头尖的竹牙签，一头扎在母枝上，一头扎到此新梢上，深入木质部内，将新梢角度支大。这样及时加大了角度小的新梢，特别是剪口下第二、第三个新梢基部的角度，减缓其长势，成为主枝或侧枝。该法是一种简单实用，改造利用第二、第三芽枝，减少修剪量，使幼树尽快成形的省材省工的方法。如图 3–56 所示。

夏秋季，当新梢半木质化后，也可以使用开角器加大开张角度。如图 3–57 所示。

（5）拉枝、撑枝和坠枝　在春季或秋季枝条柔软时，对较直立的枝条用绳拉或树枝及木棍撑开，也可用泥土装袋、砖块等坠枝，以开张角度，调整生长方向。

拉枝等方法可削弱顶端优势，缓和生长势，促进侧芽发育，有利于提早成花、结果和快速整形。如图 3–58、图 3–59、图 3–60、图 3–61 所示。

（6）摘心　在生长期，摘除新梢最顶端的幼嫩部分称为摘心。摘心可抑制枝条生长势，促进新梢萌发二次枝，增加枝条数量，促进枝组形成。摘心时期以新梢长到 25cm 左右时为宜。如图 3–62 所示。

▲ 图 3–56　牙签开角

▲ 图 3–57　使用开角器开张枝条角度

▲ 图 3–58　拉枝

▲ 图 3-59　棚架梨枝条诱引

▲ 图 3-60　泥土装入塑料袋中用于坠枝

▲ 图 3-61　撑枝开张枝条角度

摘心前

摘心后

▲ 图 3-62　摘心

（7）环剥与环割　环剥与环割的对象为强树、强枝、壮枝和直立枝，通常不用在弱树、弱枝上。操作时要确保环形切口对齐，不过宽，不过深，以免影响伤口愈合，引发病虫害。

环剥指用刀剥去枝干上一定宽度的树皮，宽度一般为环剥处枝干直径的1/10~1/8，环剥部位一般在枝干基部。剥口太宽不易愈合，甚至会造成死树、死枝。太窄则愈合太快，达不到促花结果的效果。环剥时要注意切口深度，最好只切断皮层，不要伤及木质部。环剥用刀要锋利，切口要整齐、没有毛茬。主干环剥要十分慎重，环剥不当会造成树势过度衰弱或死树。主干环剥后包扎如图 3-63 所示。

环割指在枝干光滑部位将树皮割断一圈或几圈的措施。环割不如环剥的效果好，但比较保险，一般不易造成死枝或死树。对容易成花的品种，双道环割就可有效促成花芽，割口相距 0.5~1cm。如图 3-64 所示。

夏季修剪机械如图 3-65 所示。

▲ 图 3-63　主干环剥后包扎

▲ 图 3-64　主干环割

▲ 图 3-65　夏季修剪机械

2. 冬季修剪

冬季修剪，也称休眠期修剪，指冬季梨树落叶后处于休眠状态到次年春季萌芽以前这一时期的修剪。修剪方法有缓放、疏剪、回缩、短截等。

（1）缓放　又称长放、甩放。对一年生枝不剪叫缓放。缓放由于没有对枝条进行刺激，可减弱枝条的顶端优势，增加中短枝数量，促进成花结果，多用于中庸枝、平斜枝。幼树、旺树枝条宜多缓放。如图 3–66 所示。

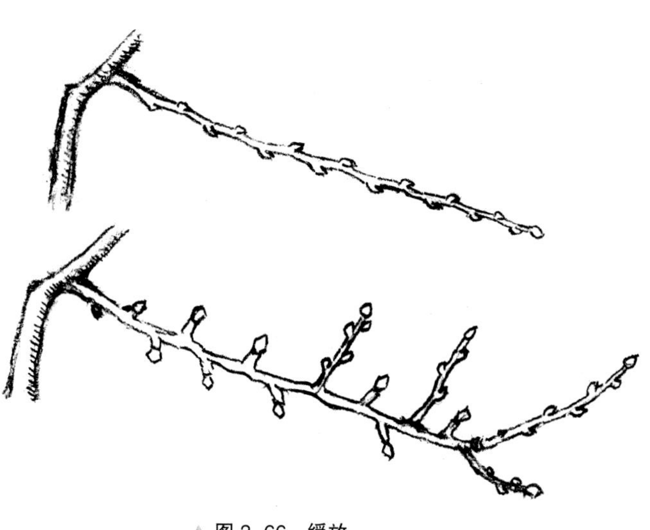

▲ 图 3–66　缓放

（2）疏剪　将一年生或多年生枝条从基部全部剪除称为疏剪。对于病虫枝、枯死枝、过密大枝、没有利用价值的徒长枝、过密的交叉枝、衰老枝、重叠枝以及影响光照的发育枝等可进行疏剪处理。疏剪可削弱伤口上部枝的生长，对伤口下部枝则有促进作用。同时，减小枝条的密度，改善树体通风透光条件，恶化病虫生长环境，有利于优质梨的生产。疏枝对树体整体生长有减缓和削弱作用，疏剪口越大，作用越明显。如图 3–67、图 3–68 所示。

修剪前　　修剪后

▲ 图 3–67　疏除背上旺枝及直立徒长枝

▲ 图 3-68 使用疏剪进行结果枝组的更新

（3）回缩　又称缩剪，去除多年生枝条的前部。结果枝组下垂过长、结果枝组过大或衰老、辅养枝影响主枝生长、树间枝头交接等均可采用回缩的方法予以解决。回缩一般在结果树和衰老树上应用较多。如图 3-69 所示。

修剪前　　修剪后

▲ 图 3-69 回缩

（4）短截　将一年生枝剪去一部分、保留一部分的修剪方法称为短截。根据短截程度又分为轻短截、中短截、重短截、极重短截四种方法。随着密植省力化栽培技术的发展，中短截在生产中已较少采用。如图 3–70 所示。

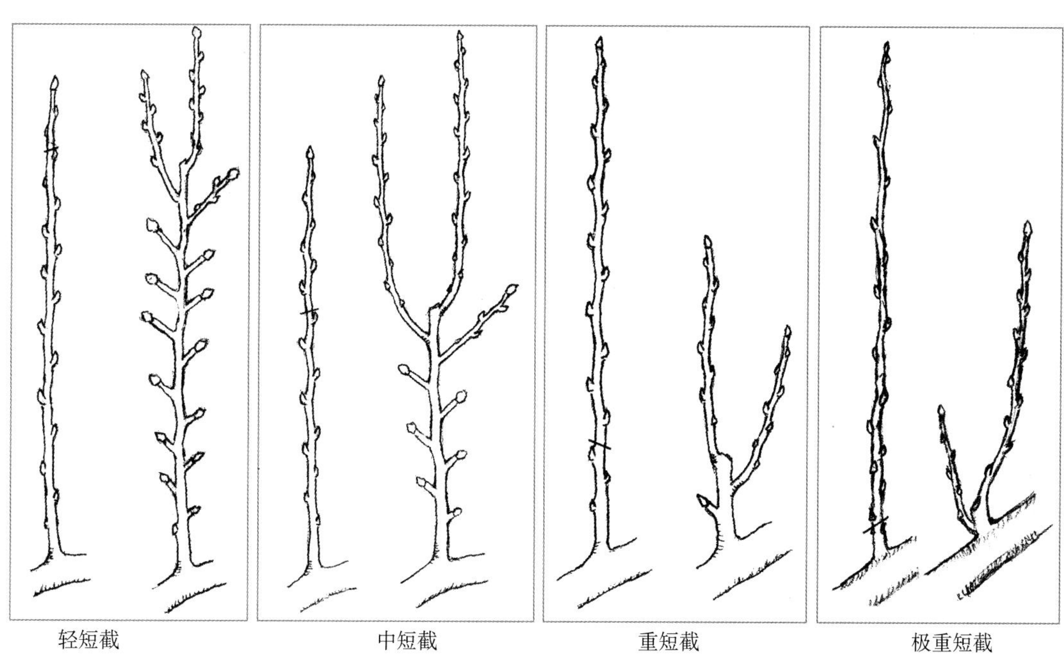

▲ 图 3–70　短截

（二）不同树龄树体整形修剪技术

1. 幼龄树修剪

幼树整形修剪应以培养骨架、合理整形、迅速扩冠、占领空间为目标，在整形的同时兼顾结果。由于幼龄梨树枝条直立，生长旺盛，顶端优势强，很容易出现中心干过强、主枝偏弱的现象。因此，修剪的主要任务是控制中心干过旺生长，平衡树体生长势，开张主枝角度，扶持培养主、侧枝，充分利用树体中的各类枝条，培养紧凑、健壮的结果枝组，促进早期结果。

对中心干长势的控制，需在中心干长至预定高度的一半时就开始注意。对强旺的中心干，应进行短截，第二年选留生长势弱的枝条做中心干的延长头。一次短截没有控制住的，还可以进行二次、三次。

传统的梨树修剪中，枝组的培养常采用短截的方法，形成的枝组常常大型枝组上套中型枝组，中型枝组上套小型枝组，修剪繁复，体积较大，修剪和空间布局需要较高的技术水平。现在，随着简化修剪技术的发展，结果枝组改为单轴延伸，限制枝组左右的宽度，增加枝组的长度，修剪技术简单，容易掌握，同时枝组在骨干枝上整齐排列，有利于增加枝组的数量。

两种修剪方法的不同（以大型枝组的培养为例）：一是按照传统方法，首先要对枝组延长头的一年生枝进行中截，而现在多不截或轻截；二是在竞争枝和枝组上旺枝的处理上，传统方法仍以中截或重截促发分枝为主，而现在多以极重短截让其重新发出弱枝，在枝量足够的情况下，也可以从基部疏除。两种修剪方法的示意图见图3–71、图3–72。

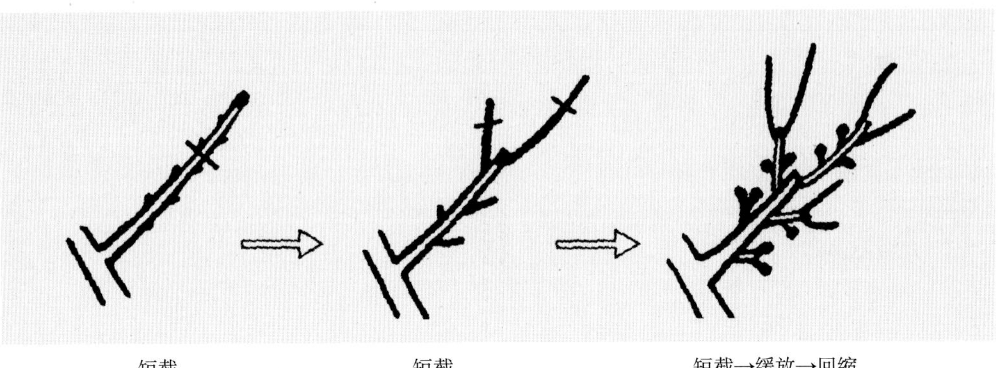

短截　　短截　　短截→缓放→回缩

▲ 图 3–71　传统方法结果枝组的培养

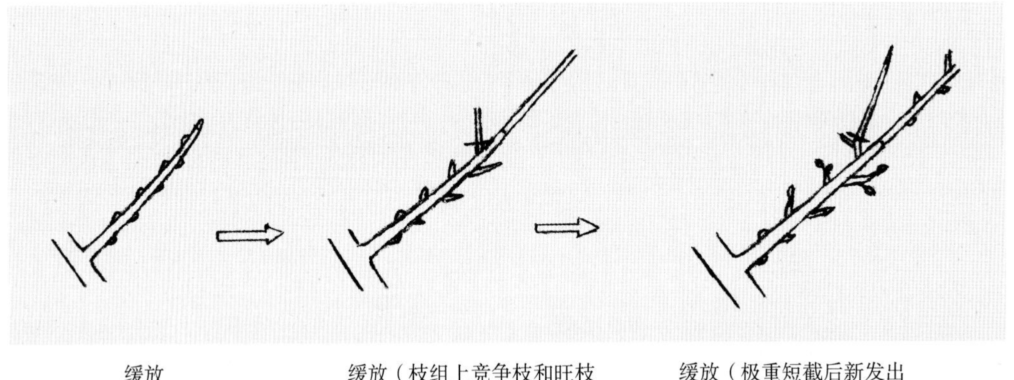

缓放　　缓放（枝组上竞争枝和旺枝极重短截）　　缓放（极重短截后新发出枝条去强留弱）

▲ 图 3–72　单轴枝组的培养

2. 盛果期树修剪

成年树骨架已搭好，整形完成。主要任务是调节树势，延长结果年限。重点对枝组进行精细修剪，适时更新，使枝组保持一定长势。

调节梨树营养生长和生殖生长的均衡关系，是盛果期修剪的关键。要根据品种特性、树势基础以及当年的成花量等，确定适当的花芽留量。当花芽过多时，要本着“去弱留强”的原则，疏除过多的花芽。

单轴延伸枝组发展到以下状态之一时，就需要回缩更新：枝组后部光秃或结果能力下降时；枝组基部直径粗度超过 2.5cm 以上时；向前发展已无空间而本身长势又强，发生很多长枝时。更新时在枝组基部 10cm 处回缩，用其上的分枝或由隐芽萌发的新枝重新培养。对要更新的枝组如果在上一个生长季、预先在基部约 10cm 处环剥或刻伤、刺激萌发更新枝，则效果更好。长轴枝组更新周期的长短还与品种特性有关。像丰水、幸水以长、中、短果枝混合结果，结果部位外移较快的品种，枝组 3~4 年生即需要更新；而黄金、大果水晶以短果枝结果为主，结果部位较稳定的品种，枝组可维持 4~6 年更新。枝组更新要根据枝龄、结果外移程度和枝轴粗细分期分批地进行。盛果期梨树修剪前后对比见图 3–73。

修剪前　　修剪后

▲ 图 3–73　盛果期梨树修剪

3. 衰老树更新复壮

衰老树的修剪应回缩衰弱的骨干枝，利用内膛徒长枝更新复壮，培养选留骨干预备枝和大型枝组，注意枝组的回缩并增加新枝剪截，增强枝组长势。疏除衰老果枝，集中营养，促进枝条长势。衰老树的更新修剪前后对比见图 3–74。

修剪前　　修剪后

▲ 图 3-74　衰老树的更新修剪

三、当前修剪中存在问题及解决办法

（一）主干过低

1. 存在问题

目前大部分老龄梨园树形采用疏散分层形或小冠疏层形树形，基部主枝过低，第一层主枝离地面太近，主干高度为 20~40cm，结果后下垂，易造成枝果拖地，不利于施肥及病虫草害防治等地下管理，随着人工费用的逐年上涨，为了提高果实品质、便于机械化操作，提高果园管理效率，疏除基部过低主枝，增加干高是必要的。

2. 解决方法

第一层和第二层主枝距离较近的情况下，经 3~5 年逐步疏除第一层主枝的第一、第二主枝，以第一层的第三主枝和第二层的第一主枝重新组合成为 1 层主枝；第一层和第二层主枝距离较远的情况下，把第一层靠地面的主枝经 1~3 年疏除。疏除主枝时，根据树势和主枝大小分别处理。树势强时，当年可以直接疏除最低位的主枝，树势弱时第一年先把低位大枝的侧枝疏除后，第二年疏掉该主枝。如图 3-75 所示。

修剪前　　修剪后

▲ 图 3–75　主干过低的修剪

（二）主枝过多

1. 存在问题

主枝过多是导致果园郁闭的主要原因之一，因主枝过多，通风透光条件差，药液不能进入有效部位，果实品质下降，病虫害严重。

2. 解决方法

疏除过密过多主枝，要遵循一定原则，并有计划地进行。通过几年的疏除，上下层间距达到 1.4m 以上，大枝间距 80cm 以上，大枝组间距 60cm 以上，中枝组间距 40cm 以上。如图 3–76 所示。

修剪前　　修剪后

▲ 图 3–76　主枝过多的修剪

（三）把门枝多

1. 存在问题

传统的整形修剪大部分保留了 3 个大的永久性主枝，部分保留了 4 个永久性主枝，每个大主枝配备 2~3 个大的侧枝，而侧枝距离主枝太近（<50cm 就成为把门侧枝），成龄以后主干和侧枝间距过近，影响田间管理和果品质量。

2. 解决方法

根据把门枝的生长部位以及主枝上其他侧枝的情况酌情处理。如把门枝处理后其对面的侧枝距离主干 60~70cm 范围之内，则可以疏除把门枝，剩下的侧枝作为第一侧枝使用。把门枝以外没有可利用的侧枝时，疏除把门侧枝向内生长的枝组。如图 3–77 所示。

修剪前　　修剪后

▲ 图 3–77　把门枝过多的修剪

（四）轮生枝过多

1. 存在问题

轮生枝是指在中心干同一节位周围抽生 4 个以上的主枝或侧生分枝。轮生枝过多过大，易使树体中心干细弱，造成“掐脖”现象，难以保持中心干的生长优势。

2. 解决方法

根据轮生枝的着生位置、轮生枝之间距离和上下层间主枝的排列，疏除轮生枝间距离过近或上下层间重叠的轮生枝。疏除轮生枝应逐年进行，不能一次性疏除太多，否则伤疤太多，容易削弱树势。如图 3–78 所示。

修剪前　　修剪后

▲ 图 3–78　轮生枝过多的修剪

（五）三杈枝过多

1. 存在问题

三杈枝多，树冠紊乱，整形修剪困难，主枝变细弱，应及时处理。

2. 解决方法

正常条件下，保留原来的母枝，上面有主枝时疏除同侧的重叠枝；三杈枝中原来的母枝过细时，以方向和位置较好的枝来代替母枝换头。如图 3–79 所示。

修剪前　　修剪后

▲ 图 3–79　三杈枝过多的修剪

（六）剪口留橛

1. 存在问题

在基部三主枝疏层形等大冠树形中为了疏花疏果和采收方便留了一段木桩，以方便上树时踩踏。但因锯口难以愈合，组织坏死，易引起腐烂病。

2. 解决方法

不管任何留橛都应当贴基部锯掉，后用快刀刮除粗糙锯口，锯口涂伤口保护剂，以利愈合。如图 3–80 所示。

修剪前　　修剪后

▲ 图 3–80　剪口留橛的修剪

（七）留竞争枝

1. 存在问题

中心干、主枝以及辅养枝的延长枝下第一竞争枝与延长枝枝龄和势力相等，会形成偏冠树、双干树、树冠郁闭等现象。

2. 解决方法

留方向和位置合适的延长枝，疏除或回缩竞争枝。如图 3–81 所示。

（八）留背后枝

1. 存在问题

盛果期，为了增加结果部位，骨干枝外侧下垂枝可以适当保留，但是盛果期以后，有足够的结果部位和枝量的情况下，背后枝显得多余，而且在骨干枝背后生长，遮阴严重，果实品质差，已失去存在价值，应逐年疏除，让两侧斜生的枝组充分发育。

2. 解决方法

背后枝不大，其上着生的果实外观及品质较好的情况下适当回缩，背后枝过分衰弱时及时疏除。如背后枝过大时可以逐年疏除。如图 3–82 所示。

修剪前　　修剪后

▲ 图 3-81　竞争枝的修剪

修剪前　　修剪后

▲ 图 3-82　背后枝的修剪

（九）重叠枝

1. 存在问题

同方位的骨干枝或侧枝，若间隔较近，互相重叠，夏季施药时药液很难喷到，通风透光差，果实质量差。

2. 解决方法

应保留长势中庸、方位和角度合理的骨干枝，其他重叠的骨干枝或枝组根据空间情况回缩或从基部疏除。上下枝之间间隔应不少于 50cm。如图 3–83 所示。

修剪前　　修剪后

▲ 图 3–83　重叠枝的修剪

（十）交叉枝

1. 存在问题

梨高密植和中密植果园，行间或株间的枝相互交叉，果园通风透光差，田间作业困难。

2. 解决方法

对于行间交叉枝，根据空间大小和位置，两行树整体考虑，枝条不能进入另外一行，只要延伸到别的行的枝条，要转主换头改变方向或回缩到有空间的部位。株间交叉枝，根据空间有无情况进行处理，无空间的枝条在其下有分枝处缩剪，修剪后株间不应有交叉枝。树冠内部交叉枝，根据位置、空间情况疏 1 枝（没有空间），放 1 枝（有空间）。如图 3–84 所示。

（十一）树体上强下弱

1. 存在问题

上强下弱树主要是上方留过多主枝和辅养枝，强剪和过分疏除第一层主枝及其上的枝组，而引起上强下弱，上强下弱树因上部强旺，下面的主枝容易变弱或逐渐枯死。

修剪前　　修剪后

图 3–84　交叉枝的修剪

修剪前　　修剪后

图 3–85　上强枝的修剪

2. 解决方法

首先采用助势剪法，强化第一层主枝的树势，长留延长枝，隔年短截，并抬高延长枝角度，多留枝和枝组。控制过渡层的辅养枝，疏除过多的辅养枝或疏除强旺辅养枝上的强旺枝条。如疏除双层主干形中第二层的过强主枝，留中庸的主枝，达到第一层主枝数应多于第二层主枝，第一层树势强于第二层主枝，中央领导干换头，疏除过强的中央领导干，以相对较弱的枝做中央领导干。

（十二）外强内弱

1. 存在问题

树的外围或枝条的前端枝条多，而内膛和枝条基部以及中部的枝少和长势弱，导致树体光照差，内膛和枝条基部和中部的枝枯死。

2. 解决方法

剪除前部强旺枝，刺激后部枝条的生长或前端换头刺激后部生长或疏除过分强旺的外围枝。

（十三）环剥不当

1. 存在问题

环剥是为了抑制树体生长势，促进花芽分化，在夏季用刀剥去枝干上部分皮层的方法。本项技术多在幼树和初结果期树上使用，但剥口太宽不易愈合，树势容易衰弱；太窄则愈合太早，达不到促花的效果。如图 3-86 所示。

▲ 图 3-86 环剥不当

2. 解决方法

本项技术应用于幼旺树和初结果树上。环剥时，环剥的宽度一般为环剥处枝干直径的 1/10，环剥时注意切口深度，不要伤及木质部，如剥口过宽可用塑料布包扎保护，主干上尽量不用环剥。

第五节　土肥水管理

土肥水管理的目标是土壤固、气、液三相比为40∶30∶30，有机质含量达到3%以上。达到这一指标，土壤的水、肥、气、热条件最合理，保肥保水能力强，养分供应及时、充足，不会有缺素症发生。梨树生长健壮，增产潜力大，对自然界不利的因素有较强的调节能力。

一、土壤管理制度

（一）生草制

在梨园播种一年生或多年生草种，或利用自然杂草的方法为生草制。要控制草的高度，每年根据与梨树竞争营养的主要时期与草的长势刈割几次，原则上限制草高在30cm以下，把割下的草覆盖于树下或作为家畜饲料，转化成有机肥再还给果园，增加土壤肥力。

梨园生草的好处很多，除了充分利用空闲地、太阳能就地培植肥源外，还有保水保肥，调节梨园的小气候，丰富梨园的生物种类，保持土壤湿度稳定，减少落果损失等作用。如图3-87所示。

▲ 图3-87　梨园全园种植早熟禾

1. 常用草种

人工生草的品种主要有禾本科的黑麦、黑麦草、早熟禾、鼠茅草等，豆科的紫花苜蓿、毛叶苕子、白三叶等，还可以种植油菜。可以利用的自然草种有二月兰、紫花地丁、苦菜、夏至草等。应用时应多草种分行种植，以增加生物的多样性，利于天敌的发生与繁衍。

白三叶　毛叶苕子　鼠茅草

黑麦草　二月兰　苦菜

夏至草　紫花地丁

▲ 图 3-88　常见梨园草种

2. 生草模式

生草模式包括自然生草（图 3–89）和人工生草（图 3–90）2 种。人工生草多在 3~4 月和 8~9 月播种。墒情好时采用撒播；墒情差时，采用带水浅沟播种。自然生草即在剔除恶性杂草的基础上，利用果园的自然杂草进行生草栽培。我国目前果园生草栽培多为自然生草，此种生草栽培可大大节省人力、物力和财力。

▲ 图 3–89　梨园自然生草

▲ 图 3–90　梨园人工生草

3. 生草的管理

种草后，遇到下雨，应及时松土保墒。逐行查苗补苗，达到全苗。对于过密苗应及时间苗定苗，可适当多留苗，彻底清除杂草。在生草后的前 2~3 年，增施氮肥 10%~15%，生草 3 年后，肥料的投入减少 15%。生草后要定期刈割，留草高度为 10~20cm，用割草机（图 3–91、图 3–92）刈割，铺于树盘内作为覆盖物，每年可刈割 4~6 次。使用秸秆还田粉碎机割草见图 3–93。

▲ 图 3–91　行间割草机

▲ 图 3–92　株间割草机

▲ 图 3-93　使用秸秆还田粉碎机割草

（二）覆盖制

覆盖制是梨园利用多种有机物质（绿肥、秸秆、杂草和木屑等）或地膜、地布等对果园行间或树盘地面进行全园或部分覆盖的管理方法。秸秆覆盖厚度要在 15cm 以上，以后每年少量添加，维持覆盖物厚度，才能达到预期效果。为防火灾和风吹，可局部和分段压土，近树干 30cm 处不要覆盖。有机物质覆盖可增加土壤有机质含量，改善理化性能，增加透气性、防止水分蒸发、增加土壤动物、微生物的种类和数量。地布、地膜（分白、黑、银灰色）覆盖主要用于行内，具有增温、保墒，防止裂果，促进果实着色，改善品质，减轻病害，提早果实成熟等优点。如图 3-94 所示。

地布覆盖

枝条碎屑覆盖（张玉星提供）

石子覆盖

秸秆覆盖

▲ 图 3-94　各种梨园覆盖

（三）起垄栽培

对土壤贫瘠和低洼平地果园，可进行起垄栽培。起垄栽培增加了土层厚度，使根系微环境水、热保持稳定，为根系生长发育创造了良好的环境，促发较多的吸收根，从而有利于树体生长发育和花芽分化，提高坐果率。

1. 定点拉线

方地之后，在栽植区先拉出第一道行线和每行第一株所在的与行线垂直的竖线。在行线上按照株距钉木桩，在竖线上按行距钉木桩。分别拉出各条行线，并将行线的两端向外延长 0.5m，定木桩。距第一行线 0.5m 处拉一条与之平行的行线，并按照株距钉木桩。以每行行线为基准，分别向左向右外扩 0.5m，标记为垄线。如图 3–95、图 3–96 所示。

▲ 图 3–95　定点

▲ 图 3–96　画线

2. 起垄

在每条垄线内撒施基肥，每 1m 垄长施用 5kg 纯羊粪，用挖掘机行间取土起垄，垄底宽 1m，垄台宽 0.8m，高 30~40cm。起垄后对行间垄沟土地进行平整，旋耕、耙平，旋耕时不要破坏垄台。如图 3-97、图 3-98、图 3-99 所示。

▲ 图 3-97　施底肥

▲ 图 3-98　机械起垄

▲ 图 3-99 垄成形

3. 定植

由两人拉一条可活动的长绳，与各条行线垂直交叉，选取距交叉点 5cm 处西南方向定植，待树体栽植好后，再向前平移到下一个株距定植点，依此类推。如图 3–100 所示。

图 3–100　定植

4. 灌水、定干、覆地膜

栽后灌透水，一周后补水 1 次，补水后平垄，覆盖地膜，以利保墒、增温，促进新根发生，促进萌芽生长。

栽后及时定干，距地表剪留 80~90cm，并套长 40cm、直径 5cm 的地膜套，保持水分，防止大灰象甲、黑绒金龟子等害虫危害新芽。芽萌发后至后展叶前及时撕开地膜套，过晚则地膜套内高温会损伤叶片。如图 3–101、图 3–102、图 3–103、图 3–104 所示。

图 3–101　灌水

图 3–102　套膜袋覆地膜

▲ 图 3–103　起垄栽培树体生长状

▲ 图 3–104　起垄栽培大树

（四）清耕制

图 3-105　清耕除草

梨园不间作任何作物，常年保持休闲，定期采取深翻松土、除草使土壤保持疏松和无杂草状态。秋季结合施基肥深翻，在树盘内或行间挖 40~50cm 深的沟或穴施有机肥（图 3-105）。传统的清耕法，生物多样性差，对生态平衡不利。

（五）梨园间作

在幼树期或稀植的大树，可以利用行间空地种植草莓、花生、甘薯、豆类或西瓜等低矮作物，以增加收入（图 3-106、图 3-107）。切不可间作与梨树争光、争肥、争水的高秆作物和深根性作物，并注意加强肥水，以免影响梨树的正常生长发育。

（六）林下养殖

可以在梨园中放养鸡、鸭、鹅、雁等禽类。禽类在树下遮阴处，以杂草、虫类为食，产品天然、无污染，经济价值高，生产成本降低，同时还可以抑制杂草和害虫的发生，禽类粪便又为果园提供了优质肥料。林下养殖使果树种植业和禽类养殖业实现了资源共享、优势互补，循环相生、协调发展，是一种非常有发展前途的高效生态农业模式。如图 3-108 所示。

图 3-106　幼树行间间种甘薯

图 3-107　稀植大树行间间种花生

▲ 图 3-108　梨园养殖

二、施肥

（一）施肥方法

1. 沟施

依树冠大小、施肥数量、肥料种类确定所挖沟的形状、深浅、长短和数量。施肥沟的形状有半环状、环状、条状（图 3-109）、放射状等。

2. 穴施

在树盘内距树干一定距离挖穴，进行施肥。穴大小、数量因树及施肥数量确定。如图 3-110 所示。

▲ 图 3-109　条状沟施基肥

▲ 图 3-110　穴施肥料

3. 全园撒施

当果园根系布满全园时，在距树干 0.5m 以外，往地面均匀撒施肥料，之后浅耕耙平。如图 3-111 所示。果园有机肥撒施旋耕机如图 3-112 所示。

▲ 图 3-111　撒施肥料

▲ 图 3-112　果园有机肥撒施旋耕机

4. 肥水一体化

随灌溉水流将易溶于水的肥料溶于水中，或通过喷、滴、渗灌系统，将肥液喷滴到树上、地面或地下根层内。如图 3–113、图 3–114 所示。

图 3–113　肥水一体化

图 3–114　果园肥水一体化首部

5. 喷布法

果树需要的中、微量元素常用此法。使用时注意喷施浓度，防止灼伤叶片。梨树叶面喷肥的种类、浓度、时期和次数见表 3–2。结合病虫害防治喷布肥料见图 3–115。

表 3–2 梨树叶面喷肥的种类、浓度、时期和次数

元素	化肥名称	浓度 %	施用时间	次数
氮	尿素	0.30~0.5	花后至采收前	1~2
氮	尿素	1~3	落叶前一个月	1
氮	尿素	2~5	落叶前 1~2 周	1
磷	过磷酸钙	1~3	花后至采收前	2~4
钾	硫酸钾	1	花后至采收前	3~4
磷钾	磷酸二氢钾	0.3~0.5	花后至采收前	2~4
镁	硫酸镁	0.5~1	花后至采收前	3~4
铁	硫酸亚铁	5	花芽膨大期	1
铁	螯合铁	0.05~0.10	花后至采收后	2~3
钙	瑞恩钙	0.1	花后 2~5 周内	2~3
钙	硝酸钙、氯化钙	0.3~1.0	花后 2~5 周内	2~3
锰	硫酸锰	0.2~0.3	花后	1
铜	硫酸铜	0.05	花后至 6 月底	1
锌	硫酸锌	5	花芽膨大期	1
硼	硼砂、硼酸	0.2~0.4	花期	1
氮磷钾等	人畜尿	5~10	落花 2 周后	2~4
氮磷钾钙等	禽畜粪浸出液	5~20	落花 2 周后	2~4
钾磷等	草木灰浸出液	10~20	落花 2 周后	2~4

▲ 图 3–115 结合病虫害防治喷布肥料

6. 注射法

对于营养元素缺乏或根系受损严重的梨树，为迅速补充营养，也可使用强力树干注射剂向树干注射施肥，或用输液法进行树干输液（图 3-116）。在山区或干旱地区等施肥作业不便、水源缺乏的地区，可采用土壤高压注射施肥技术。施肥枪施肥见图 3-117。

（1）所需设备　加压的动力设备（电动机、汽油机、柴油机等）、三缸注射泵、肥液桶或池、肥液搅拌器、耐高压的输液管、耐高压的不锈钢施肥枪。

（2）施肥步骤　将施肥所需的硬件有序连接，并进行试车，确保工作正常。

图 3-116　树干输液

将梨树生长发育所需的大量元素、中量元素、微量元素溶解于

图 3-117　施肥枪施肥

肥液桶或肥液池中。

启动动力设备，将工作压力调控在 20~30kg/cm^2。打开肥液控制开关，利用耐高压的不锈钢施肥枪将肥液注射到果树根系集中分布的土壤中。

当日施肥工作结束时，用清水将三缸注射泵、肥液搅拌器、输液管、不锈钢施肥枪清洗 5~10min 后关闭动力设备。

（3）注意事项　施肥时土壤相对含水量应大于土壤最大持水量的 60%。

每亩梨园每次施肥液的量为 400~500L，在树冠滴水线上每隔 80cm 施一枪，每枪的注射时间为 6~20s，施肥深度一般 20~40cm。

肥料溶解时应依次溶解尿素、硫酸钾、磷肥、镁肥、钙肥等。

将施肥硬件中的施肥枪换成喷头即成为成套喷药机械。

7. 枝干涂抹

目前，枝干涂抹氨基酸复合微肥技术应用较为普遍，对提高产量、改善果实品质、提早上市有一定效果。如图 3-118 所示。

（1）涂肥的部位和方法　涂肥的部位应视树龄的大小、树干的粗细而定。幼旺树，主干光滑，可于树干离地面 10cm 以上涂干，长度 50cm 左右。若树龄大，主干老皮龟裂，刮皮较难，则可选较光滑的侧面适当部位刮皮后，每侧枝涂肥长度 50cm 左右。

（2）涂肥的时间和次数　应视树龄不同酌情掌握。最关键的时期是浇萌芽水前的 2~3 天，在刮完老树皮的基础上涂肥，肥效一般 15 天左右。果树谢花时涂第二次，

▲ 图 3-118　枝干涂抹

不仅壮树效果好，还可促进果实早熟 3 天左右，明显提高果实色泽、个头和内在品质。果实采收后至落叶前也可酌情涂肥 2~3 次，以增加储备营养，促进花芽分化。

（3）使用浓度　正宗的氨基酸液肥，都标有氨基酸的含量。应依据产品的氨基酸含量加水至含氨基酸 5% 左右为宜。如原液中的氨基酸含量为 10%，可加水 1 倍；含量 15%，可加水 2 倍。具体使用时还要看树势、树龄，幼树使用时浓度可适当低一些。

（二）施肥种类

1. 农家肥

农家肥，泛指禽畜粪尿、人粪尿、草木灰、杂草、秸秆堆沤物等，均属于有机肥（图 3-119、图 3-120）。农家肥中含有各类植物生长的必需元素，例如，氮、磷、钾、钙、硫、锌、

▲ 图 3-119　将修剪下来的枝条粉碎，加入菌剂，堆制有机肥

▲ 图 3-120　使用旋抛机破碎菌棒混合畜禽粪便

硼、镁、铁、锰、铜、钼、氯。因此又称为完全养分肥料，其优点是含有植物生长的各类必需的养分；能改善土壤的团粒结构，提高土壤保肥、保水能力；平衡土壤中的酸碱度；肥效长等。其缺点是相对于化学肥料有效含量低且不稳定；效果反应较化学肥料迟；施入量大；施肥劳动强度大；各种不同的农家肥含有营养元素差异大等。

2. 化肥

化学肥料是指用化学方法合成的或开采矿石经加工精制而成的肥料。化学肥料养分含量高，且多为速效养分，能及时满足梨树对养分的需要。目前我国生产的化肥主要有氮肥、磷肥、钾肥、微量元素肥料、复混肥料等。

3. 几种新型肥料

（1）微生物肥料　微生物肥料是指应用于农业生产中，能够获得特定肥料效应的含有特定微生物活体的制品，这种效应不仅包括了土壤、环境及植物营养元素的供应，还包括了其所产生的代谢产物对植物的有益作用。微生物肥料是以微生物的生命活动及其产物来改善果树营养条件，促进果树吸收营养，刺激果树生长发育，增强果树抗病抗逆能力，提高果品产量，改善果品品质；改良土壤，提高土壤肥力，净化土壤，减少环境污染；节约能源，降低生产成本。因为一般微生物肥料不含化学物质，所以对环境基本没有污染，是生产有机果品理想的肥料。

微生物肥料根据其作用机理和与作物的营养关系，可分为根瘤菌肥料、固氮菌肥料、磷细菌肥料、硅酸盐细菌肥料、复合微生物肥料等。

（2）氨基酸肥料　能够提供各种氨基酸类营养物质的物料统称为氨基酸类肥料。目前主要是利用动物毛皮和下脚料经水解后加工而成，也有利用微生物转化生产氨基酸肥料。市场上氨基酸肥料多为氨基酸和微量元素等复合（络合）而成的复合氨基酸肥料，是新一代多功能型高效农用营养肥，具有高效、多效、速效、抗寒、抗旱、抗病虫害、无毒、无害、无污染特点，能增加产量 10% 以上，并能改善果实品质，提早成熟上市。

氨基酸肥料除了可以在枝干上涂抹外，还可以结合病虫害防治在梨树生长季进行叶面喷施，叶面喷施时一般稀释 300~400 倍。

（3）腐植酸肥料　富含腐植酸和无机养分的肥料。以泥炭（草炭）、褐煤、风化煤、秸秆和木屑等为主要原料，经过化学处理或再掺入无机肥料而制成的。有刺激植物生长、改善土壤性质和提供少量养分的作用。主要肥料品种有腐植酸铵、生化黄腐酸和腐植酸复合肥等。

（4）螯合肥料　又称螯合微量元素肥料，简称螯合微肥。用螯合剂与植物必需的微量元素（硼和钼除外）制成的肥料，如螯合锌、螯合铁、螯合锰、螯合铜等。

螯合微量元素肥料比无机微量元素肥料好，在土壤中不易被固定，易溶于水，又不离解，能很好地被植物吸收利用。也可与其他固态或液态肥料混合施用而不发生化学反应，不降低任何肥料的肥效。

（5）缓释、控释肥　“缓释”是指养分释放速率远小于速溶性肥料施入土壤后转

变为植物有效态养分的释放速率。“控释”是指以各种调控机制使养分释放按照设定的释放模式（释放率和释放时间）与果树吸收养分的规律相一致。施用缓释和控释肥可以减少施肥的次数，节省劳力、时间和能耗，施肥更为方便。在梨树上可以一年只施肥一次，在秋季基肥时施用，不需要追肥。施用缓释肥可有效解决当前梨园化肥施用量大、肥效短、利用率低、对环境污染重、影响果品质量等诸多问题，具有省工省时、肥效长、吸收率高、增产效果显著和提高果品质量明显等特点。

4. 其他肥料

（1）沼液肥　沼液肥是在密封的沼气池中，有机物腐解产生沼气后的副产品，除了含有氮、磷、钾等大量元素以外，还含有对梨树生长起重要作用的硼、铜、铁、钙、锌等微量元素，以及氨基酸、维生素等，养分齐全，肥效缓速兼备。梨园中科学地施用沼液作为有机肥，可以有效地增加果实产量，提高果实品质，有效防治病虫害和果实畸形，实现有机果品生产的肥水一体化，提高肥水利用率，降低生产成本。如图 3-121 所示。

▲ 图 3-121　梨园施用沼液

（2）绿肥　栽培或野生的绿色植物体作肥料用的均称作绿肥。绿肥按照来源可分为栽培绿肥和野生绿肥，按照植物种类可分为豆科绿肥和非豆科绿肥，按照生长季节可分为冬季绿肥、夏季绿肥，按照生长期长短可分为一年生或越年生和多年生绿肥，按照生长环境可分为水生绿肥、旱生绿肥和稻底绿肥。主要的绿肥种类有紫云英、苕子、紫花苜蓿（图 3–122）、草木犀等。

▲ 图 3–122　紫花苜蓿

绿肥是解决肥源的重要途径，能够增加耕层土壤养分，改良土壤理化性状，同时覆盖地面，防止水土流失，改善生态环境，净化空气和污水。

绿肥可以直接翻耕或堆沤，或先作饲料，然后利用畜禽粪便作肥料。

（三）施肥量

根据平衡原理，梨树施肥量的经典计算公式为

$$\text{施肥量}=\frac{\text{需肥量}-\text{土壤供给量}}{\text{肥料利用率}}$$

公式虽然非常简单，但影响公式中参数的因素众多，且梨树多年生，个体大，参数确定困难，公式难以直接应用。

早在20世纪70年代，我国的梨树栽培专家就进行了“梨树高、中、低肥的肥料试验”，取得了宝贵的实践成果，通过多年实际产量和施肥总量的计算，总结出在树体和土壤养分基本平衡的情况下，主要以产量、树势和品种为依据的定量施肥方法。

以有机肥为主的梨园，白梨系、秋子梨系品种每50kg果施纯氮0.2~0.3kg，日韩梨、西洋梨系品种每50kg果施纯氮0.3~0.4kg，弱树用上限值。氮（N）、磷（P_2O_5）、钾（K_2O）比例为1∶(0.5~1)∶1，其中磷的施用量可以有一个变化幅度，这是由于梨对磷的丰缺反应不太敏感。但在可能的情况下多施磷肥，可以改善果实风味，特别是有助于增加果实的香气。然而在碱性土壤中磷肥过量有可能阻碍梨树对其他营养元素的吸收。

以施化肥为主的梨园，与以有机肥为主的梨园相比，每50kg果增施纯氮0.1kg，氮磷钾比值不变。

未进入盛果期的梨园，密植园1~3年生、稀植园1~4年生，以每株折合施纯氮45g为基础，氮磷钾比例为1∶1∶0.8，每年比上年施肥量加倍。

计算步骤为：

☞ 判断树体和土壤养分的营养状况。通过对梨树外部形态的观察，判断营养的丰缺和平衡状况，必要时辅以叶片化学诊断和土壤化学诊断。

a. 根据梨树树势、树相和外部形态判断。梨树生长的环境优劣，各种营养元素的亏盈，都会在果树的外部形态上表现出来，通过树势、树相分析与所表现出来的外部形态，可以准确地判断梨树的缺素症状。

氮：氮是合成氨基酸的主要元素之一，也是核酸、磷脂、叶绿素、酶类、生物碱、苷类和维生素的组成成分，是梨树需要最多的一种元素，也是最重要的元素。氮素不足时，树体生长不良，叶片小而薄，绿黄色，果实小，叶早落，但果实色泽好，如图3-123所示。氮素过多则枝条旺长，叶片大而浓绿，果实皮糙肉粗，风味淡，不耐贮藏。

▲ 图3-123　缺氮叶片呈淡绿至黄色

磷：磷是形成原生质、细胞

核、磷脂、多种酶、维生素的主要成分之一，参与果树的吸收作用、光合作用以及蛋白质、糖、脂肪的合成和分解过程。磷可促进果树花芽分化、果实发育，提高果实品质、产量，促进根系生长和吸收能力，提高抗旱、抗寒、抗病能力。梨树缺磷时，新梢和根生长发育不良。叶片变小，叶背脉络变紫色，如图 3-124 所示。新梢短，严重时落叶枯梢。果实色泽变暗，无应有香味，含糖量降低。

钾：钾是梨树生命活动过程中重要的元素之一，钾参与糖、淀粉的合成和运转，具有促进光合作用，促进对氮的吸收，促进果实膨大和成熟，提高树体枝干和果实的纤维素含量，提高果实品质和抗寒、抗旱、抗病能力等作用。梨树缺钾时，枝条细弱软化、生长差，叶片先呈棕绿色，随后叶缘逐渐焦枯，果实小且着色差，品质下降，易感病。如图 3-125 的所示。

图 3-124　缺磷叶小厚、呈暗黄褐至紫色（朱立武提供）

图 3-125　缺钾造成老叶枯焦

钙：主要分布于叶片和果实中，它既是树体结构物质，又是生长发育及代谢过程中所必需的特殊物质。梨树缺钙时，叶片小而脆弱，严重时梢尖枯死，花朵萎缩，新根短粗、弯曲，尖端褐变枯死。果实易发生生理病害，降低贮藏性能。缺钙是造成果实黑心病等的主要因素。如图 3-126 所示。

镁：镁是叶绿素的组成部分，参与磷化物的生物合成。镁可促进果实肥大，增进品质。镁在树体内可以再分配利用，梨树缺镁时，先是基部老叶呈现失绿症，脉间变绿棕色，叶边缘仍绿色，严重时除叶脉外，叶片全部黄化，早期脱落。枝条细弯，果小，着色差，风味淡。如图 3-127 所示。

铁：铁是多种氧化酶的组成成分，参加叶绿素的形成和细胞内的氧化还原作用。一般土壤中都不缺铁，但在含钙多的盐碱地和含锰铝较多的酸性土壤中，或在土壤湿度过大的情况下，铁易被固定或不易被吸收，梨树常因缺铁发生失绿症（图 3-128）。

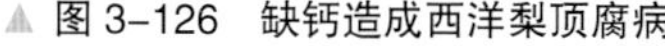
▲ 图 3–126　缺钙造成西洋梨顶腐病

▲ 图 3–127　缺镁症状

▲ 图 3–128　梨树缺铁造成叶片失绿

铁在树体内多以高分子化合物形态存在，不能再利用。梨树缺铁，幼叶失绿变黄，叶脉绿色，随病情加重叶片甚至白化，并出现褐色不规则坏死斑点和焦边现象，最后叶片脱落。病树枝条细弱，发育不良，严重时出现枯梢。

硼：硼具有促进光合作用和蛋白质形成，促进碳水化合物的转化和运输，促进花粉发芽和花粉管生长，提高坐果率等作用。缺硼时，梨叶厚而脆，新梢从顶端枯死，顶梢成簇状，受害小枝叶片变黑而不脱落，严重时花雌蕊发育不良，坐果差，果实表面凹凸不平，果肉干硬或木栓化，果实畸形，称缩果病；有些品种果皮上出现淡黄色凹陷斑点，果肉褐色木栓化，称果实木栓化斑点病，风味差，失去商品价值（图 3–129）。

锌：锌是某些酶的组成成分，对树体的新陈代谢有促进作用。梨树缺锌时，树冠顶端新梢细弱，节间短，叶片小而丛生，称“小叶病”（图 3–130）。多年连续发病，树体衰弱，花芽分化不良。沙地、盐碱地、瘠薄的山地果园，缺锌现象普遍。

▲ 图 3–129　红安久梨缺硼造成果肉木栓化

▲ 图 3–130　梨树缺锌造成的“小叶病”

锰：锰在叶绿素中参与光合作用，促进光合产物的合成与运转。锰在树体内移动性较差，但区别于其他微量元素。梨树缺锰时表现为叶脉间失绿，叶脉为绿色，即呈现肋骨状失绿。这种失绿从基部到新梢都可发生（不包括新生叶），一般多从新梢中部叶开始失绿，向上下两个方向扩展。叶片失绿后，沿中脉显示一条绿色带。锰过多时，会导致粗皮病，抑制三价铁还原，常会引起缺铁。如图 3–131 所示。

梨树外部形态营养诊断比较直观、简单、方便、准确、可靠，用目测方法来判断营养的丰缺，适用于各类土壤和各个年龄时期的果树。

▲ 图 3-131　梨树缺锰症状

b. 叶片化学诊断和土壤化学诊断。叶片化学诊断和土壤化学诊断指标见表 3-3、表 3-4。如发现问题，氮、磷、钾等大量元素可对施肥的比例和数量进行调整，其他元素确定丰缺后，可通过施肥或根外追肥的方法进行调节。

表 3-3　梨叶营养诊断指标

	氮（%）	磷（%）	钾（%）	钙（%）	镁（%）	铁（mg/kg）	锌（mg/kg）	锰（mg/kg）	铜（mg/kg）	硼（mg/kg）
鸭　梨	2.03	0.12	1.14	1.92	0.44	113	21	55	16	21
西洋梨	2.3~2.6	0.15~0.35	1.2~2.0	1.2~1.8	0.25~0.5		20~50	20~50	6~20	25~45
新　高	2.478	0.138	1.910	1.426	0.294	96.71	197.7			35.06

表 3-4　果园土壤有机质和养分含量分级指标

养分种类	极低	低	中等	适宜	较高
有机质（%）	<0.6	0.6~1.0	1.0~1.5	1.5~2.0	>2.0
全氮（N %）	<0.04	0.04~0.06	0.06~0.08	0.08~0.10	>0.1
速效氮（N mg /kg）	<50	50~75	75~95	95~110	>110
有效磷（P mg/kg）	<10	10~20	20~40	40~50	>50
速效钾（K mg /kg）	<50	50~80	80~100	100~150	>150
有效锌（Zn mg/kg）	<0.3	0.3~0.5	0.5~1.0	1.0~3.0	>3.0
有效硼（B mg /kg）	<0.2	0.2~0.5	0.5~1.0	1.0~1.5	>1.5
有效铁（Fe mg /kg）	<2	2~5	5~10	10~20	>20

确定第二年产量（kg/667m^2）。

评价树势情况

树势的判断标准为：壮势树，丰产稳产，枝条粗壮，芽体饱满，贮藏营养水平高，长枝占 5%~10%，中枝占 10%~15%，短枝占 80%~85%；弱势树，贮藏营养水平较低，长枝少而短（或无），中枝占 10%，短枝占 90% 左右，花多果实小，产量低。

可准备的有机肥种类、数量（m^3、kg）

按各种肥料的养分含量表或换算表计算施肥量（包括秋施基肥和第二年追肥）。正常情况下，按氮磷钾的适宜比例进行平衡施肥。个别营养元素缺乏时，针对性地进行补充。在施肥过量的情况下，过量元素对其他营养元素的吸收有拮抗作用，应一方面减少过量元素的施用量，同时拮抗什么元素补什么元素。

计算举例：

例 1. 某梨园，以施有机肥为主，化肥为辅，树体生长和果实发育基本正常，未发现缺素症状，树势中庸偏弱，计划亩产 2 000kg，单果重 0.3~0.4kg。

理论计算：每 100kg 果应施纯氮 0.8kg，氮：磷：钾比例为 1：0.8：1，100kg 果需 N：P_2O_5：K_2O=0.8kg：0.64kg：0.8kg，2 000kg 产量需 N：P_2O_5：K_2O=16kg：12.8kg：16kg。

实际每亩用肥：

1m^3 鸡粪 N：P_2O_5：K_2O=13kg：12.3kg：6.8kg

1m^3 牛粪 N：P_2O_5：K_2O=2.9kg：1.35kg：3.4kg

总计：15.9kg：13.65kg：10.2kg

与理论值相比，每亩用 1m^3 鸡粪加 1m^3 牛粪，氮、磷基本满足需要，但钾偏少，需补钾 5.8kg（约合硫酸钾 11.5kg）。

例 2. 果园条件同例 1，但以施化肥为主，有机肥为辅。

理论计算：每 100kg 果应施纯氮 1kg，氮：磷：钾比例为 1：0.7：1，100kg 果需 N：P_2O_5：K_2O=1kg：0.7kg：1kg，2 000kg 产量需 N：P_2O_5：K_2O=20kg：14kg：20kg。

实际每亩用肥：

三元素复合肥（15–15–15）66.5kg=10kg：10kg：10kg

$1m^3$ 猪粪，N：P_2O_5 ：K_2O=4.5kg：4.05kg：3.15kg

总计：14.5kg：14.05kg：13.15kg

与理论值相比，还需补氮 5.5kg（约合尿素 11kg），补钾 6.85kg（约合硫酸钾 13.5kg）。

表 3–5　常见肥料养分含量（占鲜重）

种类	有效成分（%）				
	水分	有机质	氮（N）	磷（P_2O_5）	钾（K_2O）
人粪	78.2	20.0	1.00	0.50	0.37
麻酱渣			6.59	3.30	1.30
棉籽饼			3.41	1.63	0.97
菜籽饼			4.60	2.48	1.40
蚯蚓粪	37.0	7.3	0.82	0.8	0.44
鱼杂			7.36	5.34	0.52
酒糟渣	10.1		7.12	0.96	0.92
大豆饼		78.4	7.00	1.32	2.13
花生饼		85.6	6.40	1.25	1.50
麦秸	83.3		0.18	0.29	0.52
玉米秸	80.5		0.12	0.16	0.84
油菜	82.8		0.43	0.26	0.44
紫花苜蓿	83.3		0.56	0.18	0.31
苜蓿			0.56	0.18	0.31
草木犀			0.52	0.04	0.19
低位草炭		64	2.30	0.49	0.27
草木灰				2.10	4.99

注：有机肥的养分含量各地可能会有差异，有条件的应在使用前进行测定。

表 3–6　常见肥料养分折合含量

种类	有效成分（kg）		
	氮（N）	磷（P_2O_5）	钾（K_2O）
$1m^3$ 湿鸡粪	13.0	12.3	6.8
$1m^3$ 猪粪	4.5	4.05	3.15
$1m^3$ 牛粪	2.9	1.35	3.4
$1m^3$ 羊粪	5.6	3.6	2.4
$667m^2$ 玉米秸	1.8	2.4	12.6
1t 蚯蚓粪	8.2	8.0	4.4

三、水分管理

（一）果园微灌系统

微灌是一种先进的节水灌溉技术，它是利用低压管道系统，通过安装在毛管上的滴头、孔口或微灌头等散水器将水（肥料、化学调节剂等）在低压下以预先确定的精确方式均匀而又缓慢地渗透到作物根部附近土壤中，使作物根系最发达区域的土壤经常保持在水分供应最佳状态，为作物生长提供良好条件。

微灌不仅节水、节肥、省劳力、缓解水资源供应紧张的矛盾，同时由于微灌用的输水管道大多埋于地下，无需占用耕地修建田间水渠，而且对地形、地势没有特殊的要求，从而提高了土地利用率，扩大了灌溉应用范围。

我国梨园在丘陵山地等复杂地块有较大种植面积，普通灌溉实施难度大，微灌技术具有较大的推广应用空间，而且微灌设备可以多年使用，从长远的效益分析，值得投入。

1. 微灌系统组成

微灌设备主要包括灌溉首部、输水管道、散水器三部分。具体构件及其布置如图3–132、图3–133、图3–134所示。

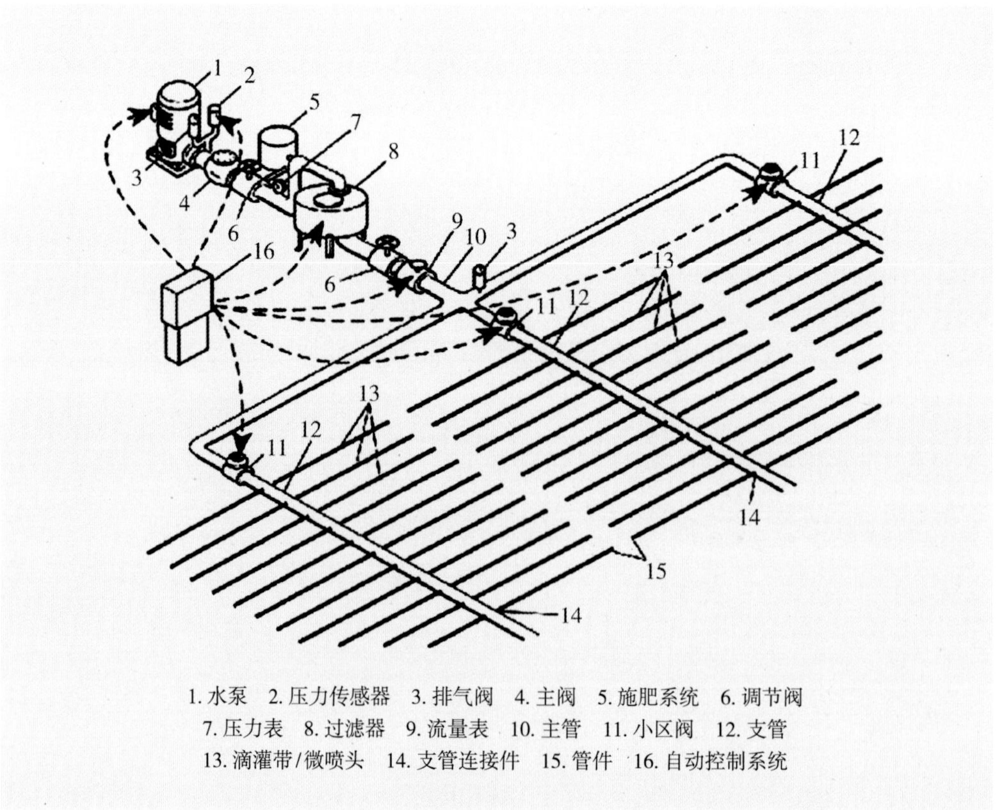

▲ 图3–132　微灌系统布置示意图（吕晓兰提供）

图 3-133　微灌系统关键部件图(吕晓兰提供)

图 3-134　梨园内铺设的微灌系统

2. 微灌主要特点

通过安装在输水管上的各种滴头所形成的滴灌系统，将水一滴一滴地、均匀、缓慢地滴入梨树根部附近的土壤中，液肥、土壤调节剂也可利用该系统同时施入。可提高梨树产量和品质，减少病虫草害发生，高效、省力，是节水最显著的一种灌溉方式。主要有滴头滴灌、滴灌带滴灌和小管出流等形式。主要特点为：①适用于棚架、大棚温室及各种地形；②抗堵性能好，具有自清洗功能，堵塞后可清洗重复使用；③灌水均匀度高，实现精确灌水、肥水一体化管理；④抗老化性能好，使用寿命长。

3. 主要技术参数

（1）滴头技术参数　见表 3-7。

表 3-7　滴头技术参数

名称	规格型号	流量 L/h@100kPa	工作压力 kPa
滴箭	DMFJ	2、3	50~150
压力补偿式滴头	DMB	2、4、8	60~300
稳流器	DKBM	10、20、30	60~300

（2）滴灌带技术参数　见表 3-8。

表 3-8　滴灌带技术参数

规格	壁厚 mm	管径 mm	滴头间距 cm	工作压力 kPa	单孔流量 L/h @100kPa
DGD 2	0.2	16	20、30、50、100	60~120	1.38、2.7
DGD 3	0.3	16		60~150	1.38、2.7
DGD 6	0.6	16		60~180	1.38、2.7
DGD 8	0.8	16		60~200	1.38、2.7
DGD 10	1.0	16	50、100	60~230	1.38、2.7

4. 安装与使用方法

☞ 根据实际种植情况，配好滴灌带、主管、接头、过滤器和水泵等设备。

☞ 根据水源情况，选配过滤器。自来水不需过滤，其他水源最好在水泵处加滤网或用专用的过滤器。

☞ 水泵或自来水用管道与主管相连，主管再用三通或四通与微喷带相连。主管和滴灌带与接头连接时，先把管子的口用手拉伸扩大孔口，这样便于安装。

☞ 主管和滴灌带尾部密封方法：剪下 2~4cm 长的主管或滴灌带，再将管子的尾部卷 2 次，套上剪下的短管，理平整即起到封堵的效果。

☞ 施肥可通过水泵吸入或加施肥器。

☞ 如果有少数孔被水中杂质堵塞，可解开滴灌带尾部，用清水冲洗几分即可。

5. 注意事项

☞ 水质较差时，吸水口处宜用 30~50 目的纱网包扎或使用过滤器，以防止微灌带内进入沙、土等杂物。水源杂质较多时可定期打开微喷带尾部，将管内杂质冲净。

☞ 肥料要提前融化，确保无颗粒状物质。肥料浓度不能太高，施肥后再用清水浇一段时间，以免发生肥害。

☞ 运输、铺设、使用中严禁机械或人为损伤。出现破损时，可剪去，用合适的塑料管插入管带中连接才能继续使用。

☞ 使用压力不得超过工作压力。有条件的最好在水泵后装调压阀，或用一个三通或四通作为回水阀调节压力。

（二）肥水一体化

肥水一体化技术又称为水肥耦合、随水施肥、灌溉施肥等，是将精确施肥与精确灌溉融为一体的农业新技术，使果树在吸收水分的同时吸收养分。如图 3-135 所示。

▲ 图 3-135　肥水一体化灌溉

 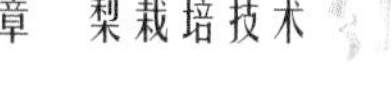

1. 肥水一体化的优点

肥水一体化技术的优点主要为节水、节肥、省工、优质、高产、高效、环保等。该技术与常规施肥相比，可节省肥料 50% 以上。比传统施肥方法节省施肥劳力 90% 以上，一人一天可以完成几十公顷土地的施肥，灵活、方便、准确地控制施肥时间和用量。显著地增加产量和提高品质，通常产量可以增加 20% 以上，果实增大，果形饱满，裂果少。应用肥水一体化技术可以减轻病害发生，减少杀菌剂和除草剂的使用，节省成本。由于水肥的协调作用，可以显著减少水的用量，节水达 50% 以上。

2. 肥水一体化技术要点

（1）建立灌溉系统　首先需建立一套灌溉系统。肥水一体化的灌溉系统可采用喷灌、微喷灌、滴灌、渗灌等。灌溉系统的建立需要考虑地形、土壤质地、梨树种植方式、水源特点等基本情况，因地制宜。

（2）制订灌溉、施肥方案

1）灌溉制度的确定　根据梨树的需水量和梨树生长期的降水量确定灌水定额。露地微灌施肥的灌溉定额应比大水漫灌减少 50%，保护地滴灌施肥的灌水定额应比大棚畦灌减少 30%~40%。灌溉定额确定后，依据梨树的需水规律、降水情况及土壤墒情确定灌水时期、次数和每次的灌水量。

2）施肥制度的确定　微灌施肥技术和传统施肥技术存在显著的差别。首先根据梨树的需肥规律、地块的肥力水平及目标产量确定总施肥量，氮、磷、钾肥的比例，基肥、追肥的比例。做基肥的肥料在秋季果实采收后施入，追肥则按照梨树生长期的需肥特性，确定其次数和数量。实施微灌施肥技术可使肥料利用率提高 40%~50%，故微灌施肥的用肥量为常规施肥的 50%~60%。

3）肥料的选择　选择适宜的肥料种类。可选液态肥料，如氨水、沼液、腐殖酸液肥，如果用沼液或腐殖酸液肥，必须经过过滤，以免堵塞管道。固态肥料要求水溶性强、含杂质少，如尿素、硝酸铵、磷酸铵、硫酸钾、硝酸钙、硫酸镁等。

（3）灌溉施肥的操作　首先，肥料溶解、混匀，施用液态肥料时不需要搅动或混合，一般固态肥料需要与水混合搅拌成液肥，必要时需分离，避免出现沉淀等问题。灌溉施肥的程序：第一阶段，选用不含肥的水湿润；第二阶段，施用肥料溶液灌溉；第三阶段，用不含肥的水清洗灌溉系统。

（4）配套措施　实施肥水一体化技术要配套应用梨树良种、病虫害防治和田间管理技术，还可因品种制宜，采用地膜覆盖技术，膜下滴灌等形式，充分发挥节肥节水优势，达到提高梨产量、改善果实品质、增加效益的目的。

（三）果园土壤局部改良保肥节水技术

我国人均水资源极度缺乏，果园土壤有机质含量低，自然降水与果树需水极不协调。建立水旱互补，雨水集蓄节灌，增加熟土层厚度，提高土壤肥力，增加土壤贮水力，减少土壤水分蒸发和植株无效蒸腾等高效优质综合技术模式，使土壤的供水同果树发育周期的需水尽可能协调一致，防止盲目性灌水造成的供水过多，水资源浪费等问题，达到既节水、保肥，提高水分利用率，又控制树体旺长，减少裂果，提高果实品质，降低果园生产成本，保证水肥资源的可持续利用和梨产业的良性可持续发展，是今后梨生产发展努力的方向和目标。下面介绍两种方法：

1. 穴贮肥水技术

穴贮肥水技术是针对我国丘陵旱薄山地梨园严重缺水、缺肥和有机肥源紧缺的条件下发明的技术方法。如图 3-136 所示。具体操作步骤是：

▲ 图 3-136 穴贮肥水（王少敏提供）

（1）做草把　用玉米秸、麦秸或稻草等扎紧捆牢成直径 15~25cm、长 30~35cm 的草把，然后放在 5%~10% 的尿素溶液中浸泡透。

（2）挖营养穴　在树冠投影边缘向内 50~70cm 处挖长、宽、深各 40cm 的贮养穴（坑穴呈圆形围绕着树根）。依树冠大小确定贮养穴数量，冠径 3.5~4m，挖 4 个穴；冠径 6m，挖 6~8 个穴。

（3）埋草把　将草把立于穴中央，周围用混加有机肥的土填埋踩实（每穴 5kg 土杂肥、混加 150g 过磷酸钙、50~100g 尿素或复合肥），并适量浇水，每穴覆盖地膜 1.5~2m^2，地膜边缘用土压严，中央正对草把上端穿一小孔，用石块或土堵住，以便将来追肥浇水。

一般在花后（5 月上旬），新梢停止生长期（6 月中旬）和采果后 3 个时期，每穴追肥 50~100g 尿素或复合肥，将肥料放于草把顶端，随即浇水 3.5kg 左右。进入雨季，即可将石块拿掉，使穴内贮存雨水。一般贮养穴可维持 2~3 年，草把应每年换一次，发现地膜损坏后应及时更换，再次设置贮养穴时改换位置，逐渐实现全园改良。

2. 土壤局部改良交替灌溉技术

土壤局部改良交替灌溉技术是魏钦平等总结美国和韩国土壤管理成果与经验，并结合多年的研究和实践总结的一套技术方法。全年灌溉次数比常规灌溉减少，每次灌水量降低 60%，果实可溶性固形物提高，裂果率降低。土壤局部改良施肥示意图见图 3-137。

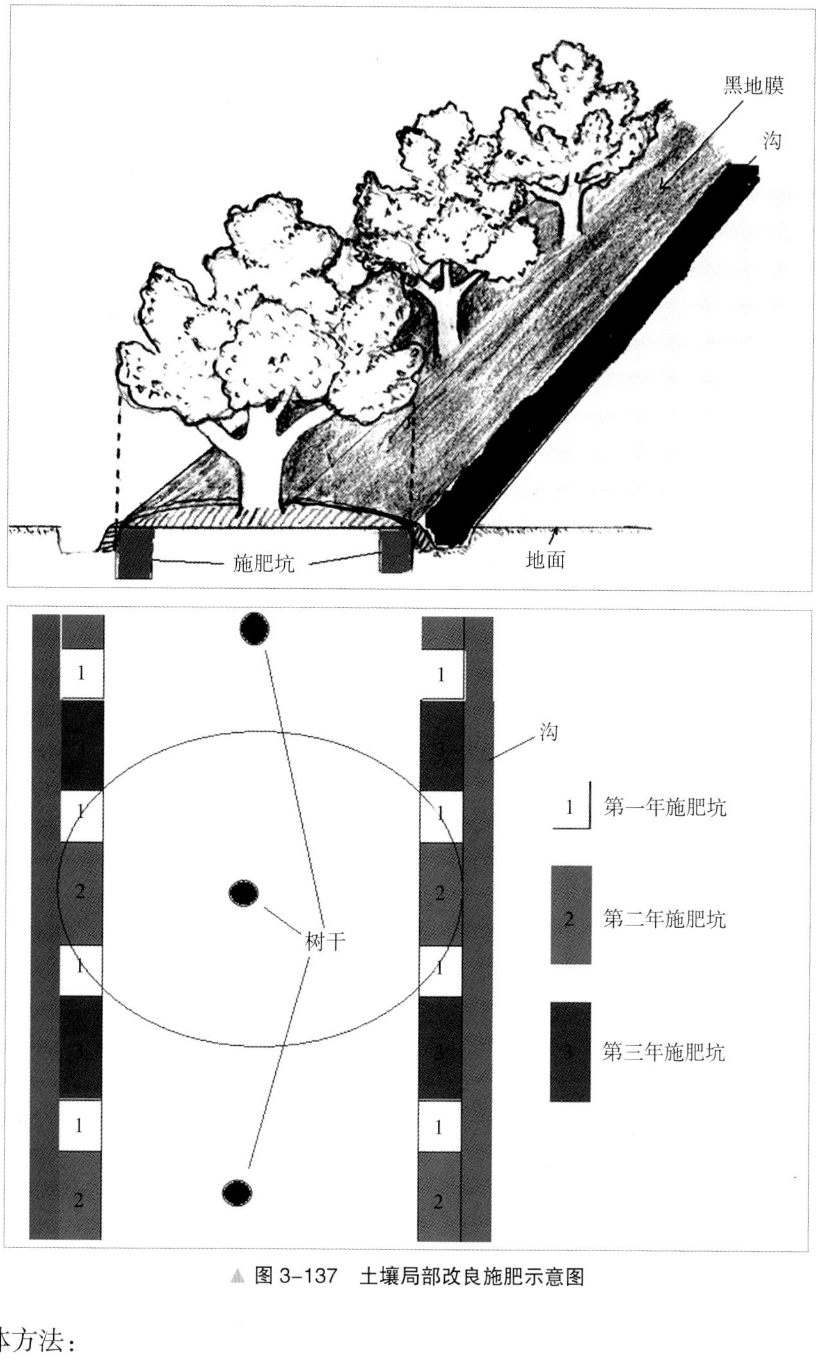

▲ 图 3–137　土壤局部改良施肥示意图

具体方法：

（1）挖施肥坑　在树冠内沿 30~40cm 处挖 2~4 个长、宽、深各 40~50cm 的坑，每亩施用 2~4t 有机肥。第一次最好在树冠东南西北四个方向挖 4 个施肥坑，然后将腐熟的有肥料与上层土壤充分混合后（1/3 有机肥＋ 2/3 土壤，填入离地面 20~40cm 的土层内）。达到局部改良，集中营养供应，一次提高局部土壤有机质的目的。第二年施肥时，沿此穴扩展，逐年将树冠周围全部土壤改良。

（2）挖沟起垄　在施肥穴外顺行向或灌水方向，紧贴施肥坑外缘做深、宽分别为30~40cm 的灌水、排水沟。沟土翻至树下起垄，高度为 15~20cm，树干周围 3~5cm 处不埋土，最终成为行间低，树冠下高的缓坡状。起垄可以增加熟土层厚度，侧沟干旱时用作灌水，夏季雨涝时可以排水。通过调节水分供应，控制树体新梢生长、提高产量、增加品质。

（3）覆盖黑色地布或地膜　在垄上和施肥穴上面铺盖黑色地布或地膜，宽度依树龄、株行距的不同而有差异，每边为 1~2m。地布和地膜的作用是在早春提高地温，减少土壤水分蒸发，减少灌水次数和灌水量，减少杂草生长和病原菌蔓延等。

（4）处理时间　挖坑施肥可结合施基肥进行，中熟品种在果实采收后，晚熟品种果实在采收前。未秋施基肥的可在春季土壤解冻后至萌芽前进行。以秋季施用有机肥，春天覆盖黑色地布（地膜），地布（地膜）下铺设滴灌带，综合效果最好。

（5）交替灌溉　沟灌时每次只灌树垄一侧沟，下次灌溉再灌另一侧沟，根据梨树的需水量实行交替灌水，达到控制新梢生长、节约灌水、调节树体减少水分蒸腾、提高果实品质的效果。如图 3-138 所示。

▲ 图 3-138　交替沟灌

（6）行间自然生草　行间的杂草自然生长，当草长到 50cm 高时，进行刈割，刈割高度控制在 20cm 左右。

（四）排水

旱要灌，涝要排，能灌能排，才能保证土壤水气热协调，实现梨园优质高效，旱涝保收。在降水集中的季节，低洼地或地下水位高的梨园，常因雨水过大且集中，不能及时排水，造成局部或全园涝害。

尽管梨树耐涝，但积水时间过长，土壤中水多气少，会造成根系窒息而出现沤根现象。据观察研究，当土中 O_2 含量低于 5% 时，根系生长减退，低于 2% 时，根系停止生长，呼吸微弱，吸肥吸水受阻，白色吸收根死亡。同时，由于土壤水分饱和造成的缺氧条件，而产生硫化氢、甲烷等有毒气体，以及乙醇等物质毒害根系而烂根，造成与旱象相似的落叶、死树等症状。

对于易涝多雨地区的梨园，从建园开始就应建设排水系统。排水系统不完善的应在雨季来临前补救配齐，防患于未然。排水系统应因势设置，顺地势、水势，挖干支通沟，排水于园外。地下水位高的梨园，可修台田栽梨树，每 4 行树挖 1 道排水沟，引水排入园周边的主排水沟。浙江梨园的排水系统如图 3–139 所示。

▲ 图 3–139　浙江梨园的排水系统

第六节　花果管理

一、促花技术

（一）采取矮化砧栽培

梨矮化砧木品种作梨树中间砧或自根砧，具有促进嫁接品种树体矮化、早果、早丰、果实品质优等特点。目前我国在生产上开始应用的矮化砧木品种有中矮 1 号和云南榅桲等。

（二）采取促花修剪技术

1. 轻剪缓放促花

在保证光照通透的前提下，轻剪多留枝及长枝缓放，能适当增加枝叶量和短枝数量，有利于花芽形成。

2. 拉枝缓势促花

在轻剪缓放的基础上进行拉枝，加大缓放枝条的角度，可以缓和长势，减少养分消耗和促进芽体生长点活动，可为花芽形成创造条件。拉枝的适宜时期为夏秋季新梢停止生长时。太早枝嫩易断，还容易引起二次生长，太晚对花芽形成无促进作用。拉枝还可以改善树冠内膛通风透光。

3. 环割、环剥促花

对旺树、旺枝环割、环剥，是促花最有效的措施之一。华北梨区可在 5 月下旬至 6 月上旬进行。环割一般割双道，两道间距离不超过 1cm，效果最为明显（图 3–140）。

图 3–140　双道环割

一般环剥口宽为枝粗的 1/10，旺树略宽，中庸树宜窄，弱树则不剥。除了以上措施外，还可以通过疏梢、摘心、开张角度、折枝、刻伤等手段，都可以有利于花芽形成，生产上可综合利用。

（三）利用生长调节剂促花

在梨树新梢旺长阶段喷施乙烯利或果树促控制（PBO）等生长调节剂，有助于促进花芽的形成。玉露香等品种幼树长势旺，易形成僵芽，影响产量。应在花前、花后各喷施一次 300 倍 50% 矮壮素控制树势，刺激花芽分化，减少僵芽产生。6 月上中旬，在梨树长梢即将停长时喷施 500~700mg/kg 乙烯利或 200~250 倍 PBO，也可促进花芽的形成。

（四）加强肥水管理

在重视秋施基肥的基础上，加强追肥、灌水、排涝等管理措施。弱树和结果多的树要以施氮肥为主，最好多施些硝态氮肥。花芽分化前以施氮肥为主，配合少量磷、钾肥。6~9 月，花芽分化期，以磷、钾肥为主，少施氮肥。旺树应减少氮肥的使用，同时适当控水。

二、疏花疏果技术

（一）适宜负载量确定

首先要考虑树龄和树势。初果期以长树为主，兼顾结果，负载量不宜过大。盛果期树可按一定的标准留果，并且留有一定的保险系数，以预防意外因素对结果的影响。树势强，负载量可适当大些，树势弱，负载量则宜小。栽培条件好的梨园负载量宜大些，栽培条件差的梨园要适当降低负载量。霜冻、大风等恶劣天气频发地区的梨园，宜适当加大负载量，增加保险系数。另外还要考虑品种特性，坐果率高的品种，可适当少留一些花果；坐果率低的品种，适当多留花果。

适宜负载量可通过叶果比、枝果比、干截面积、间距留果法等来确定。生产中，大多采用按果实间距留果。品种间的果实大小不同，留果的距离也不相同。一般小型果间距 15~20cm，中型和大型果间距为 20~30cm。对树势较弱或根据市场需要生产大型果品及果个增长潜力大的品种，可适当加大留果距离。

（二）人工疏花疏果

1. 疏花

一般来说，疏花比疏果更能节省树体养分。把多余的花尽早疏除，树体可以集中营养供给留下的花果生长和树体生长发育。在花量多、自然灾害少的情况下，对坐果率较高的品种疏花比疏果更为有利，且直观、快捷、容易掌握。如图 3-141 所示。

在冬季看花修剪、春季花前复剪的基础上，疏花还应提前到开花前，因为冬剪和花前复剪只起节约养分的作用，但疏去了花芽就等于疏掉了枝，起不到改变枝果比的作用。而疏花序则可保留果台副梢，提高了枝果比和叶果比，且能得到以花换花的效果，对提高果实品质和克服大小年结果有良好作用。

疏花前

疏花后

▲ 图 3-141　疏花

▲ 图 3-142　机械疏花

可在花期进行以花定果，即按一定间距疏除花蕾和花序。疏花可在花序伸出至花序分离期进行，此时花序嫩脆易摘除。依树势强弱、品种特性，按 20~25cm 的间距留 1 个花序，其余花序全部摘除。保留下来的花序留 3~4 朵基部花。正常情况下，以花定果坐果率高、果个大、品质好，而且可以大量减少树体营养消耗，相当于 1 次追肥。

国外已经开始采用机械进行疏花作业。如图 3-142 所示。

2. 疏果

梨树疏果的目的一是为了当年生产的果个大，提高商品果率；二是为了克服大小年，保证翌年有足够的花芽，可以达到连年丰产、稳产。留果数量直接影响果实产量和品质（图 3-143）。为兼顾节约营养并为生产留有余地，可早疏果、晚定果。

疏果前　　疏果后

▲ 图 3-143　适宜的留果量

（1）疏果的时间与方法　日、韩砂梨一般在谢花后 7 天开始，谢花后 15 天内疏果结束。绿皮梨如黄金、水晶等必须在花后 10 天套小袋，所以疏果不宜太迟。一般品种梨的疏果，最迟也应在谢花后 26 天前结束。花后一个月左右是梨幼果细胞分裂的时期，早疏果可促进幼果细胞数目增多和体积增大，晚疏果则对促进果实的细胞分裂作用较小，果实细胞数量相对较少。过晚会影响果实质量，浪费营养和抑制花芽分化。

（2）疏果的方法　一般采用人工疏果的方法，疏果时先用疏果剪将病虫危害、受精不良、形状不正、花萼宿存、纵径较短的果实疏除。梨果实的形状、生长潜力与着生在花序的序位有直接关系。低序位的果实纵径较短，果柄也粗短，幼果期果实明显大，但以后增长潜力小；高序位的果实纵经长，幼果小且果柄细长，增长潜力更小；中序位的果实纵径较长，幼果中大但果柄粗长，增长潜力最大。一般疏果去掉第一、第二序位的果，保留第三、第四序位的果。日、韩梨果台粗短，不易辨认幼果序位，以留果柄粗长，幼果较大、端正而直立的最好。总之，疏果时应尽量选留侧生枝组上结的果，选果形端正，果梗粗而长，无病虫害和没有擦伤的果实。

（三）化学方法疏果

使用化学方法疏果，由于效果受多因素影响，不太稳定，所以目前还处于试验阶段。常用的药剂有多效唑、西维因、乙烯利等。植物生长延缓剂多效唑，获得最大疏除效果的应用时间是在盛花期和花瓣脱落期，使用浓度在 100~3 000mg/L，也有研究表明，直到花后 21 天应用还有疏除作用，多效唑能减少坐果，又能增加坐果，其减少坐果是在应用的当年，而增加坐果是在应用后的第二年，属多效唑持续效应，所以，大年时用多效唑疏果，可能会获得更好的效果。在盛花期喷洒 500~1 500mg/L 西维因，疏花疏果也很好，果实等级、单果重、可溶性固形物均高于对照，对树体也有良好的影响。盛花期喷布 400mg/L 的乙烯或 20mg/L 萘乙酸，分别比对照降低花序坐果率 13%~25%。盛花期喷 300mg/L 乙烯利，或 1 波美度石硫合剂，幼果期喷布 2 000mg/L 敌百虫，或 20mg/L 萘乙酸铵 +100mg/L 乙烯利，分别对晚三吉和身不知等砂梨品种有明显的疏花疏果作用。化学疏花疏果在大面积生产应用前，应当先做小型试验，成功后再进行推广。

三、授粉技术

（一）壁蜂授粉

授粉情况常是影响果实坐果及产量的制约因素。梨多为异花授粉，一个地区的花期相对较为集中，特别在春季气温回升快的情况下更为明显，采用人工授粉时常出现人工不足的问题。壁蜂具有耐低温、访花早、授粉均匀等特点，利用壁蜂传粉，不仅能有效提高坐果率，而且投资小，方法简便，省工省力。近年来已经在山东、河北、山西等地部分梨园得到应用，是一项值得推广应用的技术。

1. 技术要点

（1）蜂种的引进与贮藏　于 12 月至翌年 1 月引进蜂种，或从巢管中取出蜂茧，清除天敌和杂茧，将蜂茧 500 头一组放入干燥洁净的广口玻璃瓶中，用纱布封口，置于冰箱冷藏室中（0~4℃）保存，为避免瓶内进水，可倒置。

（2）巢管和巢箱的准备　可用芦苇管和纸管，管长 15~17cm，内径 6~7mm。用芦苇管时一端要留节，另一端开口，口要平滑，并将管口用广告色染成绿、红、黄、白 4 种颜色，比例为 30∶10∶7∶3。风干后把有节一端对齐，50 支一捆，用绳扎紧备用。纸管内用报纸外用黄板纸或牛皮纸卷成，管壁厚 1~1.2mm，按以上比例涂色，50 支一捆，将未涂色一端对齐，涂上胶水，用一层报纸和一层牛皮纸封严。胶水和纸一定要干净，无异味。以上两种巢管颜色、高低不一，错落有致。

巢箱主要有固定式（图 3-144）和移动式两种。固定式用砖石等原料砌成，移动式主要有木箱、纸箱等。巢箱的长 × 宽 × 高约为 25cm × 15cm × 25cm。一面开口，其余各面用塑料薄膜等防雨材料包好，以免雨水渗入。每个巢箱装巢管数量应为放蜂量的 3~5 倍。巢管上放蜂茧盒（干净的小纸盒即可，一般长 20cm、宽 10cm、高 3cm），上面留出 2~3cm 的空间，盒内放蜂茧，纸盒一侧扎 3 个直径为 6.5cm 的小孔，

以便于出蜂。

（3）巢箱的放置和放蜂　巢箱要设置在梨园背风向阳、株间较开阔的地方，巢箱口朝南或东南，箱底距地面 50cm 左右。依据壁蜂授粉的有效距离，一般间隔 30m 左右设一箱。在巢箱前面 1m 远处挖一小坑，坑底铺塑料薄膜，坑内放土，用水和成稀泥，供壁蜂筑巢封口时使用。放蜂期间不要移动巢箱和改变箱口方向，否则影响壁蜂回巢。

在花开前 2~3 天（5% 的花进入铃铛花期）投放蜂茧，傍晚进行，次日即可开始出蜂。根据气温回升情况，也可采用分批放蜂。放蜂时间宁早勿晚。放蜂期间，每天早晨应检查茧盒，掌握出蜂情况。对未按时出蜂的茧可人工剥茧，强制出蜂。如气候干燥每日上午可把蜂茧在清水中浸约 20s。放蜂数量必须根据梨园实际情况而定，一般盛果期果园每亩放蜂 200~250 头，盛果初期园每亩放蜂 100~150 头。

（4）回收和保存　花后一周左右把蜂管收回，装在袋里平放，挂在通风良好的闲屋保存好，等到来年使用。

2. 应注意的问题

（1）选择适宜种类的壁蜂　当前人工授粉利用的壁蜂有 3 种：角额壁蜂、凹唇壁蜂和紫壁蜂。其生物学特性有所不同，应根据当地的气候条件选择适宜的壁蜂：①在胶东半岛，三种壁蜂果园释放后都能正常活动繁殖扩大种群，其中紫壁蜂繁殖系数较高。②角额壁蜂和凹唇壁蜂用泥筑巢；紫壁蜂嚼烂植物叶片筑巢，在缺水山区更为合适。③三种壁蜂的活动时期不同，角额壁蜂和凹唇壁蜂活动期较早，抗低温能力强，13~14℃时开始飞行访花；紫壁蜂 15~16℃时方能出巢。

（2）选择适宜规格的巢管　不同种类的壁蜂，其大小不同，选择营巢的巢管内径也不同，内径不适的巢管营巢率很低。有研究表明，角额壁蜂选择的巢管内径平均为 0.64cm，其中 0.6~0.7cm 的占 83.3%；凹唇壁蜂的平均为 0.66cm，其中 0.6~0.7cm 的占 82%；紫壁蜂的平均为 0.52cm，其中 0.5~0.6cm 的占 85.9%。

（3）适当配置梨树开花前的蜜源植物　梨园开花前应准备辅助性开花植物，如在巢箱旁适当栽植白菜、萝卜或播种越冬油菜籽，使脱茧较早的壁蜂能及时得到花粉花蜜供应，不致因飞出后四处觅食造成丢失。

（4）注意巢箱防雨保护和壁蜂天敌的防治　为安全起见，可在巢箱加设防雨棚顶。壁蜂在田间的主要天敌是蚂蚁。如果风沙不大的情况下，可以在蜂巢支柱上涂抹凡士林，阻止蚂蚁爬行或者使用毒饵防治。方法是：花生饼 1 份，猪油渣、蔗糖各 1/2 份，敌百虫 1/10 份混合成毒饵。巢箱旁边撒 20g，用瓦片盖住，以防雨淋和壁蜂接触，7 天后再撒 1 次。

（5）果园使用农药错开放蜂期　壁蜂对多种杀虫剂敏感。如果在果树萌动至开花前这一时期需要使用杀虫剂，应适当提早至放蜂前半个月。花后传粉结束，尽量推迟使用杀虫剂，以利壁蜂繁殖。

（二）蜜蜂授粉

蜜蜂是访花的主要昆虫，一只蜜蜂可携带 5 000~10 000 个花粉粒，一箱蜜蜂有

▲ 图 3-144　壁蜂巢箱

8 000~10 000 只蜜蜂，可以满足 2 001~3 335m² 梨树授粉的需要，每个蜂箱的距离一般为 100~150m。放蜂前 2~3 天，要用掺有梨花粉的糖水喂养几天，以利于蜜蜂习惯梨花粉的味道。

（三）人工辅助授粉

1. 花粉采集

采花粉应选与主栽品种亲和力强的品种。在初花期，采集花苞气球状和刚开的花朵，这些花朵出药率高且花粉多。人工脱药可采用铁丝筛子用手搓揉花朵，待花瓣变色其花药基本脱落，再筛簸去杂后晾干。这种方法简便易行，一人脱药可处理 10 人采花量。机器脱花药出粉率有所降低，但脱药速度快，适于大量采粉。花药取出后，置于 20~25℃，通风的室内，薄摊于纸上，出粉率以及花粉发芽力均较高。一般每 10kg 鲜花可出 1kg 鲜花药，5kg 鲜花药可出 1kg 干花粉，如果人工点花授粉，每亩需干花粉 20~25g。

2. 人工辅助授粉

（1）授粉时期　在梨初花期至盛花期，选晴天或无大风降雨天进行，选花序基部的第 3~4 朵边花，以开花当天或次日授粉最好。一般情况下，授粉应进行 2 次。花期如遇连续阴雨，应在雨停数小时的间歇点授，且应增加花朵授粉数量。

（2）花粉填充剂　为降低授粉成本，人工授粉前一般要在花粉中加入一定量的填充剂。常用的梨花粉填充剂有滑石粉、淀粉和失效梨花粉，以失效梨花粉效果较好。

（3）授粉方法

1）人工点授　纯花粉与填充剂按 1∶2 混合后装入瓶中。授粉前准备好授粉器，授粉器可以自制：如软绒毛球、橡皮头、香烟过滤嘴、单层纱布小袋等。这种方法授粉速度较慢，但纯花粉用量少，易控制，授粉效果好，坐果率高。

2）鸡毛掸子滚动授粉（图 3-145）　将鸡毛掸子用酒精洗去鸡毛上的油脂，干后将掸子绑在木棍上，当花朵大量开放时，先在授粉树花丛中反复滚沾花粉，然后到主栽品种树的花丛中，上下内外滚动授粉，这样往复进行互为授粉。此法适于密植且栽植授粉树的梨园。如果梨园配置授粉树少，也可异园采粉，加好填充物用塑料布包裹，至田间摊开塑料布，用鸡毛掸子滚沾花粉，再到主栽品种树上滚动授粉。实践证明，鸡毛掸子授粉方法工效高，基本能满足生产要求。

3）机械喷粉　为提高工效，大面积梨园可使用小型喷粉机或小型喷雾器喷授。机械喷粉可用 1 份纯花粉混加 20~50 份的填充剂（如干淀粉），用专用喷粉机进行喷粉。机械喷粉工效高，授粉效果好，但花粉用量大，成本高，而且容易出现坐果过多的问题。

液体授粉（图 3-146）速度快，节省人工和花粉，但花粉在液体中浸泡易失活，常随配随用。其配方是 15% 白糖、0.01% 硼酸、0.05% 硝酸钙、0.04% 黄原胶、0.08% 纯花粉。配置方法：先将黄原胶用沸水充分搅拌溶解后再冷却至室温，然后依次加入白糖、硝酸钙和硼酸搅拌，使其充分溶解，最后加入花粉，迅速搅拌，使其在溶液中分散均匀。配好的溶液可用普通压力式喷雾器和电动式静电喷雾器进行授粉，以电动式静电喷雾器每亩花粉用量和授粉时间最少。

▲ 图 3-145　鸡毛掸子滚动授粉

▲ 图 3-146　液体授粉

四、套袋技术

（一）套袋的作用

梨套袋能明显改善果实外观品质，与不套袋果相比，果面洁净美观，果皮细嫩，果点小，还可防治果实病虫害，减轻雹灾和农药污染。

（二）套袋技术

1. 套小袋

黄金梨、翠冠、二十世纪等容易出现果锈的品种，可以在幼果期套小袋。

（1）喷药　套袋前需对病虫害进行防治。北京地区一般在 4 月下旬进行。使用 10% 吡虫啉 2 000 倍液 +70% 甲基硫菌灵或 50% 大生 M-45 可湿性粉剂 800 倍液，并根据情况补充钙肥、硼肥。药剂类型最好采用粉剂或水剂农药，以减小对幼果果面的刺激，避免黑点及药锈的产生。

（2）袋的选择　目前市场上销售的只有一种，是用小钢丝扎口，规格大多为 73mm × 106mm。选择时要重点看一下边口的黏合是否强，小钢丝的强度是否适宜。小钢丝的强度太强，则易损伤果柄。强度太弱，则绑扎不牢，进水、进药液，造成果面产生水锈、药锈。

（3）时间　花后 10 天开始，花后 15 天结束。套袋过早幼果容易受损伤，套袋过晚会造成果点大而突出，容易受到黑斑病的感染和卷叶蛾的侵害。

（4）套袋方法　套小袋前，最好进行湿口处理，目的是避免套袋时造成果面划伤。套袋时，先将果实上的花萼等残留物除去，避免其残留在果实上造成萼洼处污染。然后再用右手的食指和中指将小袋撑开，将幼果置于小袋内中央，并将袋口扎紧。扎口时避免扎口的钢丝朝向果实，以免果实膨大后果面被刺伤。

2. 套大袋

（1）袋的选择　优质果袋除具备经风吹雨淋后不易变形、不破损、不脱蜡，雨后易干燥，不污染果面等基本要求外，还应具有较好的抗晒、抗菌、抗虫、抗风以及良好的疏水、透气等性能。

表 3–9　不同品种果袋选择

梨种类	梨品种	果袋的种类	套袋后果皮颜色
褐皮梨	丰水、圆黄、新高、晚秀等	外黄内黑双层袋	褐黄色
绿皮梨	砀山酥梨、鸭梨、黄冠、黄金梨、中梨 1 号、翠冠、金二十世纪等	外黄内黑双层袋	白色
		外黄内白或外黄内黄双层袋	淡绿色
红色东方梨	满天红、美人酥、红酥脆、南果梨等	外黄内黑或外黄内红的双层袋	（采前 15 天摘袋）红色
红色西洋梨	早红考密斯、红考密斯等	单层白纸袋	鲜红

单果在 350g 以内的品种一般可采用 165mm × 198mm 规格大小的果袋，满丰、大果水晶等大果型品种和五九香、阿巴特等长果型的品种应采用 175mm × 205mm 以上型号的果袋。

（2）套袋时间　一般在套小袋结束后 30 天进行，北京地区在 6 月初开始，中下旬结束。

（3）喷药　套大袋之前进行。北京地区一般开始于 5 月下旬，主要防治梨木虱、蚜虫、叶螨和轮纹病、黑星病等，并补充钙肥、硼肥。

（4）套袋方法　套大袋前，与套小袋一样也应进行湿口处理。套袋时，先将纸袋撑开，使果实处在纸袋中央，再将袋口折叠捏起，用袋上的铁丝卡封好袋口，使之松紧适度。如图 3–147 所示。

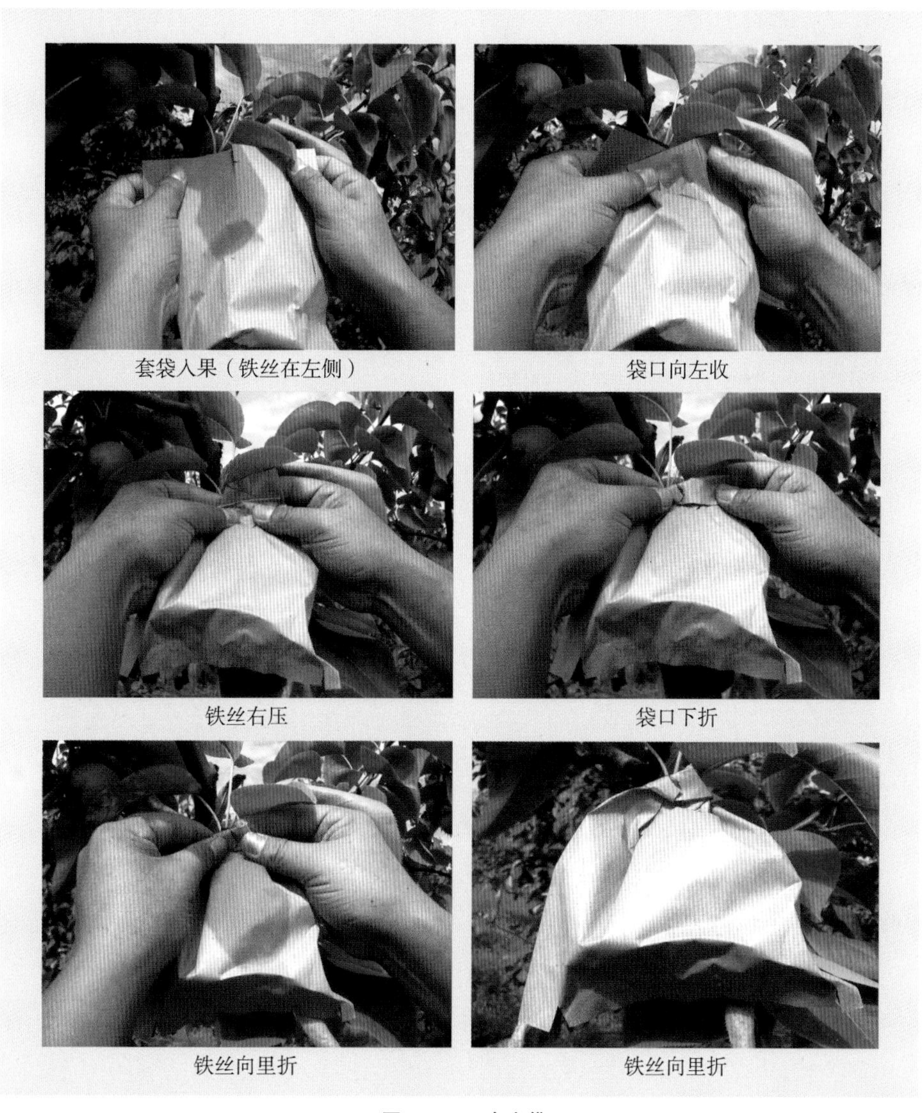

▲ 图 3–147　套大袋

（5）套大袋后喷药　套大袋一般在6月中下旬结束，后期病虫防治的重点为食心虫、黄粉虫、康氏粉蚧、山楂叶螨等，兼防轮纹病、腐烂病。此期喷药至采收前15~20天结束。

3. 套塑膜袋

（1）袋的选择　用厚度0.005mm聚乙烯薄膜制作，套在果上的袋抗老化时间150天以上。袋长19~21cm，宽16~17cm。袋面上有若干透气孔，袋底部两角和中间留有3个2~3cm的排水透气口。白色半透明。开口容易，不粘手，不贴果（无静电反应）。开口方式有全开口、半开口、半开口自带绑条、半开口自带扎丝等多种形式。适合红香酥、玉露香等果面着色的品种。

（2）时间　可在花后30天进行，北京地区一般在5月中下旬开始，6月上中旬结束。

（3）套袋方法　先将50~100个塑膜袋用双手对搓几下，将袋搓开，捆在腰间。把绑扎物（可用撕成条、用水浸湿的玉米棒苞皮或24号铁丝、细漆包线）用胶皮筋绑在左手的手腕上部。双手把袋撑开，先向袋内吹气，使之膨胀后用手挤压袋体，鼓开袋的排水口，随后将果袋套住幼果，将果袋口聚拢在果柄周围，确保果在袋中间，用绑扎物或用袋上带有的塑膜条、扎丝把袋绑扎于果柄基部，以不太紧，虫、水无法进入袋内为好。如图3-148所示。

套果入袋　折叠袋口

捆扎丝对准果柄　捆扎丝卡住果柄　套袋完成

图3-148　西洋梨套塑膜袋

（三）摘袋

对于一些在果实成熟期上色的红色梨品种，如满天红、美人酥、南果梨、苹果梨等，应在采收前10~20天摘袋，以使果实着色。摘袋时选应择阴天或光照比较弱的天气，一天中适宜的摘袋时间为上午9点前和下午3点后。为促进着色，可将果实周围遮光的叶片一起摘除，同时还可以在地面铺设银色反光膜（图3-149、图3-150）。

▲图3-149　苹果梨成熟前摘袋，摘除果实周围遮光的叶片（朴宇提供）

▲ 图 3-150　充分着色的苹果梨（朴宇提供）

第七节　防灾减灾技术

一、冬季低温灾害

（一）冬季低温灾害的症状

1. 枝条冻害

枝龄不同，冻害发生的程度存在差异，发生冻害的顺序依次为 1 年生枝 >2 年生枝 > 多年生枝。冻害的发生与枝条的发育程度有关，秋季贪青徒长、停止生长晚、发育不成熟的幼嫩新梢，因组织不充实，保护性组织不发达，容易受冻而干枯死亡；发育正常的枝条，其耐寒力虽强于幼嫩新梢，但在温度太低时也会出现冻害。轻微受冻时只表现髓部变色，严重冻害时才伤及韧皮部和形成层，有些枝条外观看起来无变化，但发芽迟，叶片瘦小或畸形，生长不正常，剖开木质部色泽变褐，之后形成黑心，严重时整个枝条干枯死亡。如图 3–151 所示。

▲ 图 3–151　冬季低温导致的枝芽冻害

2. 树干冻害

表现为树干皮层破裂，受冻皮层下陷或开裂，内部变褐，组织坏死，严重时组织基部的皮层和形成层全部冻死，造成树势衰落或整株死亡。

3. 根颈冻害

根颈冻害是由于接近地面的小气候变化剧烈而引起的，根颈受冻后皮层变色死亡，轻则发生于局部，重则形成黑环，全株枯死。根颈冻害对果树危害极大，常引起树势衰落、感病或整株死亡。

4. 花芽冻害

花芽严重受害时，全树花芽干枯死亡，或者内部变褐，鳞片基部变褐，有时花原基受冻或花原基的一部分受冻，使花器发育迟缓，或呈畸形。

5. 根系冻害

在地下生长的根系，其冻害不易被发现，但对地上部的影响非常显著，主要表现为枝条抽干、春季萌芽晚或不整齐，或在展叶后又出现干缩等现象，刨出根系则可看到外部皮层变为褐色，皮层与木质部分离，甚至脱落等。

6. 日灼

日灼表现在枝干的南面和西南面。因冬季白天光照强度大，枝干温度升高，使夜间冻结的细胞解冻，冻融交替，使皮层细胞遭受破坏，受害轻时，树皮变色横裂成斑块状，受害重时，树皮变色凹陷，韧皮部与木质部脱离，干枯、开裂或脱落，甚至死亡。

（二）冬季低温灾害的防控措施

1. 选育抗寒品种

是防止冬季低温灾害的最根本而有效的途径。

2. 因地制宜，适地适栽

各地应根据本地区的气候条件，选择当地适宜发展的品种，在气候条件较差的地区，可利用良好的小气候，新引进的品种必须进行试栽，在产量和品质达到基本要求的前提下，才能加以推广。

3. 抗寒栽培

利用抗寒力强的砧木进行高接建园可以减轻低温灾害。在周年管理中前期促进旺盛生长，后期控制生长，使之充分成熟，及时进入休眠。

4. 加强树体越冬保护

定植 1~3 年内过冬前树干基部培土防寒。如图 3-152 所示。

（三）冻害发生后的补救措施

1. 浇解冻水

春季提早浇解冻水，尽早恢复树势。

2. 延迟修剪

修剪尽可能推迟至萌芽前进行，以利于辨别、区分受冻芽和受冻枝，最大限度保证产量和树体长势。应轻剪、多留花芽，待萌芽时再进行复剪。对剪锯口应及时用

▲ 图 3–152　冬季培土

843 康复剂、愈合剂等进行保护。

3. 病虫害防治

春季及时剪除、清理死枝，逐树仔细查治腐烂病斑，刮治或隔离划道，涂抹果康宝、施纳宁、腐迪等防治腐烂病的药剂。对腐烂病发生较重的果园，选用果康宝、腐迪等药剂，涂刷中心干从地面到2m高处。萌芽前及梨树生长季应结合防治其他病虫害，对枝干细致喷施杀菌剂。

4. 春季施肥，补充营养

秋季未施基肥的果园，春季应及早施肥，采取沟施或穴施，施肥深度 40~50cm。施肥后及时浇水。在留花量不能满足产量要求的情况下，应适当少施氮肥或不施氮肥，多施有机肥。

二、花期霜冻

（一）花期霜冻的症状

梨花蕾和花器受冻，由于雌蕊耐寒性最差，冻害轻时，雌蕊和花托被冻死，而花朵照常开放，只开花不坐果；冻害较重时，雄蕊柱头枯黄、萎蔫，花柄由绿变黄脱落。

幼果受冻轻时，果实幼胚变褐，而果实表皮仍保持绿色，以后逐渐脱落，受害较轻的幼果长大后有“霜环”症状。梨花期霜冻的症状如图 3-153 所示。

梨花期霜冻

病斑呈水渍状

病斑呈裂果状

病斑呈环状

▲ 图 3-153　花期霜冻导致的花果伤害

（二）花期霜冻防控措施

1. 选择适当的小气候环境建园

园址的正确选定是种植梨树最有效的防冻措施。实践证明，花期霜冻与地块、地势等诸环境因子密切相关，果园的小气候直接影响花期冻害的轻重。梨园应选择背风向阳的南向或东南向坡，以减少或避免寒冷空气的直接侵袭。

2. 延迟开花，躲避霜冻

（1）灌水　梨树萌芽到开花前灌水 2~3 次，可延迟开花 2~3 天。

（2）树体涂白　早春树干、主枝涂白或全树喷白，以反射阳光，减缓树体温度上升，可推迟花芽萌动和开花。

（3）树体喷激素　花期全树喷施 400mg/L 的赤霉素（GA_3）。

（4）树盘覆盖　经常受到霜冻的地区可利用秸秆或杂草等有机物进行树盘覆盖，延缓地温上升，延迟开花期，避开霜冻时期。

3. 梨园喷水及营养液

霜冻来临前，夜晚 12 点起温度降到 0°C 以下时，对梨园进行连续喷水（可加入 0.1%~0.3% 的硼砂），最好增设高杆微喷设施；或喷布芸苔素 481、天达 2116，或花期喷布 0.3% 硼砂＋0.3% 磷酸二氢钾＋0.2% 钼肥＋0.5%~0.6% 蔗糖水，提高梨树抗寒抗病能力和坐果率。此方法虽然防治效果好，但需水量较大。如图 3–154 所示。

▲ 图 3–154　喷水后花芽被包在冰晶之中

4. 梨园熏烟加温

在霜冻来临前，利用锯末、麦糠、碎秸秆或果园杂草、落叶等交互堆积作燃料，堆放后上压薄土层或使用发烟剂（2 份硝铵，7 份锯末，1 份柴油充分混合，用纸筒包装，外加防潮膜）点燃发烟至烟雾弥漫整个果园。烟堆置于果园上风口处，一般每亩梨园 4~6 堆（烟堆的大小和多少随霜冻强度和持续时间而定）。熏烟时间大体从夜间 10 点至次日凌晨 3 点开始，以暗火浓烟为宜，使烟雾弥漫整个梨园，至早晨天亮时才可以停止熏烟。如图 3–155 所示。

▲ 图 3–155　熏烟防霜冻

5. 其他措施

有条件的梨园，可以在梨园上空使用大功率鼓风机搅动空气，吹散冷空气的凝集。但防霜扇（图 3–156）成本昂贵。

（三）花期晚霜冻害后的补救措施

- 花期受冻后，在花托未受害的情况下，喷布天达 2116 或芸苔素 481 等。
- 实行人工辅助授粉，提高坐果率。
- 加强土肥水综合管理，养根壮树，促进果实发育，增加单果重，挽回产量。
- 加强病虫害综合防控，尽量减少因霜冻引发的病虫危害，减少经济损失。

▲ 图 3–156 防霜扇

三、早春抽条危害

（一）早春抽条的症状

抽条表现为枝干抽干失水，表皮皱缩，干枯，芽不能正常萌发，造成树冠残缺不全，树形紊乱，结果没有保证。严重时，整株树冠干枯死亡。一般多在 1 年生枝上发生，随着枝条年龄增加，抽条率会下降。抽条的发生是因为枝条水分平衡失调所致，即初春气温升高，空气干燥度增大，幼枝解除休眠早，水分蒸腾量猛增，而地温回升慢，温度低，根系吸水力弱，导致枝条失水抽干。抽条发生与冬季温度太低，早春升温过猛关系极大。成年树抽条轻，幼树重。生长健壮、组织充实的幼树抽条轻；长势过旺，

组织不充实的抽条则重。

（二）防止抽条的措施

1. 选用抗冻、抗旱能力强的品种和砧木

应选用抗冻、抗旱能力强的品种。抽条严重地区可以砧木建园，就地高接。

2. 加强综合管理，促使枝条充实，增强越冬性

在梨树生长前期正常生长的基础上，保证枝条及时停止生长。多施有机肥，合理适量施用氮肥。严格控制秋季水分，8 月上旬开始降低土壤含水量，排除过多水分。7 月下旬至 8 月初对旺盛生长的幼树喷多效唑和矮壮素控制枝条后期旺长，同时要注意防治病虫害。

3. 树体保护

（1）减少幼树伤口　在梨树冬剪时，对幼树要轻剪缓放，尽量少留剪口，避免机械损伤等。

（2）枝干包扎防护物　用农作物秸秆或塑料薄膜等将幼树的枝干包扎起来，包扎时间为上冻前后，解除不宜过早，否则还有抽条的危险，最好在顶芽开始萌动时解除。

（3）及时防治大青叶蝉　在大青叶蝉上树产卵前喷药防治。

（4）于 10 月中下旬对树干涂白　涂白剂的配方为：生石灰 10 份，硫黄粉 1 份，食盐 0.2 份，水 35 份。也可用石硫合剂、食盐、豆浆各 0.5kg 和石灰 3kg 加适量水调和成涂抹剂，涂刷在幼树的主干上。

4. 喷涂抑蒸保护剂

选树体自然落叶到上冻前的较暖天气（气温 0~5℃），喷涂京防 1 号或防抽宝脂，使涂抹部位形成一层既“严”又“薄”的保护膜，主要涂抹 1~2 年生的幼树或枝条。

在 12 月下旬和翌年 2 月上旬取定量的石蜡保水剂，边搅拌边加入 10 倍 30~40℃的温水，然后对树体进行均匀细致的喷布。

5. 土壤灌水

（1）在土壤结冻前灌足冻水　灌溉要适时，可视秋雨而定，如秋雨少、土壤干燥，在土壤上冻前 20~30 天灌水 1 次。对 1~3 年生幼树冬灌应早，可于 11 月进行，过晚则冬季地温低，升温慢，抽条反而加重。

（2）早春灌水　在冬春特别干燥，土壤蒸发量很大时，或对保水性差的沙土地果园，在 3 月浇 1 次早春水，不但可以防止春旱，同时可防止抽条的发生。

四、冰雹灾害

（一）冰雹对树体的危害

梨树经过冰雹袭击后造成危害，冰雹危害的程度取决于雹块大小和降雹强度，也与梨树所处物候期有关。轻者叶成花叶，果成畸形，削弱树势，造成减产降质；重者打烂树叶，击伤果实，损伤枝干，有的发二次枝，开二次花，使树势衰弱，树体贮藏营养减少，抗寒力下降。危害最重的，叶、果、树皮全部砸光，若干基部冰雹积聚过多，还可引起基干冻害，梨树生长发育减缓，病虫害大量发生流行，严重者整株死亡。雹灾对树体的危害如图 3-157 所示。

多年生枝隐芽萌发状

封顶短枝顶芽萌发状

新梢腋芽萌发状

受害树体新梢萌发状

叶片受损状

果实受损状

新梢受损状

多年生枝受损状

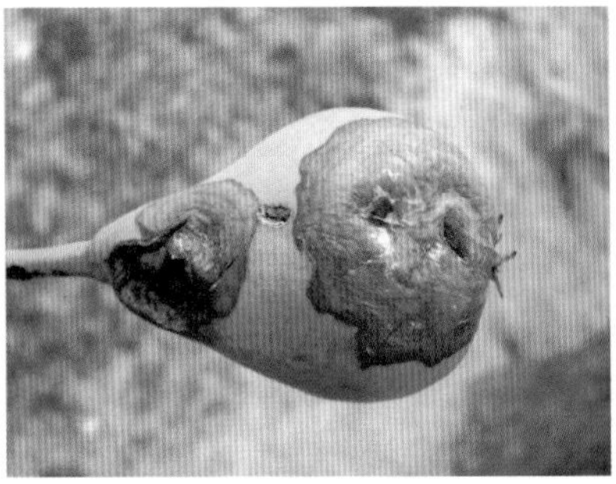

雹灾果实染病状

雹灾叶片黄蚜危害状

▲ 图 3-157　雹灾对树体产生的危害

（二）冰雹防控措施

在梨树生产中，应当采取“以防为主，防抗结合，综合治理”的防雹减灾方针，变被动抗灾为主动防雹、减灾避雹，做到避雹抗灾兼顾，防雹减灾并举，通过采取政策保障，综合运用以工程措施和栽培措施相结合的技术保障体系，构建可持续防雹减灾的长效机制，最大限度地减少梨树生产因灾损失。

（1）建立科学的灾害防御体系　充分借助现代科学技术，如电子信息技术、卫星遥感技术、自动气象站等资料，对冰雹灾害进行实时动态监测及进行准确及时的灾害预警。完善以现代通信技术为基础的全方位的防雹减灾信息专业服务网络系统，努力提高防雹减灾信息的对外辐射能力。建立防雹减灾应急预案，切实规范其预警、响应、处置程序和办法，增强其可操作性，做好梨树重大冰雹灾害的预防、应急处置和灾后生产恢复工作。运用先进的科学技术，积极开展人工防雹等人工影响天气作业，最大限度地避免和减轻冰雹灾害对梨树生产和人民生活造成的损失。

（2）建立系统的避灾体系　结合当地的自然资源和气候条件，以避雹、减灾为前提，因地制宜，科学调整梨树的品种结构，实行规模开发，推行标准化生产，增强避灾保收能力，新建果园择址时要求避开雹线、低洼处，最大限度降低冰雹灾害发生的可能性。大力推行新型的栽培模式，设立防雹网，实现技术避害。

（3）建立合理的抗灾体系　选择抗病、抗逆境能力强、抗打击能力强、自身恢复能力强的梨树品种，会有效减少冰雹灾害造成的损失。

（4）建立完善的减灾技术体系　根据受灾情况和各地实际，制订科学合理的技术方案，科学评估灾害对梨树生长发育的影响，分类采取相应补救措施，尽快恢复长势。同时组织专家和技术人员深入灾区指导救灾，及时发布主导品种和主推技术，多形式、多层次开展技术培训，帮助农民解决灾后重建和梨树生产中的技术难题。

五、高温干旱危害

（一）症状表现

梨树在高温干旱条件下会出现叶片萎蔫、黄化脱落，果实膨大受阻，根系生长差，树势衰弱，甚至枯黄死亡。高温烈日灼伤果实及叶片，影响产量和果实的贮藏性，还会导致红蜘蛛等虫害发生猖獗。高温干旱引起落叶后，如遇秋雨常常会导致秋季“二次开花”。如图 3-158 所示。

（二）高温干旱危害的防控技术

1. 果园覆盖与中耕除草

为保证土壤墒情，可在雨后采用麦草、稻草等秸秆进行覆盖，或采用地布等覆盖。果园内不使用除草剂除草，提倡将杂草割倒后进行就地覆盖进行保墒。干旱季节在没有灌溉条件的梨园进行松土除草，切断土壤中上传的毛管水，同时减少杂草与梨树争水。

高温干旱引起落叶

高温干旱引起日灼　　秋季二次开花

▲ 图 3–158　高温干旱对树体产生的危害

2. 增加果园灌溉设施

要从根本上解决梨园高温干旱问题，必须在梨园灌溉设施上加以配套，如增设梨园喷灌或滴灌管道等，在土壤水分降低至一定程度即进行灌溉。由于喷灌还能起到增加空气湿度的作用，防止高温干旱效果更好。

3. 避免枝、叶、果实日灼

夏季高温地区适当保留骨干枝背上枝叶，避免枝干日灼。树冠及时喷水增湿，也

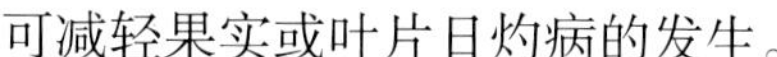

可减轻果实或叶片日灼病的发生。

4. 加强病虫害防治

夏秋季持续干旱时，要注意山楂红蜘蛛、梨网蝽等虫害的防治。

（三）高温干旱发生后的补救措施

适当修剪地上部枝梢，调节地上部与地下部生长平衡。高温干旱症状发生后，要适当疏除过密枝，减少地上部的水分消耗。

及时进行灌溉。灌溉时间宜选择傍晚温度较低时灌溉，避免在中午高温时灌水。灌溉的同时还可以结合树冠喷水，降低梨园温度，增加空气湿度。

及时补施叶面肥。高温干旱条件下往往根系吸收功能变差，地上部的叶片得不到足够营养，可以于傍晚喷施较低浓度的叶面肥，如0.3%尿素、0.3%磷酸二氢钾等。

及时去除干枯的叶片，减少树体的水分损耗。

秋季“二次开花”的树，秋季可及时补接花芽，以减少来年产量损失。

六、高温高湿危害

（一）症状表现

梨园高温高湿多在夏季发生，导致南方梨黑斑病、褐斑病等早期落叶病害的发生，增加果面的锈斑，影响果实美观。

（二）高温高湿危害的防控技术

1. 适当修剪，改善果园通风透光条件

疏散分层形修剪时要注意保持合理的层间距，避免上下部枝重叠。果实生长后期往往会出现上部枝叶与下部相互重叠的情况，要及时用木棍或竹竿对负载较重的果枝进行撑枝。对于分枝过低的枝条及时进行疏枝，改善梨园的通风透光环境。

2. 套装栽培

在南方高温多湿地区栽培果锈较多的品种时，应采用一次或两次套袋栽培。

3. 排除垄沟积水

为降低果园空气湿度，要注意及时排除园内垄沟积水。

4. 加强病虫害的防治

南方夏季高温高湿，利用80%代森锰锌、70%甲基硫菌灵等杀菌剂重点防治黑斑病、褐斑病等病害，同时防治果实轮纹病，减轻果实采前落果及贮藏病害的发生。

（三）高温高湿危害后的补救措施

树冠及时补喷治疗性杀菌剂，如70%甲基硫菌灵可湿性粉剂等，控制病害蔓延趋势。

及时清沟排渍，降低地下水位。

及时“开天窗”，剪除树冠郁闭的大枝，改善树体的通风透光条件。

七、涝害

（一）症状表现

梨树较耐涝，但积水时间长也会导致根系腐烂死亡，削弱树势，引起叶片黄化脱落，同时也会降低树体抗病性。梨园积水如图 3-159 所示。

▲ 图 3-159　梨园积水

（二）涝害的防控技术

☞ 雨季及时清理果园“四沟”（即主沟、支沟、腰沟、垄沟），避免梨园积水。

☞ 南方实施起垄栽培（图 3-160）。要求起垄 30cm 以上，形成与行距宽度相同的大垄。

☞ 有条件的地区在建园时采用暗渠排水，定植前抽成通槽，填入一层碎石或成捆的竹子，有利于雨季土壤滤水，增加土壤的通气性。

☞ 及时喷施叶面肥，提高叶片营养水平。叶面喷肥种类参考高温干旱部分。

▲ 图 3-160　起垄栽培

（三）涝害发生后的补救措施

☞ 树冠及时喷施叶面肥，补充树体营养。

☞ 适当进行树冠修剪，维持地上部与地下部平衡。

八、风灾

（一）症状表现

南方梨果实成熟季节常遇到台风或龙卷风等大风天气，有的年份损失达到 60% 以上。不仅对当年的产量带来损失，还因为梨树骨干枝劈裂、新梢折断、大量落叶影响树势和来年产量。

（二）风灾的防控技术

采用棚架栽培。棚架栽培可以有效减轻风害，是我国沿海台风多发地区梨树栽培的首选方式。

在梨园风口增设防风林或设置风障（图 3-161）。

▲ 图 3-161　风障

大风多发的梨产区不宜采用长放枝结果，1 年生枝条甩放成花后要“见花回缩”。结果枝组结果后要及时回缩，使结果部位尽可能靠近大枝。

由于果柄直立的果实抗风能力较差，疏果时选择侧生或下垂的果实。

分次采收。果实接近成熟时抗风能力较差，应做到成熟一批采收一批，降低风害损失。外围、上部的果实成熟较早，且抗风能力弱，应早采。

大风来临前及时对果实下压下垂的枝条进行撑枝。

增强树势。弱树上果实的果梗部易产生离层，耐风能力较弱，采前遇大风会加重落果。

（三）风灾发生后的补救措施

做好保叶管理。风害后不仅导致果实脱落，还会导致叶片大量脱落或损伤，应加强后期叶片管理，防止其早期脱落而导致秋季“二次开花”，进一步影响来年产量。

造成大枝劈断的要加强伤口保护，可涂抹果树伤口保护剂，以避免枝干病害的流行。

第四章

梨病虫害防治

LI BINGCHONGHAI FANGZHI

我国梨病害有40余种，但危害严重的常有10种左右。梨黑星病在梨病害中居首位，尤其在种植有鸭梨、白梨等高度感病品种的梨区常造成重大损失。腐烂病和干腐病在北方梨区发生严重，以西洋梨最重，常造成枯枝死树。轮纹病不仅危害枝干和果实，也引起贮藏期大量烂果，感病品种在病害发生严重年份，枝干发病率达100%，采收时病果率可达30%~50%，贮藏1个月后几乎全部烂掉。黑斑病、褐斑病是梨树两种主要叶部病害，在国内发生普遍，以南方梨区发生较重。白粉病近年来有加重趋势，已成为梨树的主要病害。梨炭疽病和白纹羽病原为梨树的次要病害，目前已上升为一些梨产区的主要病害。梨青霉病、霉心病及果柄基腐病是贮藏期的主要病害。近年来我国梨的病毒病也越来越严重，带毒梨树生长衰退、产量下降和品质变劣。

我国梨害虫有100余种，发生普遍而危害较重的有20多种。危害果实的有梨大食心虫、梨小食心虫、桃小食心虫、梨象甲等，局部地区梨实蜂时有发生，梨花象甲主要危害花蕾。一般管理粗放、施药较少的地区，食叶性的天幕毛虫、梨星毛虫、梨叶斑蛾、刺蛾类等毛虫和金龟子类的发生较普遍，危害猖獗。管理较好，施药较多的地区，危害果实和食叶性害虫则少见，但螨类、蚜虫类、蚧壳虫类、木虱类、蝽类和梨瘿华蛾等危害较重。枝干害虫类的梨潜皮蛾、金缘吉丁虫等发生普遍，专食性的梨茎蜂、梨梢华蛾在局部地区常发生。近年套袋栽培的梨园，康氏粉蚧危害也较为严重。

梨病虫害综合防治的原则是：以物理和农业防治为基础，提倡生物防治，依据病虫害的发生规律和经济阈值，科学使用化学防治技术，最大限度地减轻对生态环境的污染和对自然天敌的伤害，将病虫害所造成的损失控制在经济允许水平之内。

第一节　物理防治

物理防治是根据害虫的习性，利用简单工具和各种物理因素，如光、热、电、温度、湿度和放射能、声波等防治病虫害的措施。在梨树上应用最多的是根据害虫的趋光性和趋化性所设计的诱捕杀虫法。

一、瓦楞纸诱虫带

有些梨害虫常在树干翘皮裂缝下、根际土缝中冬眠，这些场所隐蔽、避风，害虫潜藏其中越冬可有效避免严冬以及天敌的侵袭，而特殊结构的诱虫带瓦棱纸缝隙则更加舒适安全，加之木香醇释放出的木香气味，对这些害虫具有极强的诱惑力，诱虫带固定场所又在靶标害虫寻找越冬场所的必经之道。因此，果树专用诱虫带能诱集绝大多数个体聚集潜藏在其中越冬，便于集中消灭。如图4–1、图4–2所示。

▲ 图 4-1 树干上绑扎瓦楞纸诱虫带

▲ 图 4-2 梨园瓦楞纸诱虫带使用状

1. 具体用法

诱虫带在树干绑扎适期为 8 月初，即害虫越冬之前。使用时把诱虫带对接后用胶带或绑带绑裹于树干最低分枝下 5~10cm 处诱集害虫越冬。待害虫完全越冬休眠后到出蛰前（12 月至翌年 2 月底）解下，集中销毁或深埋，消灭越冬虫源。

2. 防治对象

山楂叶螨、二斑叶螨雌成虫，康氏粉蚧、草履蚧、卷叶蛾、苹果绵蚜 1~3 龄幼虫。

▲ 图 4–3　梨园频振式杀虫灯使用状

▲ 图 4–4　频振式杀虫灯诱杀鳞翅目害虫效果

二、频振式杀虫灯

频振式杀虫灯是利用昆虫的趋光性，运用光、波、色、味 4 种诱杀方式，近距离用光，远距离用频振波，加以色和味引诱，灯外并配以频振高压电网触杀，迫使害虫落入灯下箱内，以达到杀灭成虫、降低田间落卵量、控制危害的目的。如图 4–3、图 4–4 所示。

1. 具体用法

安装时间为 4 月中下旬至 10 月上中旬，安装高度略高于树冠。每晚 8 点开灯，早 6 点关灯（一般采用光控）。雷雨天不开灯。每 3 天左右清理 1 次诱捕到的害虫。

2. 防治对象

诱杀鳞翅目和鞘翅目害虫，特别是对金龟子类、天幕毛虫、黄斑卷叶蛾、梨小食心虫、金纹细蛾的诱杀效果显著。

三、黄色粘虫板

粘虫板诱杀害虫是目前农业生产中应用较多的防治和监测方法，主要利用昆虫的趋光和趋色性。因其具有操作简便，成本低廉，且不易受外界因素的干扰等优点，目前已经是一种很重要的监测和防治手段，广泛运用于田间和温室，尤其在设施栽培的条件下效果更佳。利用色板诱杀首先需克服对天敌的误杀，其次由于梨园大多不采用保护地栽培，受太阳辐射、降雨、灰尘等因素的影响，其持效期也较设施条件下大大缩短。如图 4–5、图 4–6 所示。

▲ 图 4–5　梨园悬挂黄色粘虫板

▲ 图 4–6　诱杀梨茎蜂效果

▲ 图 4–7　梨果套纸袋

1. 具体用法

在梨树初花期前，将黄色双面粘虫板悬挂于距离地面 1.5~2.0 m高的枝条上，每 $667m^2$ 均匀悬挂 12 块，利用粘虫板的黄色光波引诱成虫。

2. 防治对象

梨茎蜂、梨小食心虫、梨瘿蚊等。

四、果实套袋

果实套袋一是有效提高果实的外观品质；二是对病虫害起阻隔作用，使果实免遭病虫的直接侵害；三是有效避免农药与果实的直接接触，减少污染，保障果品食用安全。梨果套纸袋如图 4–7 所示，梨果套膜袋如图 4–8 所示。

▲ 图 4–8　梨果套膜袋

1. 具体用法

纸袋的大小视果实大小而定，一般为 14cm × 18cm。封口用曲别针或细铁丝扎紧。套袋时期一般在生理落果后或最后一次疏果后进行，不宜太晚，以免把梨黄粉蚜等害虫套入袋内，造成更严重的危害。

2. 防治对象

各种食心虫、卷叶蛾等害虫和炭疽、轮纹病等。

五、糖醋液诱杀

利用害虫的趋味性，用糖醋液置广口容器内诱杀梨小食心虫、多种卷叶蛾、桃小食心虫等成虫。如图 4–9 所示。

▲ 图 4–9　糖醋液诱杀

1. 具体用法

糖醋液的配比为白砂糖：醋酸：乙醇：水 = 3：1：3：80。把配好的糖醋液盛入小盆或碗里，制成诱捕器，用铁丝或麻绳将诱捕器悬挂在树枝上。在虫口密度大时，要每天捡出虫尸；虫口密度小时，隔天捡虫，并及时添加糖醋液。

2. 防治对象

梨小食心虫、多种卷叶蛾、桃小食心虫等成虫。

六、树干涂白

进入冬季后，梨树主干刷涂白剂，可有效防御冻害，阻止病虫在主干上越冬，并杀死在主干上越冬的病虫害。如图 4–10、图 4–11 所示。

▲ 图 4-10 梨大树主干涂白

▲ 图 4-11 梨幼树主干涂白

1. 具体用法

每年寒冬来临前，给梨树主干刷涂白剂。配制比例为：生石灰：硫黄粉：食盐：动植物油：热水 =8：1：1：0.1：18。

2. 防治对象

日烧、冻裂、树干上越冬的病虫害。

第二节　农业防治

农业防治包括所有促进果树生产、高产优质的农事操作。这些农事操作有的可以直接减少病虫危害，有的可以通过增强树势，提高果树对病虫害的抵抗能力或耐害能力来间接控制病虫危害。

一、土肥水管理

合理施肥，尤其是增施有机肥，能促进果树生长，增强树势，提高果树对病虫害的抵抗力。实践证明，树势健壮，叶色浓绿，病害则轻，而树势衰弱，病害则重，如干腐病、赤衣病、腐烂病等一些弱寄生性病害，在树体衰弱时易于发病，使树势更弱，以致死树。健壮树对害螨有一定的耐害性，在枝叶繁茂，叶色浓绿的树上，即使有害螨危害，也不致很快落叶。

二、改善光照

合理修剪、剪除病虫枝是果树生产必不可少的管理措施。修剪除了调节果树营养生长和生殖生长之间的矛盾，使壮树多结果以外，对病虫害防治也有一定的积极作用。在树冠过于郁闭，通风透光不良的果园，病害发生严重。合理疏枝，增加光照和通风，能够恶化病菌滋生环境，从而减轻病害发生。冬剪时，可剪掉黄褐天幕毛虫的卵块、黄刺蛾的越冬茧、蚱蝉产卵的枝条、梨大食心虫的越冬芽、烂果病的病僵果和病果台等。梨树长出新梢后，及时剪除梨黑星病的病梢，对控制病害发展有很大作用。结合疏花疏果，重点疏除梨实蜂产卵的花、幼果和梨大食心虫的虫果。当新梢长至10cm以上时，及时剪除梨茎蜂的产卵梢，这项工作可结合夏剪进行。将剪下的病虫枝、叶、果收集起来，带出园外，集中处理，切勿堆积园内或做果园屏障，以防病虫再次向果园扩散。

三、改变病虫害生境

（一）清扫枯枝落叶和病果

梨黑星病、轮纹病、褐斑病、黑斑病等病菌和梨网蝽等害虫，都在树下的枯枝落叶、病果或杂草中越冬，因此，在梨树落叶后，清扫落叶、病果，带出园外，集中处理，是消灭病虫害经济有效的措施。如图 4-12 所示。

▲ 图 4-12 集中处理枯枝落叶和病果

（二）刨（翻）树盘

刨或翻树盘既可起到疏松土壤，促进根系生长的作用，也可将在土中越冬的害虫翻向土表（图 4-13），经风吹日晒促其死亡或被鸟类啄食。这项措施可消灭在土中越冬的桃小食心虫、梨小食心虫、梨象鼻虫、梨实蜂和在土缝中越冬的梨网蝽等害虫。

▲ 图 4-13 深翻改土

四、刮治树皮

刮治树皮（图 4–14）是消灭梨树病虫害的主要人工措施。可消灭梨星毛虫、梨小食心虫、花壮异蝽、山楂叶螨等越冬虫态和清除在树体上越冬的轮纹病、腐烂病（图 4–15）、干腐病的病菌，还可促进梨树生长。因此，有“想吃梨，刮树皮”的说法，这充分说明了刮树皮在病虫害防治中的重要性。

图 4–14　全树树皮刮治

图 4–15　腐烂病斑刮治

第三节　生物防治

生物防治是用生物或生物的代谢产物或分泌物来控制病虫害的措施。梨树病虫害防治用得较多的是利用捕食性和寄生性天敌、害虫性外激素和微生物农药等。

一、引进释放天敌

目前赤眼蜂人工卵已可进行半机械化生产（图 4–16）。在梨小食心虫成虫羽化高峰期 1~2 天后人工释放赤眼蜂，每 3~5 天释放 1 次，连续释放 3~4 次，每 667m^2 释放 3 万 ~5 万只，可收到良好的防治效果。在卷叶蛾危害率 5% 的果园，在第一代卵发生期连续释放赤眼蜂 3~4 次，可有效控制其危害。有的果园采用玻璃罐加盖纱网来饲养草蛉，效果较好。小花蝽是果园的重要天敌，它对于蚜虫、螨类的控制作用十分明显。在国外，已经可以进行商品化生产。在国内，赤眼蜂大量饲养技术已基本成型，但尚未形成商品。

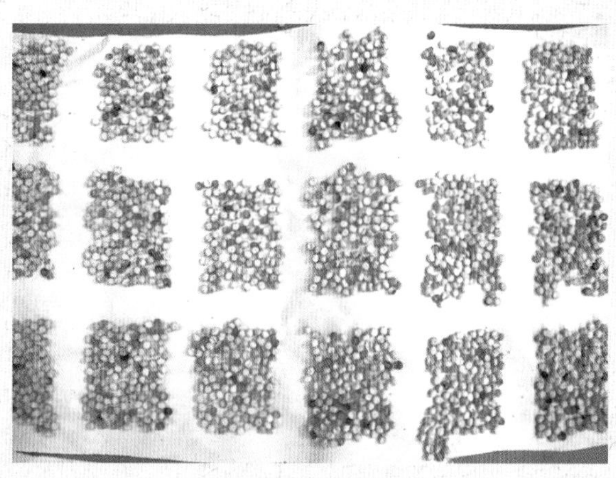

▲ 图 4–16　赤眼蜂卵卡

二、性诱剂

目前，利用最多的是人工合成的昆虫性外激素。我国有桃小食心虫、梨小食心虫、梨大食心虫、桃蛀螟和桃潜蛾等害虫的果园用性诱剂，主要用于害虫发生期监测，大量捕杀和干扰交配。

具体防治害虫时，主要采用两种方法：一是将性外激素诱芯制成诱捕器诱杀雄成虫，减少果园雄成虫数量，使雌成虫失去交配的机会，产出无效卵，不能孵化出幼虫，性诱芯梨园使用状如图 4–17 所示，性诱芯诱杀效果如图 4–18 所示；二是将性外激素诱芯直接挂于树上，使雄虫迷向，找不到雌虫交配，从而使雌虫产出无效卵，性迷向丝梨园使用状如图 4–19 所示。

图 4-17 性诱芯梨园使用状

图 4-18 性诱芯诱杀效果梨园使用状

图 4-19 性迷向丝梨园使用状

三、生物农药

在杀虫剂中，浏阳霉素乳油对梨树害螨有良好的触杀作用，对螨卵孵化亦有一定的抑制作用。阿维菌素乳油对梨园的害螨、桃小食心虫、蚜虫、介壳虫和寄生线虫等多种害虫，有防治效果；苏云金杆菌及其制剂防治桃小食心虫初孵幼虫，有较好的防治效果；在桃小食心虫发生期，按照卵果率 1%~1.5% 的防治指标，对树上喷洒 Bt 乳剂或青虫菌 6 号 800 倍液，防治效果良好。

杀菌剂中，多氧霉素（多抗霉素）防治斑点落叶病和褐斑病，效果显著；农抗 120 防治果树腐烂病具有复发率低、愈合快、用药少和成本低等优点。此外，在桃小食心虫越冬幼虫出土期施用昆虫寄生性线虫如芫菁夜蛾线虫，也取得了较好的效果。

四、果园生草

梨园生草的作用：在树盘以外行间播种豆科或禾本科等草种，生草后土壤不耕翻，能减轻土壤冲刷，增加土壤有机质含量，改良土壤理化性状，提高果实品质和减少病虫危害。但年降水量不足 500mm，又无灌溉条件的地区不宜生草。

第四节　化学防治

化学药剂防治病虫害（图 4–20）常用的方法有喷雾（图 4–21、图 4–22）、涂干和地面施药（喷雾或撒粉）。在进行化学防治以前，首先确定防治对象，并对其发生期进行预测，以确定合适的防治时期，然后再根据病虫害的防治指标，选择用药种类，最后根据病虫害的发生规律，做到合理使用农药。

▲ 图 4–20　梨园化学农药防治

▲ 图 4–21　自走式果园风送式喷雾机

▲ 图 4-22　国外各式果园喷雾机

一、预测预报

（一）确定主要病虫害种类

不同地区不同梨园由于地理环境和病虫害防治历史与现状及防治水平的差异，主要病虫害种类会有所不同。因此，必须首先调查每个果园病虫害的种类，确定哪些是常发性病虫害，哪些是偶发性病虫害，哪些病虫害需经常防治，哪些病虫害需要季节性防治，这样才能有的放矢地围绕主要病虫害种类制定综合防治方案。

（二）开展病虫害预测预报

主要病虫害种类确定后，对各种病虫害要进行发生期和发生量的预测，根据病虫害的发生规律找出在本地区的具体发生时期和有利于防治的关键环节，确定最佳的防治措施。

（三）确定防治指标

涉及因素包括水果产量，病虫发生密度，防治成本等。我国在梨树病虫害的防治实践中，总结出符合大部分地区的几种主要害虫的防治指标，各地应依果树管理情况和自己的经济承受能力，灵活运用。

1. 梨小食心虫

梨园防治一般从 7 月开始，防治适期根据梨小食心虫性外激素诱捕器的诱蛾量来确定，一般在雄成虫出现高峰即羽化率达 50% 后 4~5 天开始喷药。若用糖醋液诱蛾测报，则在成虫出现高峰后 2 天喷药。不管用哪种测报方法，都应配合卵果率调查。调查方法是，在果园采取对角线取样法，调查 10 株树，在每株树的东西南北中 5 个方位共调查 100~200 个果实，当卵果率达 0.5%~1% 时喷药。第二次喷药也应看成虫多少而定，在第一次防治效果好的情况下，第二次成虫高峰期常不太明显，但仍会有个小高峰，需据此确定喷药日期。

2. 梨木虱

（1）花期前　3 个嫩枝上有卵或若虫，即达到防治指标，应喷洒化学农药防治。

（2）花期　超过 2% 的花枝有卵，即达到防治指标，应喷洒化学药剂防治。

（3）果期　超过 5% 的顶枝有成虫，即达到防治指标，应喷洒化学农药防治。

（4）采收后　超过 25% 的顶枝有成虫，即达到防治指标，应喷洒化学农药防治。

防治药剂可选用 5% 阿维菌素 1 000 倍液，或 10% 吡虫啉 1 000 倍液，或 25% 噻虫嗪 1 000 倍液喷雾。

3. 山楂叶螨

调查方法是，每个果园随机调查 10 株树，在每株树的东西南北中 5 个方位各调查 2 片叶，记载活动态螨数。从 5 月开始，由树冠内膛逐步向外围调查，7 月以后，基本上在外围叶片上调查。防治指标是，6 月以前平均每叶有活动态螨（幼、若、成螨）4 头和 7 月以后每叶有活动态螨 7 头时喷药，5% 阿维菌素 1 000 倍液或 25% 噻虫嗪 1 000 倍液喷雾。

4. 梨星毛虫

梨星毛虫防治适期是在越冬幼虫出蛰盛期。调查方法是，于梨芽萌动期在果园采用对角线取样法，调查 10 株树，每株树调查 10~20 个虫茧，以空茧数（当年新鲜空茧）计算幼虫出蛰率。当幼虫出蛰率达 50% 时喷药。此时的物候期是梨花芽开绽初期。

5. 桃小食心虫

分地面防治和树上防治两个时期。地面防治适期，一般在越冬幼虫出土盛期。调查方法是，选上年危害严重的梨树 10 株，清除地面杂草，平整表土，在树干附近放几块砖瓦石块，从 7 月初开始，每天检查记录砖瓦石块下的出土幼虫，并将其收集销毁。当出土幼虫数量突增时（一般在幼虫开始出土后 3~5 天），进行地面防治。若上年发生不严重，可挖土筛茧，埋于树冠下，采取同样方法观察幼虫出土时期。用桃小食心虫性外激素诱捕器预测发生期，效果较好。方法是，从 7 月初开始在田间悬挂性外激素诱捕器，当诱捕到第一头雄蛾时，开始地面防治。地面防治一般进行 1~2 次。

树上防治时期根据性外激素诱捕器的诱蛾情况，结合卵果率调查来确定。当诱捕器上发现雄蛾后，每天检查记载诱蛾数量，当成虫数量达到高峰（即羽化率达 50%）后 3~5 天喷药防治。若没有性外激素诱捕器，必须根据卵果率调查结果喷药，调查方法与梨小食心虫卵果率调查法相同，防治指标为卵果率 0.5%~1%。一般树上防治进行 2~3 次。

二、化学防治关键时期

正确的施药时期是病虫活动的薄弱环节或对药剂的敏感期，还须考虑害虫天敌的活动时期。天敌和害虫的发生一般都有跟随现象，即在害虫出现后才有天敌。因此，在害虫发生初期施药要比大量发生期施药对保护天敌更为主动。一般在果树萌芽至开花前施药对天敌杀伤较少，在 7 月以后，各种天敌会大量出现，此时应视害虫发生情况，尽量少用广谱性杀虫剂，以减少对天敌的伤害。

三、按经济阈值施药

选用化学农药，需确定施药时期。化学农药的应用原则是，当病虫数量达到或超过经济允许水平，不防治就会造成经济损失时才使用。在使用化学农药时，应考虑到天敌的活动时期，尽量避开天敌活动盛期施药，或选择对天敌伤害较小或无害的化学农药。

四、挑治

根据害虫的发生和危害习性，选择合适的施药部位对有效地消灭害虫和保护天敌具有重要作用。如梨小食心虫，在某些地区主要在树干根颈部的土中越冬，可利用此习性进行地面药剂处理。桃小食心虫的地面防治已成为主要防治措施。在害虫发生的夏季，往往伴随着大量天敌的活动，为了保护天敌，可用药剂涂树干，然后包扎，药液随树液向上流动，使害虫中毒死亡，这种方法常用于蚜虫防治。在夏季防治花壮异蝽，可采用药剂涂抹树洞，消灭群集害虫的方法。

五、药剂选择

所谓选择性农药，泛指对害虫高毒而对天敌无毒或毒性小的农药，如白僵菌、苏云金杆菌和除虫脲类杀虫剂等。这些农药对鳞翅目幼虫防治效果较好，对天敌则毒性较低。选择性杀螨剂有尼索朗、卡死克、克螨特、双甲脒等。这些药剂对天敌昆虫较安全，但对捕食螨有一定的杀伤作用。由此看出，选择性农药并非绝对具有选择性，而是通过人为控制，根据害虫发生情况，在用药时期和用药种类上加以选择，来达到选择性农药的使用目的。

六、合理施药

（一）化学农药的交替使用

农药交替使用的目的是提高药效和避免病虫产生抗药性。主要是作用机制不同的农药或有机合成农药与无机农药交替使用。许多研究证明，有机磷、氨基甲酸酯和拟除虫菊酯等农药交替使用，能延缓害螨或害虫产生抗药性；有机合成杀菌剂与波尔多液交替使用可提高防治效果；拟除虫菊酯类杀虫剂防治果树害虫虽然高效，但切勿连续使用，每年只使用 1 次，以免害虫迅速产生抗药性。

（二）农药的混配使用

农药混配主要是为了省工和增效。常用的有杀虫剂与杀菌剂混用，杀虫、杀螨剂混用，或杀螨剂与杀菌剂混用。由于各种农药的化学性质和作用特点不同，有的农药混用后可起到增效作用，有的农药混用后则减效，甚至出现药害。因此，在农药混用前，必须进行试验。一般农药均不能与碱性物质如石硫合剂、波尔多液混用。

（三）肥药混用

在喷洒化学农药时加入适量速效性化肥，既能达到防治病虫害的目的，又能起到根外追肥的作用。喷肥种类依梨树生长期来决定，一般在梨树生长前期（5~7 月）喷施氮肥如尿素等，果树生长后期（8~9 月）喷磷钾肥，以 0.3%~0.5% 磷酸二氢钾为主，先将化肥用少量水溶化后，倒入药液内喷雾。

第五节　几种主要病虫害的防治措施

一、主要虫害的防治

（一）梨二叉蚜（图 4–23、图 4–24）

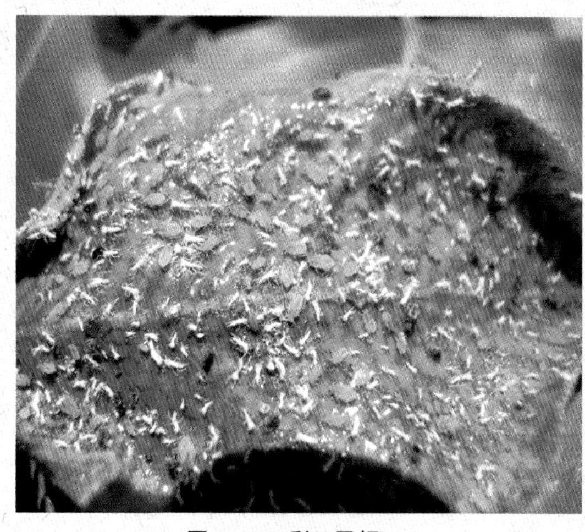
▲ 图 4–23　梨二叉蚜

▲ 图 4–24　梨二叉蚜危害状

1. 农业防治

（1）消灭虫源　蚜虫大发生期，在落花后大量卷叶初期，结合疏果及时摘除被害卷叶和被害嫩梢，集中处理，消灭幼蚜。结合冬剪，剪除病虫枝和病虫芽，刮除老翘皮，集中深埋或焚烧，消灭越冬虫卵。

（2）糖醋液诱杀　利用梨二叉蚜的趋化特性，采用糖醋液诱杀。将糖醋液（酒：水：糖：醋 =1：2：3：4），置于开口器皿内，在树体向阳背风处，每 667m^2 均匀选定 15~20 个点，悬挂 1.5m 左右高度诱杀成蚜。要及时清除蚜虫尸体，并注意及时补充挥发的溶液。

2. 生物防治

梨二叉蚜的主要天敌种类很多，常见的有瓢虫、草蛉、食蚜蝇、食蚜蝽、蚜茧蜂、蜘蛛、卵形异绒螨等，应在梨园或周围营造适宜天敌生存的环境，如在梨园四周和果树行间种植紫花苜蓿、箭舌豌豆等豆科植物或三叶草等，增加天敌的数量和种群，可在一定程度上控制蚜虫。

3. 物理防治

（1）黄板诱杀　由于蚜虫对黄色具有很强的趋性，可以在盛花后期，选择视野较为开阔、树体背风向阳处悬挂黄色诱虫板，每 667m^2 悬挂 15~20 块，高度在 1.7m 左右。

（2）黑光灯诱杀　由于蚜虫也具有很强的趋光性，可以在蚜虫大量发生时期悬挂黑光灯诱杀有翅蚜。

4. 化学防治

①在花芽膨大期，选择在无风晴天全园喷施 1 次 3~5 波美度的石硫合剂，可铲除部分越冬虫源。②防治的关键时期是梨芽尚未开放至萌芽展叶期，此时蚜卵基本孵化完毕，大部分集中在芽上危害，虫体暴露，应及时喷施药剂防治。可选用 10% 吡虫啉可湿性粉剂 2 000~3 000 倍液、50% 抗蚜威可湿性粉剂 3 000 倍液、0.8% 苦参碱・内酯 800~1 000 倍液、3% 啶虫脒悬浮剂 2 000~3 000 倍液或 5% 溴氰菊酯 1 500 倍液。在落花后、叶片完全展开期，喷 2.5% 高效氯氰菊酯乳油 1 500 倍液，或阿维・吡虫啉 2 000 倍液，加强防效。③ 6 月至 7 月上旬是有翅梨二叉蚜的迁飞期，应间隔 10~15 天，交替喷施中保猎虱 1 500 倍液、啶虫脒 1 500 倍液或吡虫啉 1 200 倍液，阻止其迁飞。④ 9 月末或 10 月初是二叉蚜交配产卵期，应喷施 1.8% 阿维菌素乳油 3 000 倍液、2.5% 高效氯氰菊酯乳油 1 200 倍液、20% 丙环唑乳油 1 500 倍液，或苯醚甲环唑水分散粒剂 1 500 倍液，消灭产卵蚜虫，减少虫卵数量。

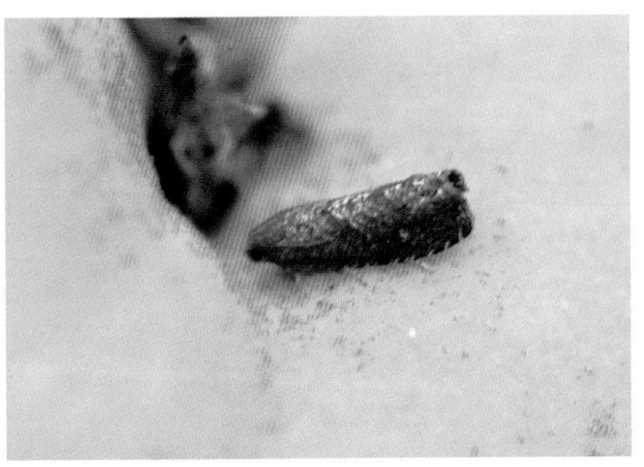
图 4-25　梨小食心虫成虫

图 4-26　梨小食心虫幼虫

图 4-27　梨小食心虫危害状

（二）梨小食心虫（图 4-25 至图 4-27）

1. 人工防治

（1）诱集脱果幼虫　在果实采收前，在树干上围防虫带、缚草把或缠草绳，诱集脱果幼虫在此越冬，到冬季解

下烧掉。此外，还可诱集山楂叶螨越冬雌成螨和卷叶虫越冬幼虫等害虫。

（2）清除越冬虫源　结合冬剪，刮除树干和主枝上的翘皮，消灭在翘皮下越冬的幼虫，同时，清扫果园中的枯枝落叶，集中烧掉或深埋于树下，可消灭在此越冬幼虫。另外，早春翻树盘，尤其是树干周围的土壤，可以消灭在土中越冬的幼虫。

（3）及时剪除被害梨梢和摘除虫果　在梨树生长前期，及时剪除被害梨梢，尤其是在梨和桃树混栽或两种果树毗邻的果园。剪梢时间不宜太晚，只要发现嫩梢端部的叶片萎蔫，就要及时剪掉，如果被害梢叶片已变褐、干枯，说明其中的幼虫已经转移。剪除被害梨梢的同时，也要剪除虫果，并及时清理落地虫果。将受害的梨梢和虫果要集中深埋，切勿堆积在树下。

（4）果树种类的合理布局　因梨小食心虫的寄主主要有桃、李、樱桃、杏等核果类果树和梨、苹果等树种，在这些果树混栽或毗邻时，梨小食心虫发生尤其严重。因此，在进行梨树种植规划时，应充分考虑到避免与桃等核果类果树毗邻栽植，改善梨小食心虫的适生生态环境，将会从根本上减轻梨小食心虫的危害，也有利于实行病虫害的统防统治。

2. 物理防治

梨小食心虫成虫对糖醋液有很强的趋性，尤其是交尾后的雌成虫。利用这一习性可以诱集到大量成虫，以减少产卵。糖醋液的配制为，将绵白糖（g）、乙酸或食醋（mL）、无水乙醇（mL）、水（mL）按 3∶1∶3∶80 的比例混合，搅拌均匀即成。将配制好的糖醋液盛于碗或水盆中，制成诱捕器。用细铁丝或尼龙绳将诱捕器悬挂于树上，诱捕器距地面高约 1.5m。在诱虫期间，要及时清除诱捕器中的虫尸，并加足糖醋液。

3. 生物防治

（1）松毛虫赤眼蜂的应用　在梨小食心虫第一代和第二代卵发生期，可以在田间释放人工饲养的松毛虫赤眼蜂。在田间调查到有卵出现时，开始释放赤眼蜂卵卡。每隔 5 天释放 1 次，连续释放 4 次，每 667m^2 总放蜂量 8 万 ~10 万头。可有效控制梨小食心虫的危害。

（2）性外激素的应用　利用人工合成的性外激素防治梨小食心虫有 2 种方法。一是大量诱捕法，即将梨小食心虫性外激素制成诱捕器，一般用水碗或水盆制成。制作方法：在水碗（或盆）中盛满水，加少许洗衣粉，以湿润掉入水中的成虫，使之不致逃走。在水面上方约 1cm 处悬挂 1 个用橡皮塞做成的含有梨小食心虫性外激素的诱芯。将诱捕器悬挂于树上，距地面高 1.5m 左右。诱捕器密度根据虫口密度而定，一般每 667m^2 挂 1~2 个。在成虫发生期可诱集到大量雄成虫，减少田间交尾机会，起到防治作用。二是迷向法或干扰交配法，即将性外激素诱芯悬挂在树冠中上部，这样就可在田间散发出大量的性外激素，使雄成虫不能找到雌成虫交尾，雌成虫不能产生有效卵，从而达到防治的目的。性外激素诱芯（有效成分含量为 500μg/个）的密度一般在 1 hm^2 750 个以上或每棵树上挂 1 个（株行距为 3m×4m）。另有试验表明，在桃园用梨小食心虫性信息素胶条（有效成分含量为 0.24g/个）进行迷向处理，密度为 350~500

根/hm^2，能获得很好的迷向效果。大量试验表明，用梨小食心虫性外激素防治害虫，无论是采取大量诱捕法，还是迷向法，都是在虫口密度较小的情况下效果才明显，虫口密度大的情况下，一般不能获得理想的效果。

4. 药剂防治

药剂防治的关键时期是各代成虫产卵盛期和幼虫孵化期。梨小食心虫常先危害桃树后转到梨树上危害，因此梨园和相邻桃园均要防治该虫。在桃园，除了重点防治第一代和第二代幼虫危害桃梢以外，还要注意防治危害果实的幼虫，尤其是晚熟品种上发生的幼虫。早熟品种果实采收后，也要注意防治危害桃梢的幼虫。在北方梨区，药剂防治的重点时期在 7 月中旬以后，即第三代和第四代幼虫发生期。可选择以下药剂喷雾：2.5% 溴氰菊酯乳油 2 000~3 000 倍液、20% 氰戊菊酯乳油 1 500~2 000 倍液、20% 甲氰菊酯乳油 2 000~2 500 倍液、25g/L 高效氯氟氰菊酯乳油 2 000 倍液、20% 氰戊・马拉松乳油 2 000 倍液、50% 杀螟硫磷乳油 1 500~2 000 倍液、40% 辛硫磷乳油 2 000 倍液、30% 乙酰甲胺磷乳油 500~1 000 倍液、8 000 国际单位/mg Bt 乳剂 200 倍液等。桃树等核果类果树的某些品种对某些农药比较敏感，初次施用应先做试验。

（三）梨星毛虫（图 4-28 至图 4-31）

▲ 图 4-28　梨星毛虫成虫

▲ 图 4-29　梨星毛虫幼虫

▲ 图 4-30　梨星毛虫危害状

▲ 图 4-31　梨星毛虫严重危害状

1. 农业防治

（1）消灭幼虫　结合果树冬剪，刮除树干上的老树皮，尤其是老翘皮和颈部的粗皮，集中烧毁或深埋，消灭越冬幼虫。在幼虫危害期，摘除虫苞，消灭幼虫。

（2）套袋果实　实行果实套袋技术，阻隔梨星毛虫对果实的危害。

2. 化学防治

越冬幼虫出蛰后是防治重点时期。在 1 年发生 2 代的地区，分别在第一代和第二代幼虫发生期喷药防治。在梨树花芽膨大期喷化学农药防治，消灭越冬幼虫。药剂可选用 35% 硫丹乳油 1 500~2 000 倍液、50% 辛硫磷乳油 1 000 倍液、20% 氰戊菊酯乳油 3 000 倍液、48% 毒死蜱乳油 1 500~2 000 倍液等，要间隔 5~7 天，连续喷药 2~3 次。若危害严重时在花谢后可再施药一次。7 月中上旬第一代幼虫孵化期再防治一次，药剂可选用 25% 灭幼脲 3 号 1 500~2 000 倍液，或 0.3% 苦楝素乳油 1 000~1 500 倍液等，间隔 5~7 天，连续喷药 2~3 次。

（四）梨木虱（图 4–32 至图 4–34）

1. 农业防治

（1）消灭虫源　在冬季或早春时期，树干涂白，能有效阻止梨木虱出蛰和产卵。剪除病残枯枝，刮除粗皮和老翘皮，清除地表枯枝、杂草、落叶等集中烧掉，可消灭在此越冬幼虫。

（2）摘去新梢　在 5 月中下旬，90% 以上的梨木虱若虫都集中新梢部位，将未停止生长的新梢摘去顶部 5~6 片叶以上未展开的部分，摘下深埋，防治效果相当于 2~3 次的用药。

（3）冬季灌水　越冬前果园灌水，不仅增加土壤中水分，提高果树抗冻害能力，也能杀灭土壤缝隙、落叶和杂草中的越冬成虫，减少越冬虫源基数。灌水宜在气温降到 0℃ 以下时进行，也可在结冰的天气，往树上喷清水，使树干上结一层薄冰，然后用木棍敲打，使冰与虫体一起振落冻死。

▲ 图 4–32　梨木虱成虫

▲ 图 4–33　梨木虱若虫

▲ 图 4–34　梨木虱严重危害状

2. 生物防治

可采用跳小蜂防治梨木虱。在生态保护好的果园，寄生率可达 98% 以上。可在梨树落叶前，采集梨木虱若虫被寄生变褐尸体，翌年 4 月上中旬将尸体剪成 1cm 见方分装于小盒子内，每盒 40 片，盒上针刺出 2~3mm 直径的孔，每树挂一盒，寄生蜂羽化后飞出，寄生梨木虱。此外梨木虱天敌还有花蝽、草蛉、瓢虫、捕食螨和寄生蜂等，可合理利用。

3. 化学防治

①在梨树芽萌动前，对树体及地表面喷 3~5 波美度石硫合剂，减少越冬虫源基数。②药剂防治的关键时期是越冬成虫出蛰期。在果树萌芽前，选风和日丽的上午施药，对树体的枝干和芽喷药，控制出蛰成虫基数。药剂可选用 10% 吡虫啉可湿性粉剂 2 500 倍液、1.8% 阿维菌素乳油 1 000 倍液、5% 高效氯氰菊酯乳油 2 000 倍液、20% 氰戊菊酯乳油 3 000 倍液、50% S- 氯戊菊酯乳油 3 000 倍液等。③药剂防治的第二个有利时期是第一代若虫孵化期，即在梨落花 90% 左右时，第一代若虫出现比较整齐，若虫尚未分泌黏液，利于集中消灭。此时正值天敌大量出蛰，梨果较小，应选用对天敌和幼果安全的药剂，如 10% 吡虫啉可湿性粉剂 4 000~6 000 倍液、1.8% 阿维菌素乳油 2 000~3 000 倍液、25% 噻虫嗪 5 000~6 000 倍液等。④ 7 月梨木虱世代重叠，发生严重，且若虫包被黏液难于防治。可在喷药前先喷一次中性洗衣粉 300 倍液或洗洁精 500 倍液，3~4h 后再喷药，可选用高渗透性生物杀虫剂，如阿维菌素类等，兼杀梨木虱的成虫、若虫和卵。⑤对于梨木虱发生严重的果园，梨树落叶后可再喷施 1 次药剂杀灭成虫。一般选择在清晨气温低、虫体僵伏时淋洗式喷雾。

（五）梨树蝽象（图 4–35 至图 4–41）

▲ 图 4–35　茶翅蝽成虫

▲ 图 4–36　茶翅蝽初孵若虫及卵壳

▲ 图 4-37　花壮异蝽

▲ 图 4-38　麻皮蝽若虫

▲ 图 4-39　梨冠网蝽成虫

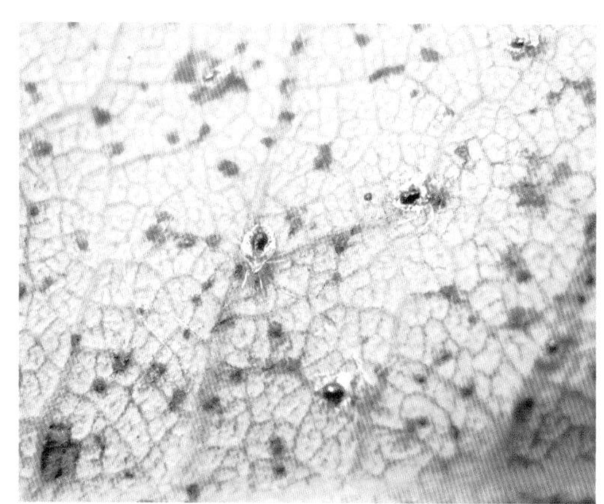

▲ 图 4-40　梨冠网蝽若虫

▲ 图 4-41　梨蝽象危害状

1. 农业防治

（1）越冬清园　秋后至越冬若虫出蛰前刮老翘皮，并集中烧毁，消灭越冬若虫。

（2）人工诱杀　于 8 月中旬开始在枝干束草，诱集成虫产卵，每 5 天换一次，及时杀灭卵块。

（3）套袋防治　当梨果长至拇指大小时，进行套袋。不但可以有效地避免梨蝽象的危害，还可兼防其他病虫害的危害。

2. 化学防治

①春季越冬若虫出蛰期是喷药防治的最佳时期。可选择 48% 毒死蜱乳油 2 000 倍液、50% 杀螟硫磷乳油 1 000 倍液、20% 氰戊菊酯乳油 2 000 倍液、10% 灭多威 1 500 倍液等。②夏季成、若虫发生盛期及秋季在梨蝽象卵孵化盛期，特别是已有少量初孵若虫开始刺吸危害时，也应喷药防治。

（六）梨金缘吉丁虫（图 4–42、图 4–43）

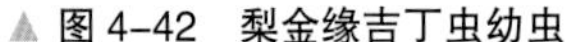
▲ 图 4–42　梨金缘吉丁虫幼虫

▲ 图 4–43　梨金缘吉丁虫危害状

1. 人工防治

（1）加强管理　加强栽培管理，增强树势，避免造成伤口，能提高树体的抗虫性和耐害力；果树休眠期刮老、粗、翘皮，成虫羽化前及时清除死树、枯枝，压低虫源。

（2）人工捕杀　成虫具有假死习性，可在清晨振动树冠，3~5 天 1 次，集中杀灭；发现有幼虫蛀孔时，要及时用刀挖出。

2. 化学防治

①在成虫羽化初期，对枝干涂刷触杀性药剂，如 80% 敌敌畏乳油 200~300 倍液，

每隔 15 天涂一次，连涂 2~3 次；4 月下旬至 5 月上旬是成虫产卵初期，每隔 10 天左右用药剂喷洒树干和枝叶，连续 3~5 次，可杀灭取食树叶的成虫及树干上的卵。可选用 25% 敌敌畏乳油 1 000 倍液、25% 喹硫磷乳油 800~1 000 倍液、5% 高效氯氰菊酯乳油 2 000 倍液、90% 敌百虫晶体 1 000 倍液等。②当幼虫危害枝干初期，树皮会变黑，可用刀在被害处顺树干纵划 2~3 刀，阻止树体被虫环蛀，避免整株死亡。同时，用敌百虫晶体 10 倍液涂刷，辅以旧报纸蘸药液包裹，外用薄膜包严扎紧，具有良好的杀虫效果。

（七）金龟类 （图 4–44）

1. 人工防治

（1）人工捕杀 金龟子成虫具有假死习性，可在成虫发生始盛期，组织人力于清晨或傍晚敲树震虫，收集后集中消灭。除在果园进行捕杀外，还应在果园周围其他树木上同时进行，效果更好。一般捕捉 1~3 次即可控制危害。日出性金龟子在早上捕杀，因为中午前后气温高，金龟子活跃，难于捕捉。

▲ 图 4–44 黑绒鳃金龟成虫

（2）诱杀 采用糖醋液诱杀，以 30% 红糖溶液，或白酒：红糖：醋：水 =1：3：6：9，对白星花金龟有较强诱集作用。也可用瓶装苹果或桃等果实烂果，稍加蜂蜜或醋，在枝干悬挂，诱集杀灭。也可以将烂果浸泡农药，诱杀成虫。

（3）隔离危害 对于新栽的树苗，可在危害前用塑料膜袋套住顶芽，可避过黑绒金龟危害期。坐果后对果实进行套袋，可隔离白星花金龟成虫上果危害。

（4）黑光灯诱杀 大多数夜出性金龟子对灯光有正趋性，对黑光灯的趋性更强。可采用黑灯光诱虫，1 支 20W 黑光灯可控制发生面积数公顷。

2. 农业防治

（1）秋冬深耕，杀死活虫 秋冬耕翻，可破坏蛴螬在土壤中的生活环境，杀伤部分幼虫。

（2）合理的肥水管理 春夏之交和秋季及时灌水，可使蛴螬向土壤下层活动，减轻对根颈部的危害，使部分苗木免于死亡。

3. 生物防治

保护利用天敌：金龟子及其幼虫的天敌种类很多，寄生天敌有卵孢白僵菌、乳状杆菌、绿僵菌，以及线虫、土蜂、寄生蝇等，对抑制金龟子和蛴螬的发生危害都有一定作用。

4. 化学防治

（1）土壤处理，药杀田间幼虫　在3月下旬至4月中旬及7月下旬至8月中旬，每667m^{2}用80%敌敌畏乳油3kg对水拌潮湿熟细土或土粪，均匀地洒在树冠下面，或树下喷施48%乐斯本乳油500~800倍液，结合中耕除草翻入土中，毒杀成虫和幼虫，也可选用5%辛硫磷颗粒剂2kg/667m^2、50%辛硫磷乳油500~800倍液或50%二嗪农乳油等，浇灌根际土壤。

（2）树冠施药，药杀树上成虫　成虫密度大时可进行树冠喷药，时间以下午至黄昏较好，可用50%辛硫磷乳油1 000倍液、2.5%溴氰菊酯乳油2 000~3 000倍液、80%敌敌畏乳油1 500~2 000倍液与2.5%溴氰菊酯乳油2 000~2 500倍液的混合液喷雾。果园在成熟前20天停用药剂。

（八）梨实蜂（图4–45）

1. 人工防治及农业防治

（1）捕杀假死性成虫　成虫具有假死性，可清晨和傍晚摇动枝干，振落成虫，进行集中捕杀。

▲ 图4–45　梨实蜂产卵孔

（2）销毁虫源　在成虫产卵至幼虫危害期间，人工摘除有卵花朵和有虫幼果，集中消火。在被害幼果脱落期，及时清理落地的幼虫果，集中销毁。

（3）农业防治　秋季果实采摘后或早春成虫羽化前深翻树盘，使幼虫暴露土表，消灭部分幼虫。

2. 化学防治

（1）地面防治　在梨树开花前 10~15 天，在成虫出土期，用 50% 辛硫磷乳剂 300 倍液、48% 毒死蜱乳油 600 倍液进行地面喷雾，667m^2 用药 150kg，对树干半径 1m 范围内喷药。施药后，轻耙表土，使药混匀，或雨后施药都可增加药效。

（2）树上喷药　当梨落花达 90% 时，往树上喷 4.5% 高效氯氰菊酯乳油 3 000 倍液防治初孵幼虫，重点喷于花萼基部，也可选用 80% 敌敌畏乳油 2 000 倍液 48% 毒死蜱 2 000~3 000 倍液、2.5% 溴氰菊酯或 2.5% 高效氯氰菊酯乳油 1 500~2 000 倍液、5% 定虫隆 1 000~2 000 倍液、52.25% 氯氰、毒死蜱 1 000~1 500 倍液等。

（九）梨茎蜂（图 4–46 至图 4–48）

1. 物理防治

因春季梨盛花期之前，北方梨区常发生沙尘暴，因此在梨盛花末期，于树冠外围悬挂黄色粘虫板，既可诱杀大量成虫，又能避开沙尘暴对黄板粘虫的影响。黄色粘虫板悬挂适宜高度为 1.5~2.0m，每 667m^2 挂 20~30 块黄板即可达到良好的效果。

图 4–46　梨茎蜂成虫

图 4–47　梨茎蜂枝梢产卵状

图 4–48　梨茎蜂果柄产卵状

2. 人工防治

冬季结合修剪，剪除有虫枝条，并集中烧毁或深埋。4 月间于成虫产卵结束后，及时剪除被害梢，剪除部位应在断口下方 1.0~1.5cm 处。成虫羽化时，可利用群栖与背光习性，于早晚或阴天捕捉成虫。

3. 化学防治

主要用于幼树期，2.5% 溴氰菊酯乳油 3 000~4 000 倍液或 4.5% 高效氯氰菊酯 3 000 倍液，危害初期全园喷雾，成虫发生高峰期喷布 90% 敌百虫晶体 1 000 倍液效果均好。

4. 生物防治

保护和利用天敌。

（十）介壳虫类（图 4–49 至图 4–51）

1. 人工防治

结合冬季和早春修剪管理，剪除虫口密度大的枝条，对结果枝可用硬刷或钢丝刷、破麻袋片刷或破鞋擦除有虫枝上的越冬卵，并将剪下的枝条集中烧毁；秋季挖除树干周围卵囊，若虫上树前树干基部涂药环（废黄油、机油各半，熔化后加入触杀剂）。

▲ 图 4–49　康氏粉蚧

▲ 图 4–50　草履蚧

▲ 图 4–51　梨园蚧

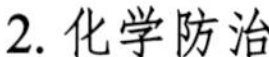

2. 化学防治

卵孵盛期和若虫分散转移期喷布农药，常用药剂有 48% 毒死蜱乳油 1 000 倍液。在第 1 次喷药后 10 天，应再补喷 1 次。喷药时应在药剂中加入 0.2% 左右的中性洗衣粉，以提高虫体对药剂的吸附能力。

3. 保护天敌

此类害虫的天敌，有黑缘红瓢虫、红环瓢虫、中华显盾真虫、红点唇瓢虫和跳小蜂等。

（十一）桃蛀果蛾（图 4–52、图 4–53）

▲ 图 4–52　桃蛀果蛾雄成虫

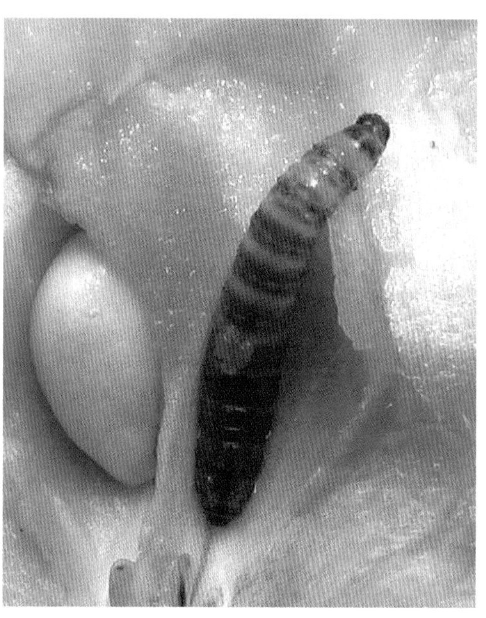

▲ 图 4–53　桃蛀果蛾幼虫

1. 农业防治

梨园翻树盘灭茧，或树盘覆膜阻隔成虫上树；果实套袋，既能防止病虫危害，又能增加果实光洁度；在未套袋果园，于被害果落地时，及时拾取落果，或经常摘除树上的虫果，集中处理，能减少虫源。

2. 化学防治

于越冬幼虫出土期在地面施药消灭出土幼虫，药剂为 50% 辛硫磷乳油，加水稀释后喷洒于地面，树上喷药的关键时期是成虫产卵盛期。预测成虫产卵盛期的方法是用桃蛀果蛾性外激素诱捕器诱捕雄蛾，在雄成虫发生高峰后 1~2 天，是雌成虫产卵高峰期，即为喷药适期。如果没有桃蛀果蛾性诱剂诱芯，可从 7 月下旬开始在果园调查卵果率，当卵果率达到 1% 时开始喷药。常用药剂有 50% 杀螟硫磷乳油 1 000 倍液。第一次喷药后间隔 10 天再喷 1 次，共喷 2~3 次，注意农药的交替使用。

▲ 图 4-54　黄刺蛾幼虫

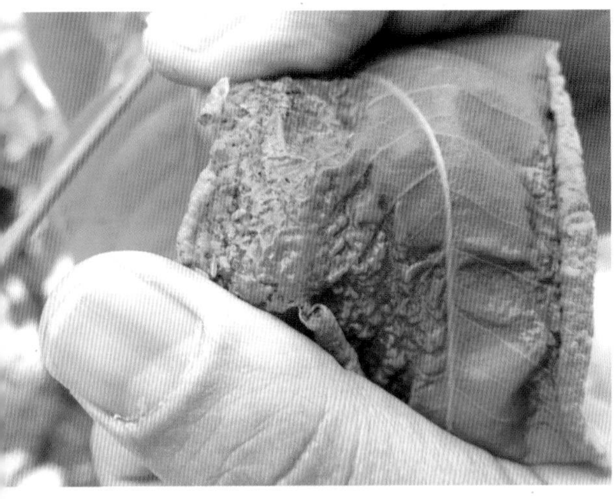
▲ 图 4-55　梨瘿蚊幼虫

▲ 图 4-56　梨瘿蚊危害状

（十二）黄刺蛾（图 4-54）

1. 人工防治

结合果树冬剪，彻底清除越冬虫茧。结茧老熟幼虫或蛹期间，人工摘除虫茧，在幼虫发生量大的果园，还应在周围的防护林上清除虫茧，人工摘除卵块和捕杀低龄群集幼虫。夏季结合果树管理，人工捕杀幼虫。

2. 化学防治

防治的关键时期是幼虫发生初期。可选择下列药剂喷雾：90% 敌百虫晶体 1 500 倍液，80% 敌敌畏乳油 1 000 倍液，青虫菌粉剂 800 倍液，或各种拟除虫菊酯类杀虫剂。幼虫对药液比较敏感，只要及时防治，一般不会造成危害。

3. 生物防治

寄生性天敌，如上海青蜂、广肩小蜂和刺蛾紫姬蜂等。

（十三）梨瘿蚊 （图 4-55、图 4-56）

1. 人工防治

结合果树冬剪，认真刮除树干上的老翘皮，可消灭在此越冬的幼虫。深翻树盘，也可消灭在土中越冬的幼虫。在幼虫发生期，及时摘除有虫芽、叶，可减少虫口数量。选用抗虫品种，在梨瘿蚊发生危害严重的地区，可选用比较抗虫的品种。

2. 化学防治

在越冬成虫羽化前 7 天或在第一、第二代老熟幼虫脱叶高峰期，抓住降雨时幼虫集中脱叶、雨后有大量成虫羽化的有利时期，树冠下地面喷施 30% 毒死蜱 300~600 倍液杀死入土老熟幼虫和出土成虫。发生量较少时及时摘除虫叶，集中烧毁。成虫羽化期，在树冠下喷施 3% 甲基对硫磷一敌百虫粉剂（$2kg/667m^2$），以触杀羽化后在地面爬行的成虫。在发生严重的果园，在成虫产卵盛期可喷药防治，常用杀虫剂对该虫都有较好的防治效果。

（十四）山楂叶螨 （图 4–57~ 图 4–59）

1. 人工防治

消灭越冬螨，在秋季害螨越冬前，在树干中下部绑草把，诱集成螨在此越冬，在冬季或翌年早春解下烧掉，消灭在此越冬的雌成螨。结合果树冬剪，刮除树干或主枝上的翘皮，消灭在此越冬的成螨。于春季 4 月中、下旬麦收前后（5 月底至 6 月初）、7 月初树干中、下部涂宽 5~10cm 粘虫胶环可粘死下树和上树的活动螨。

2. 化学防治

刮除枝杈处粗皮并于春季涂石灰乳或喷 3~5 波美度石硫合剂。药剂防治的关键时期在果树萌芽期和第一代若螨发生期（果树落花后）。常用药剂有 50% 硫悬浮剂 200~400 倍液（果树萌芽期）和 1.8% 阿维菌素乳油 2 000~3 000 倍液、24% 螺螨酯悬浮剂 4 000 倍液、20% 三唑锡悬浮剂 2 000 倍液等。

3. 生物防治

保护自然天敌，如草青蛉、捕食螨、螳螂等螨类天敌，释放捕食螨。

（十五）黄粉蚜 （图 4–60）

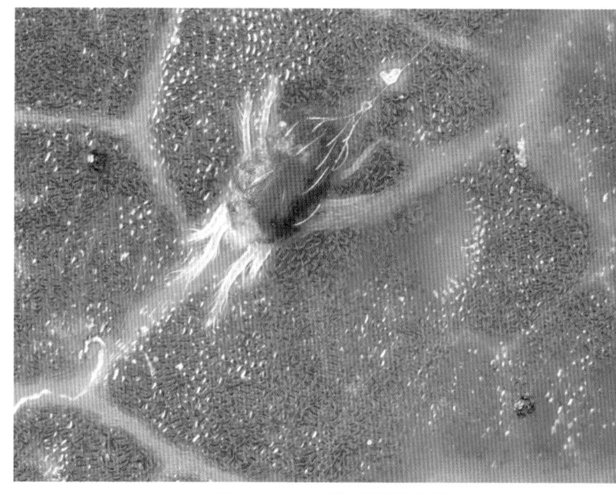

图 4–57 山楂叶螨雌成螨

图 4–58 山楂叶螨在叶片背面危害状

图 4–59 山楂叶螨在梨果实上危害状

图 4–60 梨黄粉蚜危害果实

1. 人工防治

（1）消灭越冬卵　早春结合果树修剪，刮除树干上的翘皮，清除果台残橛和树上的绑缚物，消灭在此越冬的卵。

（2）果实套袋　在疏果后及时套袋，对防治梨黄粉蚜有显著效果。套袋前应喷1遍杀虫剂，以防将蚜虫套入袋中。套袋时要扎紧袋口，以防若虫进入。

（3）苗木和接穗处理　为防止接穗和苗木带虫进行远距离传播，在采集接穗和苗木出圃后，用1波美度石硫合剂浸泡1~2min，可消灭其上的卵或若虫。

2. 化学防治

在梨树萌芽前，全树喷3~5波美度石硫合剂或99%矿物油乳油80~100倍液，重点喷布果台和枝干裂皮部位，可兼治梨二叉蚜。在梨树生长季，应在以下关键时期喷药防治：①梨树花序分离期；②果实套袋前；③蚜虫往果实上转移期（北方在6月上、中旬，南方在5月中旬）。可选择下列农药喷雾：10%吡虫啉可湿性粉剂2 500~3 000倍液、20%氰戊菊酯乳油3 000倍液、48%毒死蜱乳油2 000倍液。在果实套袋后要经常解袋检查有无蚜虫进入果袋，一旦发现要及时防治，可用80%敌敌畏乳油1 000倍液喷袋口，5天后再喷1次，连喷3次，能有效控制袋内黄粉蚜的危害。如果仍不能控制危害，要解袋处理后重新套袋。

二、主要病害的防治

（一）梨树干腐病（图4-61至图4-63）

图4-61　干腐病初期症状

图4-62　干腐病后期症状

图4-63　干腐病斑表面散生许多小黑点

1. 农业防治

（1）清除越冬菌源　清除残枝落叶，刮治病瘤及老翘皮，集中销毁。

（2）加强栽培管理　干旱时及时浇水；培育、选用无病苗木；加强肥水管理，增强土壤保水保肥能力，氮、磷、钾平衡施用，并增施有机肥，提高有机质含量，增强树势；合理修剪，整枝，合理疏果，特别在梨结果期的大、小年份，可通过修剪、疏花疏果等管理措施，有效遏制干腐病的发生和发展。

2. 化学防治

①苗木假植前及早春梨树萌芽前应用3~5波美度的石硫合剂喷洒，各消毒1次。②秋季新芽形成时，用1：2：200倍波尔多液，或50%多菌灵胶悬剂700倍液，或50%甲基硫菌灵胶悬剂600~700倍液，或80%代森锰锌可湿性粉剂500倍液喷雾。③发病初期，用刀将发病组织刮掉，然后均匀喷施或涂抹杀菌剂，如农用抗生素20~25倍液、3~5波美度石硫合剂或2%农抗120水剂80~150倍液，再用塑料薄膜裹严防雨保湿，提高防效，最后用75%百菌清可湿性粉剂600~800倍液直接喷淋或涂刷枝干及病斑四周，一般3~4天有新生组织长出，7~10天伤口即可愈合，有明显疗效。④由于干腐病菌多限于梨树皮表层，可不刮皮，而直接对病皮部位涂抹10%果康宝膜悬浮剂20倍液，使病皮自然脱皮、翘离，下面自动长出好皮的方法进行防治。

（二）梨树火疫病（图4–64）

1. 加强检疫

梨火疫病目前主要在欧美地区发生，我国尚未报道，应该加强检疫，防止该病传入我国。

2. 农业防治

感病植物除种子以外的所有器官都有可能成为此菌的传播源，但一般认为果实的实际传病作用不大，化学措施和其他措施都不能根除植物组织中的细菌，除非销毁植物组织。

▲ 图4–64　梨火疫病造成的枝枯症状

病菌在果园或野生寄主上

立足后很难根除，因此，一旦发现病株，或发现有来自疫区的非法入境繁殖材料已经种植（不论是否发病），都应立即销毁病园及周围几公里梨园植株，并几年内不得种植寄主植物。

（三）梨红粉病 （图 4–65）

1. 农业防治

病原菌是腐生或弱寄生菌，主要危害果实，在果实的采收和储存过程中尽量避免造成创伤。

2. 化学防治

在果实成熟或近成熟期喷杀菌剂保护，间隔 5~7 天喷 1 次，防治 1~2 次。可选用 50% 苯菌灵可湿性粉剂 800~1 500 倍液、50% 甲基硫菌灵可湿性粉剂 1 000 倍液、50% 甲基硫菌灵悬浮剂 500 倍液、50% 百菌清可湿性粉剂 800 倍液等防治。

（四）梨青霉病 （图 4–66）

1. 人工防治

病原菌是腐生或弱寄生菌，由伤口及气孔侵入危害果实。果实的采收和储存过程中尽量避免造成创伤，储藏间应控制低温（1~2℃）和低湿条件（低于 90% 相对湿度）。

2. 化学防治

贮果前，对盛果筐（箱）及储藏间熏蒸消毒可按 20~25g/m^3 量，采用硫黄封闭 48h 熏蒸；也可采用 1%~2% 福尔马林或 4% 漂白粉封闭 48~72h 熏蒸。熏蒸完后要通风透气才能使用。

严重发生地区，贮藏期可进行药剂浸果可选用 50% 多菌灵可湿性粉剂 500 倍液、70% 甲基硫菌灵可湿性粉剂 800 倍液、45% 噻菌灵悬浮剂 1 000~2 000 倍液等。

▲ 图 4–65 红粉病病果症状

▲ 图 4–66 青霉病症状

（五）梨褐腐病（图 4–67、图 4–68）

▲ 图 4–67　褐腐病果实危害状

▲ 图 4–68　褐腐病果表面产生轮纹状霉层

1. 农业防治

（1）加果园管理　及时清除病果，集中深埋或烧毁，特别在秋末采果后，可以翻耕土壤，深埋病果，以减少田间菌源。

（2）避免果实创伤　果实的采收和储存过程中尽量避免造成创伤，防止贮藏期发病，贮藏前剔除病果和伤果。

（3）防治虫害　虫害造成的伤口是病原侵染的重要途径，在虫害如梨木虱和黄粉蚜危害严重果园，病害发生严重，因此在果实生长后期，应及时防虫进行防病。

2. 化学防治

（1）发病较重果园的防治　可在越冬休眠期至花前喷 1∶2∶200 波尔多液、3~5 波美度石硫合剂或晶体石硫合剂 30 倍液，铲除部分越冬菌源；在花后和果实成熟前再喷药防治，药剂可选用 50% 苯菌灵可湿性粉剂 800 倍液、53.8% 氢氧化铜微粒可湿性粉剂 500 倍液、70% 甲基硫菌灵可湿性粉剂 800 倍液等。

（2）贮藏期防治　果筐和果箱等贮藏用具用 50% 多菌灵可湿性粉剂 300 倍液喷洒消毒，贮藏果库用二氧化硫、甲醛或漂白粉水溶液熏蒸，熏蒸方法详见梨青霉病防治；果实贮藏前可用 45% 噻菌灵悬浮剂 3 000~4 000 倍液或 50% 甲基硫菌灵可湿性粉剂 700 倍液浸果 10min，晾干后贮藏。

（六）梨牛眼烂果病

1. 农业防治

（1）加果园管理　秋末冬初结合修剪，除掉病残枝、叶及落地病果，集中销毁，以减少初侵染菌源。

（2）加强栽培管理　低洼积水地注意排水，合理修剪，增强通透性，降低湿度。

2. 化学防治

（1）采收前 1 个月左右喷药保护　药剂可选用 1∶2∶200 波尔多液、36% 甲基硫菌灵悬浮剂 500 倍液、50% 琥胶肥酸铜（DT 杀菌剂）可湿性粉剂 500 倍液、77% 氢氧化铜可湿性微粒粉剂 500 倍液、14% 络氨铜水剂 300 倍液等。

（2）采用杀菌剂处理果实　梨果入窖前用 45% 噻菌灵悬浮剂 4 000~5 000 倍液浸或 50% 甲基硫菌灵可湿性粉剂 700 倍液浸泡 10min，晾干后装筐或包纸贮藏。

（七）梨树细菌性花腐病

1. 农业防治

（1）加强栽培管理　合理修剪，使树内通风透光良好，减少田间湿度；增施肥料，使树势生长健壮，提高抗病力。

（2）清除病源　秋末冬初，结合冬剪，剪除病枝，并收集病叶，集中烧毁病残体。

（3）消灭传播昆虫媒介　昆虫不但是该病原菌的传播媒介，而且造成的伤口是病原侵染的重要途径，因此应及时防虫进行防病。

2. 化学防治

发病初期，喷施抗生素和铜制剂等杀细菌药剂进行防治，可选用 1∶2∶200 倍式波尔多液、72% 农用链霉素可溶性粉剂 3 000 倍液、1 000 万单位新植霉素 3 000 倍液、47% 春雷·王铜可湿性粉剂 700 倍液、53.8% 噻菌灵 2 000 干悬浮剂 1 000 倍液等。

（八）梨煤污病（图 4–69、图 4–70）

1. 农业防治

（1）减少初侵染源　冬季及时清除发病枝叶，集中烧毁以减少越冬菌源。

（2）降低田间湿度　生长期间修剪，采用合理树形，使果园通风透光；加强果园排水，降低果园湿度。

2. 化学防治

在发病初期，喷施杀菌剂防病可选用 50% 甲基硫菌灵可湿性粉剂 600~800 倍液、70% 代森锰锌可湿性粉剂 500~800 倍液、77% 氢氧化铜微粒可湿性粉剂 500 倍液、50% 多菌灵可湿性粉剂 600 倍液等，7~10 天喷 1 次，交替使用，共喷 2~3 次。

3. 防虫控病

该病病原是通过寄生昆虫分泌物寄生梨树的弱寄生菌。控制梨木虱、龟蜡介壳虫等易诱发煤污病的害虫数量，可减少煤污病发病机会。防治方法见梨树虫害防治部分。

▲ 图 4–69　煤污病叶片危害状

▲ 图 4–70　煤污病果实危害状

（九）梨锈病（图 4–71 至图 4–76）

▲ 图 4–71　梨锈病叶

▲ 图 4–72　梨锈病果

▲ 图 4–73　梨锈病叶正面性孢子器

▲ 图 4–74　梨锈病叶背面症状

▲ 图 4–75　锈病菌的冬孢子角萌发

▲ 图 4–76　转主寄主桧柏被害后产生的冬孢子角

1. 农业防治

彻底清除转主寄主梨园周围 5km 以内的桧柏、龙柏及欧洲刺柏类植物是防治梨锈病的最根本方法。在重要风景区桧柏树栽种较多时，发展梨园应注意选用抗病品种和较抗病品种。

2. 化学防治

对不能砍除的桧柏类植物要在 2 月下旬至 3 月上旬剪除病枝并销毁，或喷 1 次石硫合剂，以抑制冬孢子萌发产生担孢子；春天在梨树开始展叶至梨树落花后 20 天，阴雨天时，应对梨树喷药防治，药剂有 1∶2∶200 倍式波尔多液，15% 三唑酮 2 000 倍液等；另外，喷药保护一般在梨树展叶期喷第一次药，10~15 天再喷 1 次即可。为了防止病菌侵染柏类植物转主寄主，避免病菌越冬，6~7 月喷药 1~2 次保护转主寄主，常用药剂与梨树相同。在喷洒石硫合剂时，使用浓度不宜过高，否则对桧柏嫩叶有药害。

（十）梨褐斑病（图 4–77 至图 4–80）

▲ 图 4–77 梨褐斑病初期症状

▲ 图 4–78 梨褐斑病后期症状

▲ 图 4–79 褐斑病引起落叶

▲ 图 4–80 褐斑病重病叶

1. 农业防治

冬季扫除落叶，集中烧毁，或深埋土中；在梨树丰产后，应增施肥料，合理修剪，促使树势生长健壮，提高抗病力；雨季注意排水，降低果园湿度，限制病害发展蔓延。

2. 化学防治

早春萌芽前，结合梨锈病防治，喷布 150 倍石灰，倍量式波尔多液（硫酸铜 1 份，生石灰 2 份，水 150 份）；落花后，病害初发期，在雨水多有利于病害发生时，再喷药 1 次，喷布硫酸锌：硫酸铜：生石灰：水为 0.5：0.5：2：200 锌铜波尔多液，也可喷 70% 甲基硫菌灵可湿性粉剂 800~1 000 倍液，其中重点为落花后的一次喷药，以后结合防治其他病害进行兼治。

（十一）梨炭疽病（图 4–81 至图 4–84）

▲ 图 4–81　梨炭疽病叶（正面）

▲ 图 4–82　梨炭疽病叶（背面）

▲ 图 4–83　果实上的炭疽病

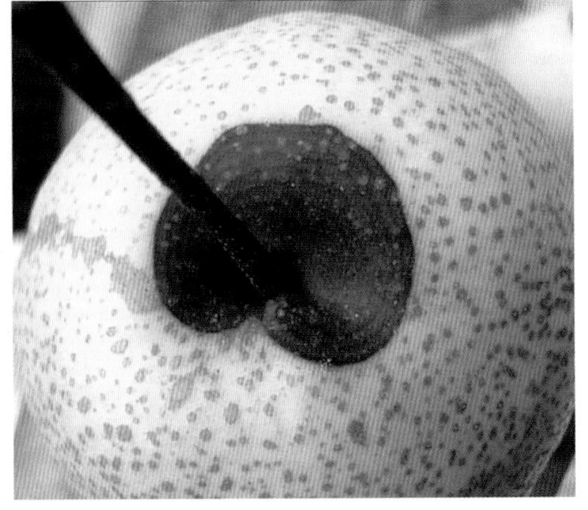
▲ 图 4–84　果柄着生处的炭疽病

1. 人工防治

（1）清除病源　冬季结合修剪，剪除干枯枝、病虫危害的破伤枝，清扫病僵果、病落叶，集中烧毁；梨树萌芽前结合防治其他病害喷布 10% 果康宝膜悬浮剂 100 倍液，或 3~5 波美度石硫合剂。

（2）加强果园管理　改良土壤，增施有机肥，合理修剪，及时防治病虫，注意果园积水及时排除，防止果园草荒。搞好清园工作；加强栽培管理。

（3）果实套袋　果实套袋是防治梨果炭疽病最有效的方法，套袋前应注意对果面喷洒 1~2 次内吸性杀菌剂。

2. 化学防治

梨树萌芽前结合防治其他病害喷布 10% 果康宝膜悬浮剂 100 倍液，或 3~5 波美度石硫合剂；从 5 月下旬或 6 月上旬开始，结合防治果实轮纹病、黑星病，进行药剂兼治；往年果实炭疽病重的梨园，采用侧重防治炭疽病专用药剂 25% 溴菌清（炭特灵）可湿性粉剂 300~500 倍液，或 50% 胂・锌・福美双可湿性粉剂 600~800 倍液。

（十二）梨黑星病（图 4–85 至图 4–90）

▲ 图 4–85　梨黑星病叶片危害状

▲ 图 4–86　黑星病叶脉危害状

▲ 图 4–87　黑星病叶柄危害状

▲ 图 4–88　黑星病枝干危害状

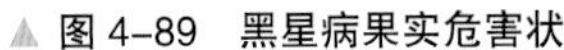
▲ 图 4–89　黑星病果实危害状

▲ 图 4–90　鸭梨黑星病果

1. 人工防治

加强栽培管理，增强梨树的抗病能力，同时将不利的气候条件对梨树的影响降到最低水平；春天梨树开花前或落花后至少追 1 次化肥，生理落果后再追 1 次，均以氮肥为主或施复合肥，梨果生长后期再追施 1 次磷钾肥或以磷钾肥为主的多元复合肥。积极种草和覆草。

彻底摘除病梢：从 5 月初开始至 5 月底结束，5~10 天一次，巡视果园，仔细寻找，发现病梢，彻底摘除；及时摘除病叶及病果，6 月以后导致黑星病扩大和流行的病菌只能来源于病叶及病果，因此，结合其他农事活动，及时摘除病叶及病果并集中处理，可大大降低病害的流行程度。

2. 化学防治

在梨树萌芽后开花前，树上喷洒 12.5% 烯唑醇可湿性粉剂 2 000~3 000 倍液，以杀灭病部越冬后产生的分生孢子。在开花前、开花期或落花后喷药 1~2 次，可大幅度降低病梢总量。另外，萌芽前喷 5 波美度石硫合剂或 5%~10% 的硫酸铵溶液，也有一定效果。

（十三）**梨树白粉病**（图 4–91、图 4–92）

▲ 图 4–91　白粉病初期症状

▲ 图 4–92　白粉病后期症状

1. 清除菌源

秋季应彻底清扫落叶，集中烧毁，减少病菌初次侵染来源。萌芽前喷施 1 次 3~5 波美度石硫合剂，杀死越冬病菌。

2. 栽培管理

增施有机肥，防止偏施氮肥，合理修剪，使树冠通风透光。

3. 化学防治

梨树萌芽前，喷布一次 5 波美度石硫合剂。生长期发病严重的梨园，喷布 0.3~0.5 波美度石硫合剂：25% 三唑酮 1 000~1 500 倍液；50% 硫悬浮剂 200 倍液；70% 甲基硫菌灵粉剂 1 000~1 500 倍液，防治效果均良好。

（十四）梨轮纹病（图 4-93 至图 4-96）

图 4-93　梨轮纹病叶片症状

图 4-94　梨轮纹病果实症状

图 4-95　贮藏期梨轮纹病果实症状

图 4-96　梨轮纹病枝干症状

1. 农业防治

加强栽培管理，加强梨园的土、肥、水管理，科学施用化肥，适当结果，保持树体健壮，提高抗病能力。

春季梨树萌芽前结合清园扫除落叶、落果，剪除病梢、枯梢，集中烧毁。刮除枝干病斑；枝干用药，休眠期喷施铲除性药剂，直接杀灭枝干表面越冬的病菌，可明显降低果园菌量；常用药剂有 95% 精品索利巴尔、40% 石硫合剂结晶、5 波美度石硫合剂等；清理枯死枝。

2. 化学防治

萌芽前，全树喷洒 10% 甲基硫菌灵膜悬浮剂 100~150 倍液，或 3~5 波美度石硫合剂。从梨落花后开始，根据降雨情况及时喷药。采收前喷药，生产中主栽品种在采收前很少发病，病菌在皮孔周围潜伏，采收前使用 1~3 次高浓度的内吸性药剂，有可能铲除部分皮孔带菌，降低采收后的发病率。比较有效的配方是 85% 三乙膦酸铝 400 倍液 +50% 多菌灵可湿性粉剂 500 倍液 + 助杀或害立平增效剂 1 000 倍液。果实套袋落花后喷 1~3 次 80% 代森锰锌，同时进行疏果、定果，定果后实行果实套袋，减少梨轮纹烂果病效果明显，同时能减少梨果的农药残留。

（十五）梨树腐烂病（图 4–97 至图 4–104）

▲ 图 4–97　溃疡型腐烂病斑

▲ 图 4–98　枝枯型腐烂病斑

▲ 图 4-99 新发病疤

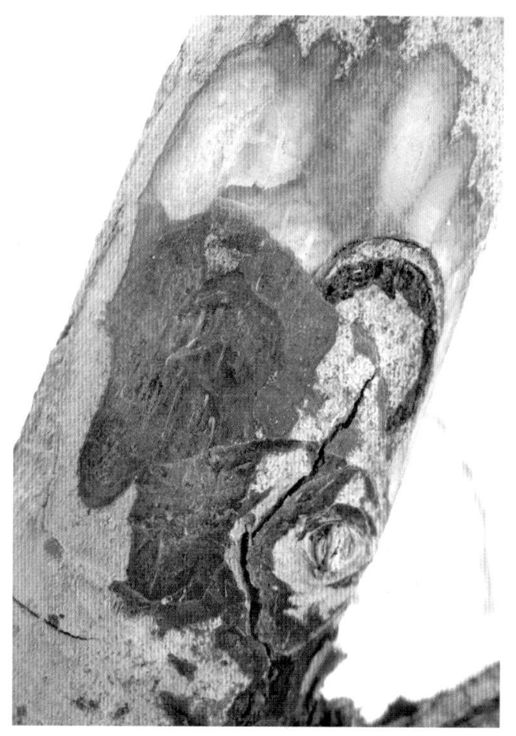

▲ 图 4-100 病疤重犯

▲ 图 4-101 病部产生黑色小点

▲ 图 4-102 黄色分生孢子角

图 4-103　剪锯口保护

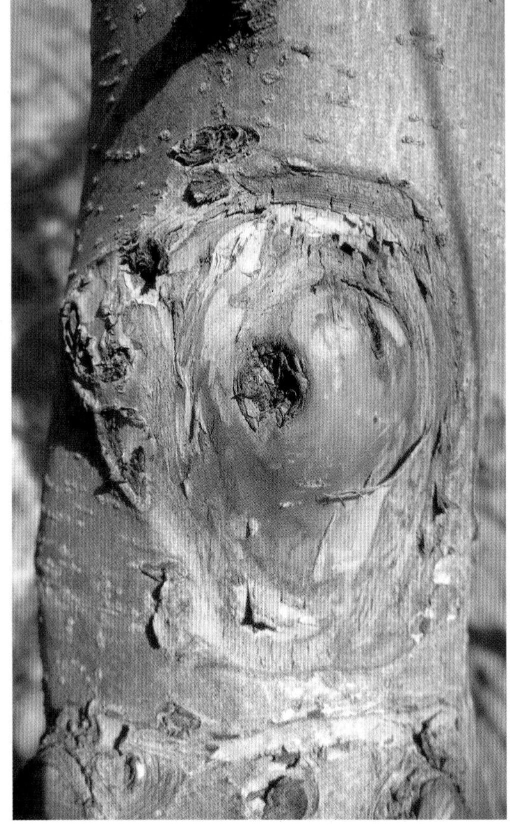
图 4-104　已愈合病斑

1. 修剪防病

①根据各地情况，在不误农时前提下，改冬剪为春剪，避开寒冬对修剪伤口造成的冻害。②在阳光明媚的天气修剪，避开潮湿（雾、雪、雨）天气。③对较大剪口和锯口一定要进行药剂保护，可涂甲硫萘乙酸或腐植酸铜。

2. 喷药防病

①梨萌芽前（3 月）和落叶后（11 月）喷施铲除性药剂，药剂可选用 45% 代森铵水剂 300 倍液。②生长季（6 月和 9 月）结合对叶部病害的防治，在降雨前后对树干均匀喷药 2~3 次。

3. 病斑刮治

①无论任何季节，只要见到病斑就要进行刮治，越早越好。②将病斑刮净后，对患处涂抹甲硫萘乙酸或腐植酸铜。病斑刮面要大于患处，边缘要平滑，稍微直立，利于伤口的愈合。

4. 壮树防病

①提倡秋施基肥，每 667m^2 施腐熟有机肥 3 000~4 000kg。②合理负载，控制结果量。③对易发生冻害的地区，提倡冬季对树干及主枝向阳面涂白。

（十六）梨树干枯病（胴枯病）（图 4-105 至图 4-107）

▲ 图 4-105　梨干枯病斑

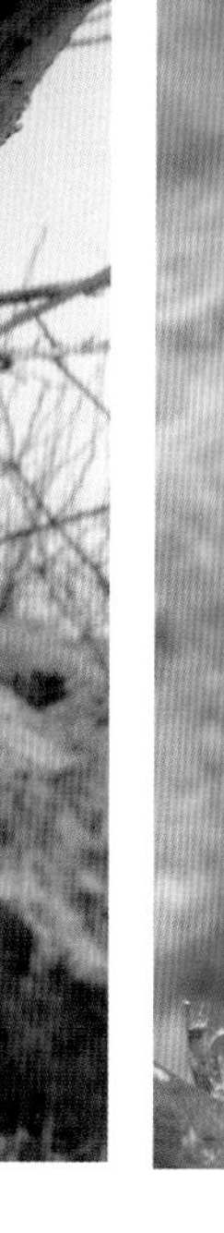

▲ 图 4-106　梨干枯病枝

▲ 图 4-107　梨干枯病斑上产生白色分生孢子角

1. 农业防治

加强栽培管理，增强树势，提高抗病能力。增施有机肥，合理施用磷、钾肥，避免偏施氮肥；地势低洼的果园，做好排灌工作；合理修剪，改善果园通风透光条件。细致修剪，剪除病枝、病梢，并集中销毁。治疗枝干病斑。

2. 化学防治

梨树萌芽前喷施 3~5 波美度石硫合剂或 75% 五氯酚钠可湿性粉剂 100~200 倍液，铲除枝干越冬病菌。

（十七）**梨黑斑病**（图 4–108 至图 4–112）

1. 农业防治

（1）做好清园工作　在梨树萌芽前，剪除树上有病枝梢，清除果园内落叶、落果，集中深埋或烧毁，消灭越冬菌源。

（2）加强栽培管理　各地根据具体情况，在果园内间作绿肥，或进行树盘内覆草。增施有机肥，促进根系和树体健壮，增强树体抗病能力；合理使用化肥，果树生长前期以追施氮素和复合肥为主，中后期控制氮肥施入量，以磷钾肥和全元复合肥为主；对于地势低洼果园，应做好开沟排水工作；对历年黑斑病发生严重果园，冬季修剪时应适当疏枝，增强树冠内通风透光能力，结合夏季修剪做好清除病枝、病叶、病果工作。

（3）果实套袋　套袋可以保护果实免受病菌的侵害，减少黑斑病的病果率。但黑斑病菌的芽管能穿透一般纸袋，所用纸袋应该混药或用石蜡、桐油浸渍后晾干再用。

▲ 图 4–108　梨黑斑病叶（正面）

▲ 图 4–109　梨黑斑病叶（背面）

▲ 图 4-111 黑斑病果初期症状

▲ 图 4-112 黑斑病果后期症状

▲ 图 4-110 黑斑病严重病叶

（4）栽培抗病品种 在发病重的地区，应避免栽培二十世纪等易感病品种，可栽培丰水、菊水、幸水、黄冠、黄金、黄蜜、晚三吉、今村秋、铁头等较抗病品种。

2. 化学防治

（1）铲除越冬病菌 春季梨树萌芽前，枝干上喷布 10% 甲硫酮（果优宝）100~150 倍液，或 3~5 波美度石硫合剂，杀灭树上的越冬病菌。

（2）喷药时期 在长江流域发病较重果园，在梨树落花后至梅雨季节结束前，每隔 10~15 天喷药 1 次，共喷 7~8 次；在河北省、山东省、北京市日韩梨栽培较多的地区，结合防治其他叶果病害，在梨树落花后和梨果套袋前喷洒杀菌剂 2~3 次。在 6 月中下旬及 7~9 月降雨较多时，再喷药 3~4 次，防治叶部病害。

（3）常用药剂 有 10% 多抗霉素可湿性粉剂、50% 异菌脲可湿性粉剂 1 000~1 500 倍液，80% 代森锰锌可湿性粉剂 800~1 000 倍液，50% 速克灵可湿性粉剂 1 000~1 200 倍液。

（十八）梨疫腐病 （图 4-113 至图 4-115）

1. 农业防治

①选用杜梨、木梨、酸梨做砧木：采用高位嫁接，接口高出地面 20cm 以上。低位苗浅栽，使砧木露出地面，防止病菌从接口侵入，已深栽的梨树应扒土，晒接口，

提高抗病力。灌水时树干基部用土围一小圈，防止灌水直接浸泡根颈部。②梨园内及其附近不种草莓，减少病菌来源。③灌水要均匀，勿积水，改漫灌为从水渠分别引水灌溉。苗圃最好高畦栽培，减少灌水或雨水直接浸泡苗木根颈部。④及时除草，果园内不种高秆作物，防止遮阴。

2. 化学防治

果实膨大期至近成熟期发病，见到病果后，立即喷 80% 三乙膦酸铝可湿性粉剂 800 倍液，或 25% 甲霜灵可湿性粉剂 700~1 000 倍液；树干基部发病时，对病斑上下划道，间隔 5mm 左右，深达木质部，边缘超过病斑范围，充分涂抹 10% 甲基硫菌灵膜悬浮剂 30 倍液。

▲ 图 4-113　梨疫腐病危害果实状

▲ 图 4-114　疫腐病病果表面产生有白色菌丝丛

▲ 图 4-115　梨疫腐病造成大量烂果

梨采收与采后处理技术

LI CAISHOU YU CAIHOU CHULI JISHU

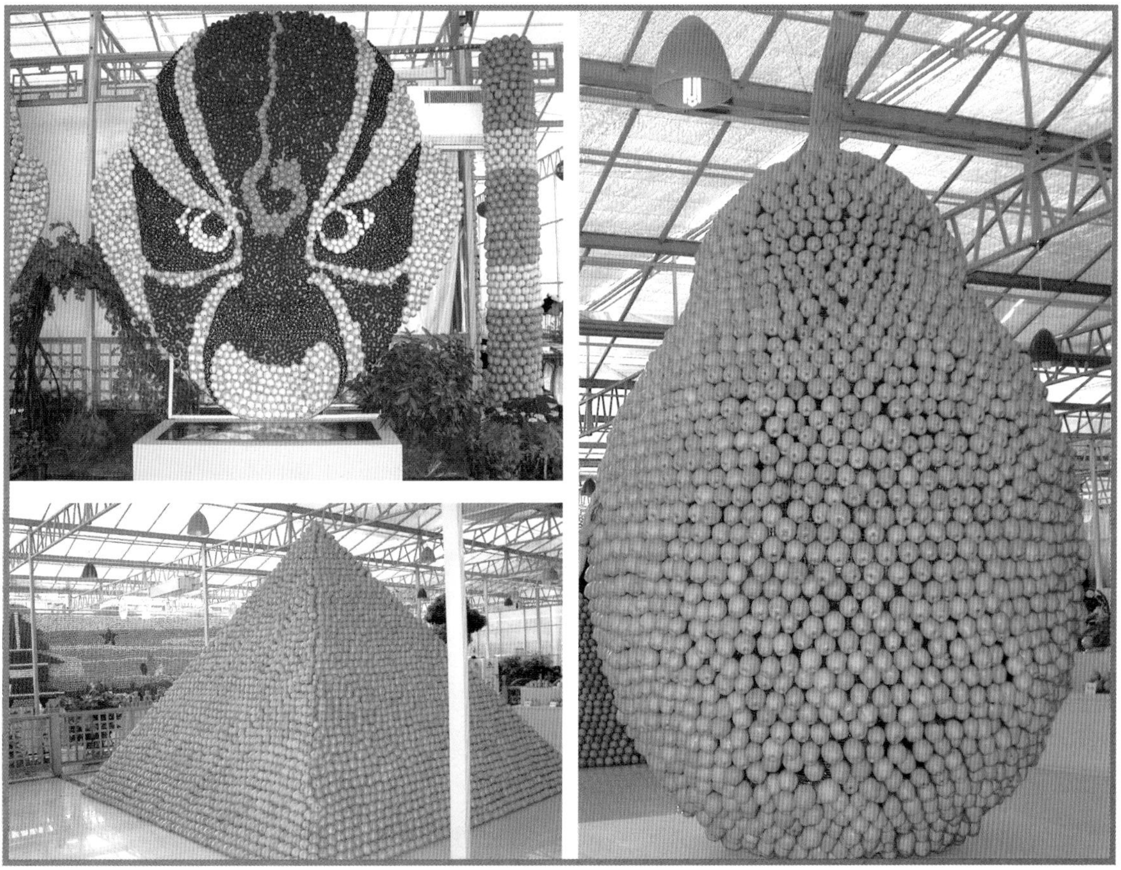

第一节　梨果品质与生理特性

一、梨果品质特性

梨果品质是其外观色泽（图 5-1）、质地及风味等的综合表现，可分为以色泽、大小为核心的外观品质和以糖、有机酸、香气、质地等为核心的食用品质。

▲ 图 5-1　梨果实外观品质特征

1. 果皮色泽

从商业角度看，水果既要好看又要好吃，才能有市场。面对消费者，首先外观要吸引人、要好看，但若培养消费群体则必须好吃。与苹果相比，梨果色彩更为丰富，果皮底色有褐色、黄色、绿黄、黄绿和绿色，果面盖色有紫红、暗红、鲜红、浅红和粉红，果实着色程度有全红、片红和条红等。对于梨果果皮色泽的喜好，我国南方和北方地区不尽一致。如库尔勒香、红香酥、早酥等品种在南方销售则需保持新鲜绿色，而北方对于多数品种来讲，消费者更喜欢黄色，果实采后要存放一段时间，使得果面底色褪绿转黄。国内市场，人们更喜欢红色品种，红梨将是一个很好的卖点，如国外的红巴梨、红安久、红克拉普、卡门、玫瑰玛丽等，以及国内的满天红、美人酥、红香酥、玉露香、红南果等。

梨果外观和内在品质随着贮藏时间的延长都会有一定程度下降。一般营养和风味比质地和外观品质下降得更快。因此，果品风味品质比外观品质保持的时间要短一些。梨果采后色泽等外观品质的劣变，如果皮摩擦褐变、果柄干枯、果面亮度下降等会影响其销售价格，果面虎皮、褐斑、果柄刺伤及各类侵染性病害等瑕疵更是不能被市场所接受。

2. 质地

梨果质地大致可分为脆肉型和软肉型 2 种。白梨和砂梨品种是脆肉型，如鸭梨、丰水等，质地表现为硬、脆、酥脆等；西洋梨和秋子梨为软肉型，如巴梨、南果等，采收时脆硬，经后熟 1~2 周果肉变得沙面、软或软溶于口。

3. 风味

梨果风味主要取决于果实的糖酸比，大致可分为酸、微酸、甜酸、酸甜、甜等几种类型。酸含量较高的品种如面酸梨和安梨（$>1.0\%$），酸甜适度的品种如南果（0.50% 左右），甜型如库尔勒香梨（$\leq 0.10\%$）。梨果香气类型可分为浓郁、香、微香、清香等，香气浓郁者如南果，具香气者如西洋梨，清香如库尔勒香等。对于风味的喜好，总体上，北方喜欢酸甜香气浓郁的品种，南方则喜欢清香淡甜品种。

二、梨果实耐贮性与采后生理特性

一般认为，梨属呼吸跃变型水果，但近年来研究发现，部分梨品种采后呼吸、乙烯均无明显跃变，且乙烯产生量小于 $1\mu L \cdot kg^{-1} \cdot h^{-1}$，如二十世纪、幸水、新高、黄金等砂梨及一些种间杂种如黄冠等均属非呼吸跃变型，有些品种跃变类型还存有争议，需进一步研究。

果实呼吸作用的高低与其耐贮性紧密相关。一般而言，软肉梨（秋子梨和西洋梨品种，如南果、京白、红克拉普、巴梨等）呼吸强度高于脆肉梨（白梨和砂梨品种，如鸭梨、酥梨、库尔勒香、黄金、丰水等），早熟品种高于晚熟品种。20℃下，软肉梨果实呼吸强度为 $20{\sim}70mg\ CO_2 \cdot kg^{-1} \cdot h^{-1}$，多数中晚熟脆肉梨果实呼吸强度为 $15{\sim}30mg\ CO_2 \cdot kg^{-1} \cdot h^{-1}$，这也是常温下脆肉梨耐贮性好于软肉梨的主要原因。随着环境温度的降低，梨果实呼吸作用迅速下降，而 −1℃下果实呼吸强度比 0℃低 20%~40%，这就是采用冷藏和冰温贮藏的原理。一些贮藏企业长期贮藏的库尔勒香、黄冠、雪花梨等果实温度均控制在 0℃以下，贮藏至翌年 4~6 月，果实保鲜效果良好。

不同品种对 CO_2 敏感程度不同。库尔勒香、酥梨、茌梨、黄县长把、秋白、丰水、圆黄、南果、京白、锦香、阿巴特、巴梨、安久等对 CO_2 有一定忍耐力，可进行气调或简易气调贮藏，但不同品种 O_2 和 CO_2 浓度比例会有不同。鸭梨、锦丰、雪花、苹果梨、黄金、八月红、矮香等品种对 CO_2 敏感，贮藏环境中 CO_2 浓度应控制在 1%以下。

不同种和品种乙烯释放速率差异较大，一般是软肉梨高于脆肉梨，早熟品种高于晚熟品种，但与其呼吸强度不同，有些砂梨品种乙烯产生甚微。20℃下，黄冠、二十世纪、幸水、新高、黄金、圆黄、丰水等砂梨乙烯生成量低于 $1\mu L \cdot kg^{-1} \cdot h^{-1}$，菊水、湘南、黄花为 $10\sim20\mu L \cdot kg^{-1} \cdot h^{-1}$；白梨品种一般为 $10\sim25\mu L \cdot kg^{-1} \cdot h^{-1}$，酥梨与一些砂梨品种相似，乙烯低于 $1\mu L \cdot kg^{-1} \cdot h^{-1}$；西洋梨采收时乙烯生成很少，通常小于 $1\mu L \cdot kg^{-1} \cdot h^{-1}$，常温贮藏 1~2 周或冷藏一段时间，随着果实后熟，乙烯会显著上升，20℃条件下最高峰可达 $20\sim80\mu L \cdot kg^{-1} \cdot h^{-1}$，甚至更高（取决于品种，如安久梨相对较低，巴梨较高）；南果、京白等秋子梨乙烯生成与西洋梨相似，呈峰型变化，20℃最高峰可达 $130\sim150\mu L \cdot kg^{-1} \cdot h^{-1}$。低温可显著抑制果实乙烯生成，0℃下，脆肉梨果实乙烯释放速率为 $1\sim3\mu L \cdot kg^{-1} \cdot h^{-1}$。另外，梨果乙烯释放与采收成熟度也有密切关系，晚采的果实进入呼吸跃变期早，果实耐贮性也差。

对乙烯敏感的梨品种，环境乙烯浓度过高，可能会加速果实褪绿转黄和促进虎皮、黑心等生理病害的发生。不同品种对乙烯敏感程度不同，低温下库尔勒香对乙烯不敏感，环境中乙烯浓度高达 $30\mu L \cdot L^{-1}$ 以上，而黄金梨超过 $2\mu L \cdot L^{-1}$，虎皮、黑心发生率大幅上升。巴梨、安久、红克拉普等西洋梨品种对乙烯也极为敏感。

第二节　采收

一、果实成熟期和市场供应期

梨果采收早晚直接影响果实成熟度和品质，同时关系到果实的耐贮性和采后抗病能力。梨果成熟度可分为可采成熟期、食用成熟期和生理成熟期三个时期。可采成熟期，果实内含物积累过程基本完成，果个大小已定，开始呈现本品种固有色泽和风味，但此时果实硬度较大，果肉富含淀粉，中、长期贮藏和远距离运输的果实需在此时采收；食用成熟期，种子变褐，果柄离层形成，易从树上脱离，果实表现出固有的色、香、味，品质达到最佳，采后立即上市或短期贮藏的梨果可此时采收；生理成熟期，种子充分成熟，果肉开始变软发绵，食用品质下降，此时采收的果实一般用于取种而不食用。根据梨果本身的特点、上市时间、运输距离和条件、贮藏时间等，选择合适的成熟度进行采收。

不同品种用于贮藏的梨果最适可采成熟期、窗口期不尽一致，一般中、晚熟品种2~3周，早熟品种1周左右。采后直接销售或短期贮藏的梨果可以适当晚采。长期贮藏的梨果只有适时采收才能获得最佳贮藏能力，过早或过晚采收均不利于贮藏。采收过早，果个小，果实含糖量低，风味淡，贮藏过程中易失水皱皮，出现果面虎皮等生理病害；采收过晚，果实质地松软、脆度下降，对CO_2敏感性增强，黑心等生理病害和腐烂率明显增加。目前梨果生产中6~7月的早熟品种较少、市场效益好，“早采”问题突出，甜梨不甜，影响梨果声誉。

二、果实采收成熟度指标

1. 可溶性固形物含量和果实硬度

可溶性固形物含量和果实硬度既可作为品质指标亦可作为采收成熟度指标。梨主要贮藏品种采收时，可溶性固形物含量和果实硬度参考值见表5–1。可溶性固形物一般采用手持式测糖仪或数显折射仪测定（图5–2），果实硬度（去皮）测定国际上采用FT–327（图5–3）较多，砂梨和白梨品种采用大测头（直径11.3mm），西洋梨和秋子梨用小测头（直径8.0mm）。方法：选择有代表性的果实至少10个，用小刀或削皮器在果实赤道对称两侧去皮后测定果实硬度，榨取果汁或每个果在胴部相对两侧切取果肉，用镊子挤汁，用手持式测糖仪或数显折射仪测定可溶性固形物。发达国家一些大公司采用无损伤仪器检测可溶性固形物、干物质含量等或直接标明成熟度（图 5-4）。另外，国外对收贮的梨果品质要求很严，比如葡萄牙 RochaPear 采收时要求可溶性固形物含量不低于 11.5%（图 5-5）。

表 5-1 梨主要品种贮藏果适宜采收成熟度指标参考值

品 种	果实硬度（kg/cm^2）	可溶性固性物含量（%）	生长发育期（天）	品 种	果实硬度（kg/cm^2）	可溶性固性物含量（%）	生长发育期（天）
酥梨	5.0~6.0	＞ 11.0	145~150	红克拉普	6.5~7.9	≥ 11.0	98~106
鸭梨	6.0~7.5	＞ 11.0	145~150	巴梨	≥ 6.5	≥ 11.4	≤ 123
雪花	6.0~7.5	＞ 11.0	145~150	阿巴特	＞ 6.5	＞ 12.0	≤ 125
库尔勒香	5.0~7.0	＞ 11.0	135~145	凯斯凯德	6.5~7.7	≥ 12.5	145~150
丰水	5.0~5.5	12.5	135~145	康佛伦斯	5.7~6.3	≥ 12.5	150~160
黄金	6.0~6.5	12.5	140~145	五九香	＞ 6.5	＞ 11.0	135~140
圆黄	6.5~7.0	11.5	135~140	南果	5.5~6.5	＞ 12.5	125~135
翠冠	5.0~5.5	＞ 11.0	105~115	京白	＞ 5.6	＞ 10.5	135~140
黄冠	5.0~5.5	＞ 11.0	125~130	鸭广	＞ 7.5	＞ 11.0	145~150
新高	5.5~7.5	≥ 11.5		红宵	＞ 7.5	＞ 11.0	150
新世纪	5.5~7.0	≥ 11.5		香水	6.0~7.5	≥ 12.0	
爱宕	6.0~9.0	≥ 11.5		秋白	11.0~12.0	＞ 11.0	
黄花	—	＞ 11.0	125	茌梨	6.5~9.0	≥ 11.0	

注：果实硬度为去皮硬度，用 FT-327 测定，其中秋子梨和西洋梨用 8mm 测头，白梨和砂梨用 11.3mm 测头。西洋梨成熟度指标适宜北京大兴梨产区或与其物候期相似的产区。酥梨为晋陕产区参考值。

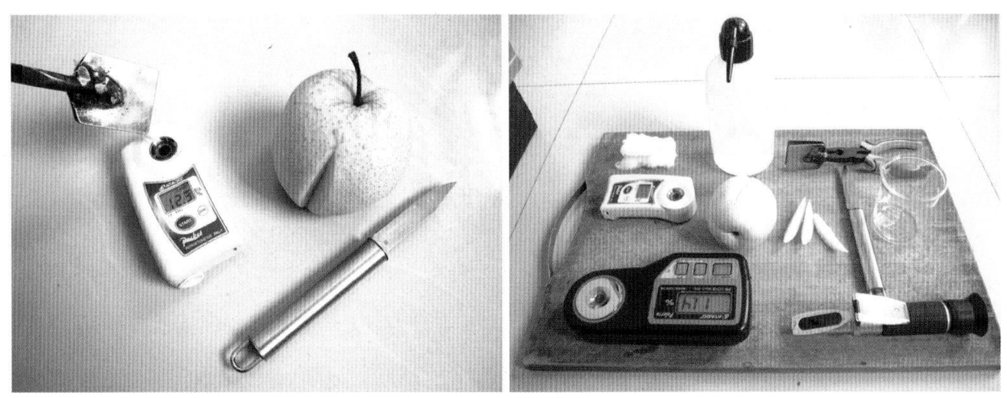

▲ 图 5-2 果实可溶性固形物测定

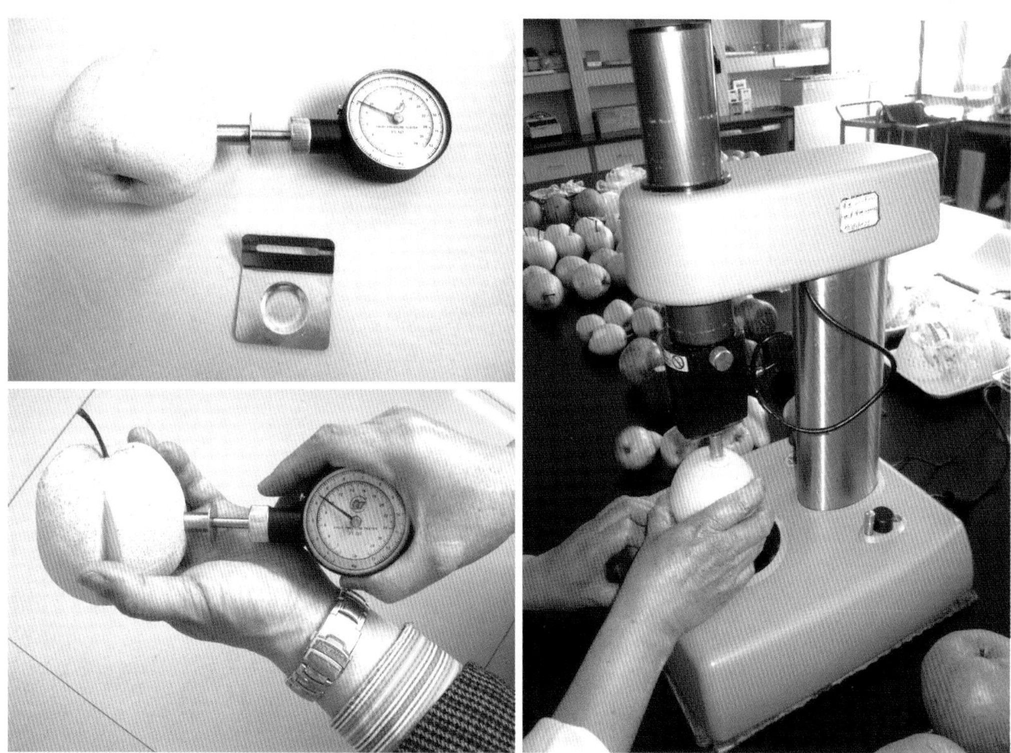

▲ 图 5-3　果实硬度测定，FT-327（左），GS-15（右）

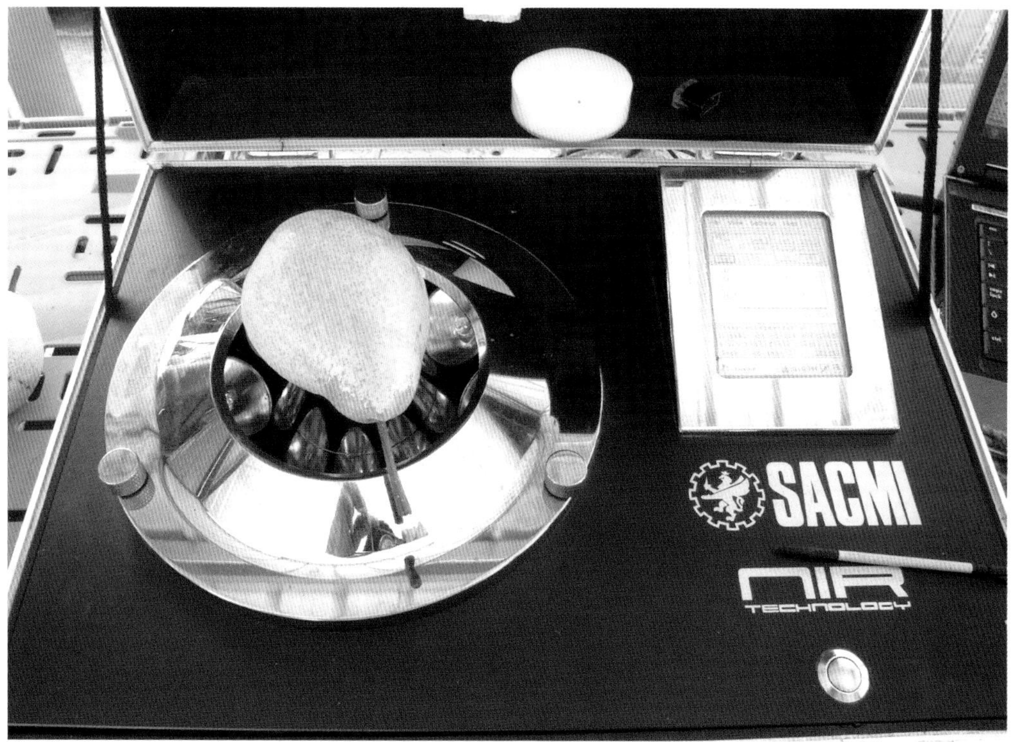

▲ 图 5-4　果实品质无损测定（SACMI）

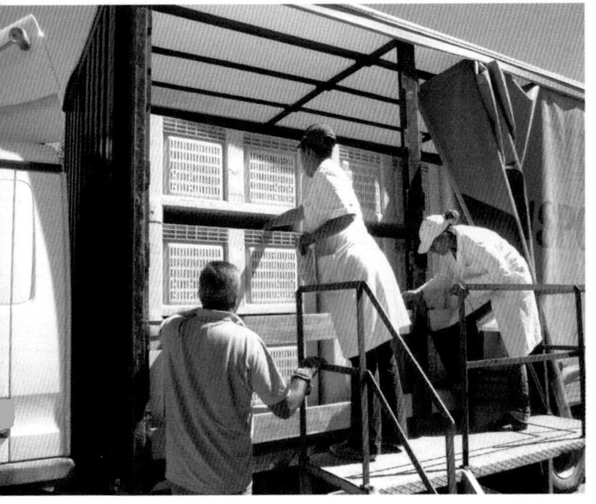

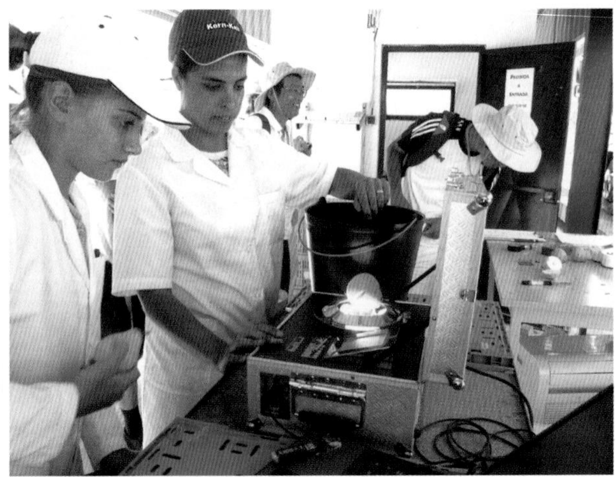

▲ 图 5-5　入场抽样品质检测

2. 种子颜色

梨果成熟时，种子颜色由乳白逐渐加深，种子变为黑褐色时果实已接近完熟（图 5-6）。用于贮藏的中、晚熟梨品种采收时种子颜色应在 2~4 级，在 5~6 级的果实已接近食用成熟度，仅可短期贮藏或采后上市销售。不过早熟品种如红克拉普采收时种子仍为乳白色，若种子达到 2 级以上，果实即开始软化后熟，需尽快食用。果实采后种子仍在继续发育，随着贮藏时间的延长，种子颜色逐渐变褐至黑褐，达到充分成熟。

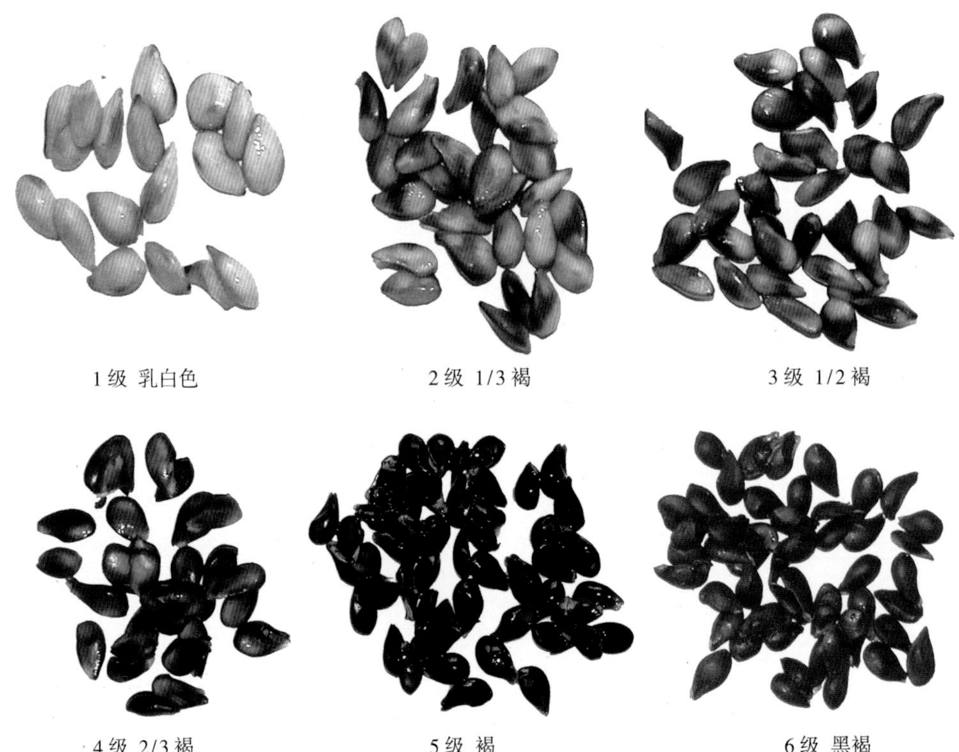

▲ 图 5-6　梨果种子颜色分级标准

3. 果实生长发育期

果实生长发育期指盛花至成熟的天数。某一品种正常气候条件下，不同年份果实生长发育期相对固定，详见表 5–1。

4. 果皮底色

随着果实成熟度的提高，果皮底色历经绿、浅绿、黄绿、绿黄至黄色。通过果皮底色变化可以判断梨果成熟程度，如南果梨绿至黄绿时可以采收（图 5–7）。套袋果无法通过果皮底色判别，但从果点和果梗状态也能判别成熟期。

▲ 图 5–7　南果梨不同成熟度淀粉染色和果皮颜色

5. 淀粉含量

果实接近成熟时果肉中淀粉逐渐转化为糖，因此，淀粉含量越来越少。淀粉遇碘会变为蓝色，用0.5%~1%碘—碘化钾溶液处理果肉横截面，根据截面染成蓝色的面积大小或深浅来判断果肉淀粉的多少。对于晚熟西洋梨品种2/3剖面左右染色，即达到适宜采收期，早、中熟西洋梨应能全部染色，南果梨采收时果肉应全部染色且蓝色较深（表5–2）。贮藏的鸭梨采收时淀粉染色见图5–8。

表5–2　不同用途西洋梨品种和南果梨采收果实淀粉染色指标

用途	红克拉普	巴梨	凯斯凯德	康佛伦斯	南果
贮藏果	全部染色	全部染色~2/3染色	2/3左右染色	2/3左右染色	全部染色、深蓝
鲜销果	≥2/3染色	2/3左右染色	1/2~2/3染色	1/2~2/3染色	浅蓝

▲ 图5–8　鸭梨贮藏果采收时淀粉染色

三、采收

梨果尤其是亚洲梨皮薄汁多，磕碰摩擦极易产生机械伤，从而造成果面褐变，甚至腐烂。因此，采收环节显得尤为重要。国内外鲜销梨果采收均为人工或机械辅助人工采收。

1. 采收工具

采收工具如图5–9至图5–11。

我国梨果采收主要靠人工和梯子，老梨园行间郁闭、树体高，采收费时费工且存在员工采收时受伤的风险。随着劳动力费用的增长和人工的短缺，梨果采收成本逐年攀升。国外发达国家部分梨园采用机械辅助平台结合人工采收可大大提高采收效率、减少人员用工。不过机械辅助平台的使用需与农艺（栽培模式，如宽行密植）融合，只有较宽的行间距，机械辅助平台才能进入果园。

▲ 图 5-9　采果篮（桶）

▲ 图 5-10　采果梯人工采收情况（上新西兰，左下中国，右下葡萄牙）

▲ 图 5-11　机械辅助人工采收（葡萄牙）

2. 运果箱及装运工具

如图 5–12 至图 5–14 所示。欧美果园采收普遍采用机械化装卸运输，西洋梨多用大木箱或塑料箱运输、贮藏。ISO 标准木箱尺寸 1 200mm × 1 000mm × 752mm，梨果最大装量 400kg 左右（图 5–13），大塑料箱外部尺寸 1 276mm × 1 076mm × 748mm（内部尺寸 1 196mm × 996mm × 617mm）（图 5–14）。亚洲梨皮薄肉脆，不耐摩擦，加之人工装卸，一般采用 10~30kg 的塑料周转箱、纸箱或木条箱等（图 5–15）。

▲ 图 5–12　机械辅助采收和运输工具（新西兰）

▲ 图 5–13　波兰运果和贮藏大木箱

▲ 图 5-14　欧洲葡萄牙运果箱及装运工具

▲ 图 5-15　我国一些梨产区运果箱及果园短途运输工具

3. 注意事项

☞ 宜选择晴天气温凉爽时采摘，特别是早熟品种尽可能在上午 10 点之前采摘。下午采收的果实晚间放置一夜，第二天 7 点前入库可有效降低田间热。9 月中旬华北地区果园和果实一天内 24h 温度变化见图 5-16。

☞ 采前一周梨园应停止灌水，避免雨天或雨后立即采摘，若遇雨天，最好在雨停 2~3 天后采摘。

☞ 采收过程中要做到“四轻”，即轻摘、轻放、轻装、轻卸；避免造成“四伤”，即指甲伤、碰压伤、果柄刺伤和摩擦伤。

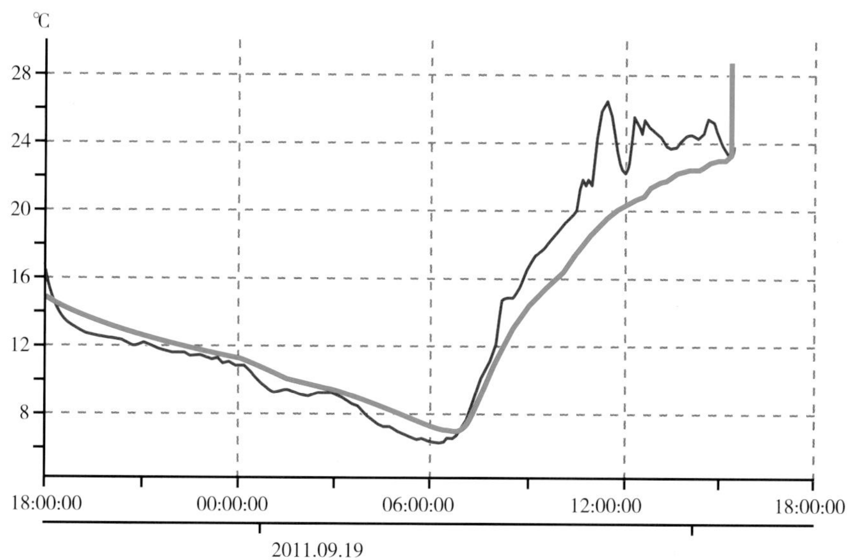

图 5-16 河北高阳 9 月中旬果园（红色）及果实（绿色）温度变化

第三节　分级和包装

水果分级、包装等是产品变为商品必需的一环，是采前生产的继续，是农业再生产过程中的“二产经济”。发达国家均把产后处理放在农业的首要位置，如美国农业总投入的30%用于采前，70%用于采后。发达国家梨果分选、包装等采后处理普遍实现机械化、自动化和程序化。与之相比，我国水果采后商品化处理尚处于初始阶段。

一、分级

1. 分级标准

水果的分级主要以整齐度、完整度、洁净度以及大小、形状、质量、色泽等作为判断指标，按照上述指标规定允许的最低要求将产品分为特级、一级、二级3个等级并标明识别信息，如国际经济合作与发展组织（OECD）《水果与蔬菜国际标准——梨》（2006），我国的《鲜梨》（GB/T 10650—2008）分为优等品、一等品和二等品。分级后的梨果大小外观基本一致，卖相好，售价高，增加梨果商品价值，利于梨果贸易和流通（图5-17）。梨果可以按照以下标准进行分类：

▲ 图5-17　不同形状、大小、颜色的梨家族

（1）果实的大小　小个和大个品种。

（2）果实的形状　梨形，细长葫芦形，球形或圆形，不规则梨形，扁圆形等。

（3）西洋梨按货架期的不同　即收获后的食用时间可分为夏梨、秋梨和冬梨。夏梨货架期短，收获后需要立即销售，秋梨和冬梨货架期较长。

（4）果实的质感　细腻的，粗糙的，软的，脆的，沙面的，多汁的等。

（5）果实的表面　光滑，有点疙瘩，不光滑并带有少许明显的锈斑。

（6）果皮颜色　绿，黄绿，黄，黄褐、略带红棕色或粉色和红色等。

我国梨果分级标准分为国家标准、行业标准、地方标准和企业标准，如国家标准

《鲜梨》(GB/T 10650—2008)，农业行业标准《梨外观等级标准》(NY/T 440—2001)，《库尔勒香梨》(NY/T 585—2002)(图 5-18)，《砀山酥梨》(NY/T 1191—2006)，河北地方标准《优质鸭梨》(DB13/T 527—2004)等。根据大小和外观，我国梨果一般分为“特级”“一级”和“二级”。

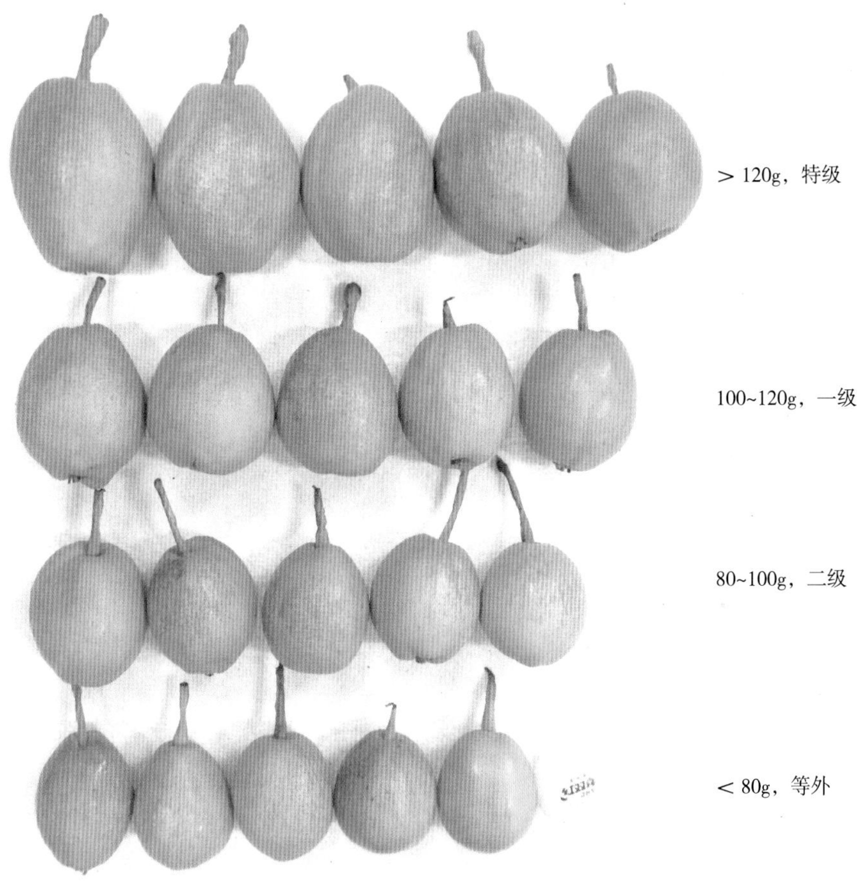

▲ 图 5-18　库尔勒香梨规格大小

国家或行业协会制定基本的分级标准指南，企业内部标准更为严格。美国 1955 年就发布了《美国夏梨和秋梨分级标准》和《美国冬梨分级标准》，国际经济合作与发展组织(OECD)2009 年颁布了《水果和蔬菜国际标准—梨》质量要求和分级标准(主要是西洋梨)。

2. 分级方式和设备

果实分级的方式有人工分级和机械分级，目前我国大部分梨产区采用人工分级。人工分级主要依靠人的视觉和手的感觉，根据果实大小、重量和外观等进行分级，有时借助分级板之类的简易分级器具，效率不高，分级精确度差，尤其在果实外观大小、色泽判定上不够精确。

机械分级可分为两大类：一类是以机械分级判断装置为主的大小或重量式机械分

级方法，另一类是在大小和重量分级的基础上增加以光学和机器视觉测量装置为基础的颜色和内在品质分级方法。前者以机械判断装置为主，通过孔、间隙等方式来判断水果大小，或者通过杠杆比较机构进行水果重量分级，后者包括以光电式检测分析装置为基础的分级机，以及利用高速摄像机和计算机处理的视觉分选系统进行果实品质检测的分级机，可判别果实大小、颜色、形状、体积、密度、表面瑕疵、重量及糖度等。机械分级的优点是效率高，可根据用户设定的参数进行分选，使同一包装内水果颜色形状大小均一，减少人工分选的误差，为高品质水果输出提供保证。国外水果大公司都拥有自己的选果包装场，而且规模非常大（图 5-19）。

▲ 图 5-19　国外大型梨果分级包装厂

目前我国梨果分级设备主要采用小型机械重量分级方式（图 5-20）。果实重量分级设备可分为机械秤式和电子秤式。机械秤式分级机主要由固定在传送带上可回转的托盘和设备在不同重量等级分口处的固定秤组成。分级时，将单个果实放入托盘，当果实重量达到固定秤设定重量时，托盘翻转，果实脱落。电子秤式分级装置克服了机械秤式分级机每一重量等级都要设秤、噪声大的缺点，装置大大简化，分级精度和效率大大提高。亚洲梨皮薄肉脆，为减少磕碰和摩擦等机械伤，套袋梨带袋或脱袋后套网套分级。我国梨果大多采用套袋栽培，果实采后不用清洗，国外西洋梨为无袋栽培，采后通常需要清洗（图 5-21）。

▲ 图 5-20　我国梨果机械重量式分级

▲ 图 5-21　国外梨果消毒、清洗装置

二、包装

包装是实现果品标准化和商品化，确保安全运输和贮藏、方便销售的重要措施。要提高果品的市场竞争力，不仅要有水果本身的优良品质，而且还要有适宜的包装。根据使用目的不同，水果按包装的类型可分为贮运包装和销售包装，外包装和内包装等。

国外大型梨果包装厂机械化程度较高，纸箱传送、打包、贴标、包装标识打印等均可实现自动化（图 5-22、图 5-23），不过梨果不耐磕碰，装箱、包纸等仍需人工。

▲ 图 5-22　国外大型包装场及临时贮藏配送

▲ 图 5-23　国内外不同类型贮藏包装

我国水果分级包装水平和机械化程度与发达国家尚有较大差距，梨果包装均为人工包装（图 5-24），部分出口企业包装厂部分环节采用机械辅助，如纸箱采用机械传送（图 5-25）。

1. 外包装和贮藏包装

梨果外包装主要有瓦楞纸箱、塑料周转箱、木条箱、篓筐等（图 5-25、图 5-26），纸箱包装逐渐采用 5~15kg 天地盖包装，一些礼品包装精致美观（图 5-27）。贮藏包装建议用质量较好的纸箱、塑料箱或木箱等。也有些企业贮藏包装即是销售包装。

▲ 图 5-24　晋陕酥梨（上）、河北鸭梨和黄冠（下左）、新疆香梨包装场（下右）

▲ 图 5-25　河北出口企业包装加工厂

▲ 图 5-26　西洋梨不同类型销售包装

▲ 图 5-27　国内部分精品梨果包装

2. 销售包装

市场销售包装形式要吸引消费者、减少失水和碰压伤。销售包装有纸箱包装，精品盒装、托盘包装和小盒包装等形式。

3. 内包装

亚洲梨水分大、肉质脆，普遍不耐磕摩。为减少机械伤，保持良好外观商品性，梨采后单果包纸、套塑料发泡网套，或者先包纸再套发泡网套，箱内用垫板、塑料泡沫垫或专用托盘加隔板分成 2~4 层装。为避免贮藏和运输期间果实失水皱皮，对 CO_2 敏感度差的黄冠、酥梨、红香酥等品种的内包装还内衬 PE 塑料薄膜（图 5-28）。国外西洋梨一般包纸或定制托盘（图 5-29、5-30）。采用塑料盒小包装也是一种趋势（图 5-26 中左，图 5-28 下中）。

▲ 图 5-28　亚洲梨不同类型内包装（上酥梨，中左库尔勒香，中中鸭梨，中右及下黄冠）

图 5-29　西洋梨不同类型内包装（上及下左为国外西洋梨包装，下右为我国西洋梨包装）

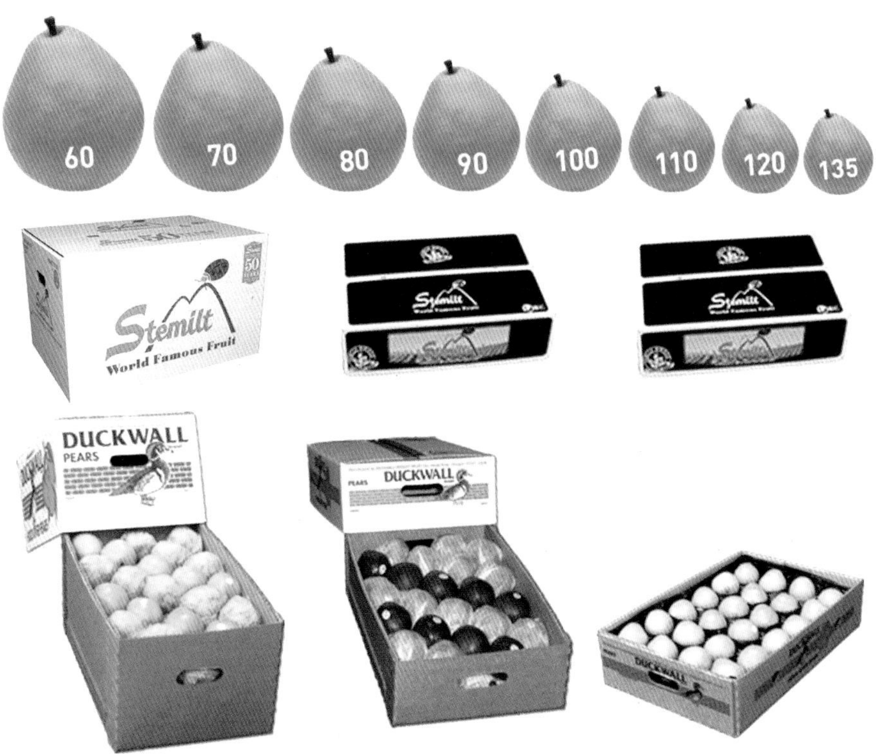

图 5-30　美国西洋梨 20kg 标准箱、10kg 箱（1/2 标准箱）及出口欧洲的 12kg 箱（左至右）

4. 包装规格

我国梨品种多，包装尺寸规格较为杂乱。

酥梨纸箱长宽高 45cm × 33cm × 34cm，一般三层装，净重 10~11kg/箱，分 27、36、45 和 54 个头，直径分 90mm、85mm、80mm、75mm、70mm，套网套、包纸套网套、网套单果套膜；鸭梨有 15kg/箱和 20kg/箱，前者装三层，后者长宽高 45cm × 35cm × 34cm，四层装，分 60、66、72、80、88、96 个等；黄冠 15kg/箱，47cm × 34cm × 30cm，三层装，分 42、48、54、60、66、72 个头，也有 10kg/箱装；库尔勒香销售包装 5kg、7kg、9kg 均有，单果包纸网套，箱内“工”字隔板。

国外包装标准规范统一。美国西洋梨协会为保证各包装加工厂包装一致性，制定了分级规格标准（表 5-3）。标准箱容积 4/5 蒲式耳（28L）精装量 44 磅（20kg），出口商一般会多装 1 磅（约 0.5kg）以防失重。标准箱分四层，按大小装 60、70、80、90、100、110、120、135 个果等，一般 80 和 90 居多，1/2 标准箱则减半两层装。装箱时均人工单果包纸，箱内衬 PE 薄膜。美国进口中国的西洋梨多见 10kg 的 1/2 标准纸箱包装（图 5-30）。另外，针对欧洲市场的 1 或 2 层托盘纸箱包装，1.35kg 和 2.25kg 塑料袋包装等。

南非鲜梨不同包装规格标准如表 5-4 所示，南非梨 MKVI（12.5kg）和 MKIV（18.5kg）包装果个大小与装果数量见表 5-5。

表 5-3　美国西洋梨常用纸箱包装规格标准

包装箱规格	净重（kg）	毛重（kg）	尺寸规格（长 × 宽 × 高）cm
20 kg 标准箱	20（45 磅）	21（48 磅）	50 × 30 × 23
1/2 标准箱	10（22.5 磅）	11（25 磅）	50 × 30 × 17
12 kg 出口欧洲	12（28 磅）	13（29 磅）	60 × 40 × 13

表 5-4　南非鲜梨不同包装规格标准

包装类型标志	净重（kg）	内包装层数	尺寸规格（cm）	纸箱类型	箱数/托盘	果个数/箱
MK Ⅵ	12.5	多层托盘	40 × 30 × 22	翻盖	80	38~120
MK Ⅸ	12.5	双层展示	40 × 60 × 13	天地盒式	70	80~90
MK Ⅸ	12.5	双层展示	40 × 60 × 14	天地盒式	65	70
MK Ⅶ	7	单层展示	40 × 60 × 90	天地盒式	100	35~45
	7	多层托盘	30 × 40 × 16	翻盖	120	25~50
MK Ⅵ	10	1kg 袋装	40 × 30 × 22	翻盖	80	—
大箱	350	散装	100 × 120 × 72.4	塑料箱或木箱	3	—

表 5-5　南非梨 MK Ⅵ（12.5kg）和 MK Ⅳ（18.5kg）包装果个大小与装果数量

果实直径（mm）	79	78	77	76	74	71	68	66	64	63	62	60	58
MK Ⅵ（个）	—	45	48	52	60	70	80	—	90	96	100	112	120
MK Ⅳ（个）	40	48	54	60	70	80	88	96	105	113	120	135	150

注：MK Ⅵ净重 12.5kg，MK Ⅳ净重 18.5kg。

5. 包装标志

包装箱应标明品种、等级、大小规格、产地或包装厂编号、包装日期、贮藏方式等信息，对取得绿色食品、农产品质量安全、地理标志保护等证书的按有关规定执行。近年，条形码和二维码也应用在水果包装箱上，可提供的信息量更大（图 5-31、图 5-32）。

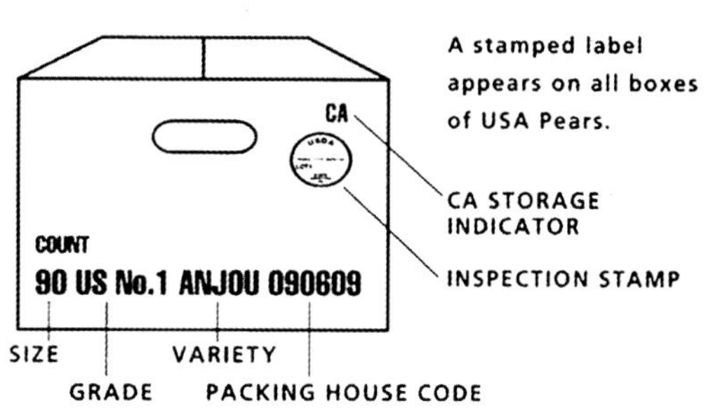

▲ 图 5-31　美国进口西洋梨包装标识（上）、智利（下左）和南非（下右）进口西洋梨包装箱标签

水果名称：香梨
Fruit variety: Fragrant Pear
注册果园号/Orchard number: 6507GY026
加工厂注册号/Packing house number: 6507GC001
产地：中国新疆库尔勒
Origin: Korla, Xinjiang, P. R. China
数量/Number of cartons: 2350
生产日期/Date of produce: 2009年5月17日
批次号/Lot No.: M040

▲ 图 5-32　我国库尔勒香梨（上）、鸭梨（下左）和酥梨（下右）出口包装

第四节　预冷与入库码垛

一、预冷

梨果收获季节正值盛夏秋初，尤其是早、中熟梨品种采收时气温果温均高，果实呼吸和蒸腾作用旺盛，采后室温下（20℃）放置 1 天相当于冷藏条件下损失 1 周左右的贮藏寿命。预冷是指水果采后运输、贮藏和加工前尽快去除田间热、呼吸热，将果实温度快速降至适宜温度的过程。预冷是果蔬冷链运输、贮藏的第一环节，预冷后可扩大运输半径、减少腐烂损失、保证果品质量。果实预冷后再入库贮藏，可大大减少贮运设备制冷负荷，降低设备预算投入。梨果预冷的主要方式有强制通风预冷（Forced-air Cooling）、水预冷（Hydro Cooling）及冷藏库预冷（Room Cooling）等（图 5-33），其优缺点见表 5-6。

▲ 图 5-33　常见预冷方式（上强风压差预冷，下左库内走廊预冷，下右库内预冷）

表 5-6 梨果三种预冷方式优缺点比较

	强制通风预冷	水预冷	冷库预冷
优点	预冷速率一般 1~10h；降温速度可通过风速调整；可用冷藏间改造	降温快，预冷速率一般 0.1~1h；能源效率高；失水率低	预冷速率一般超过 24h；不需专用设备
缺点	降温较慢，容易失水；能源效率较低	与水接触，容易交叉污染；需使用消毒剂；需抗水包装	降温慢，容易失水；能源效率较低
适用品种	早、中熟品种	早、中熟品种，尤其是早熟西洋梨	晚熟品种，冷敏品种

强风预冷是水果使用最广泛的预冷方式，根据构造和适用对象又分隧道式、冷壁式等类型，隧道式强风预冷每批次处理量大，是水果最常用的预冷方式，其原理如图 5-34 所示，利用压差，使冷空气强制通过包装箱或托盘，快速将果实温度降低。国外一些企业针对早、中熟西洋梨（所谓夏梨和秋梨）采用冰水预冷，可数分钟快速去除田间热。梨果采后用大塑料箱或木箱运至包装厂，叉车直接将大箱浸入冰水预冷，之后运至已打冷运转的贮藏库中，结合库房风冷，果实失水很少，预冷效果显著。

利用冷藏库库间预冷也是冷风预冷的一种，只是库内气流速度不能满足快速降温的需求。一些贮藏库在库内走廊加装蒸发面积和排风量较大的冷风机也可起到强风预冷目的。我国多数梨贮藏企业没有专用预冷装置，主要利用冷藏库库间或加装吊顶风机的走廊预冷。利用库房预冷，根据设计负荷一次进货不可过多，预冷后可将已降

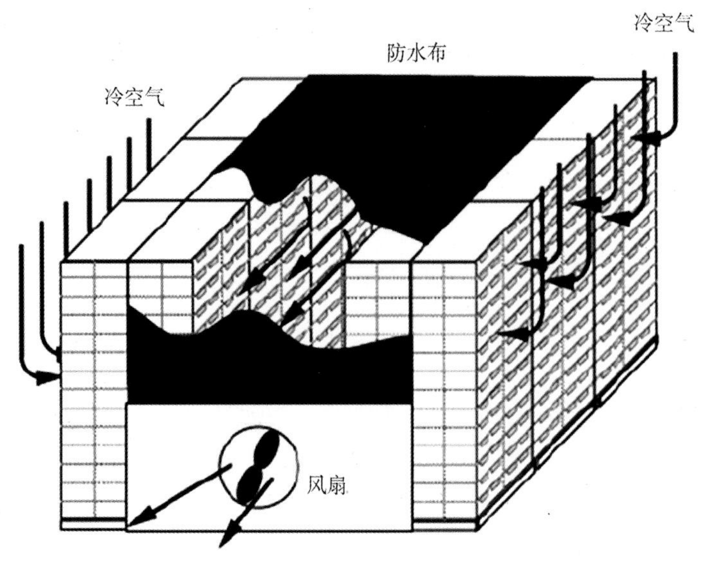

图 5-34 隧道式强风预冷示意图 参照美国农业手册第 66 卷（2004）

温冷却的包装移入其他贮藏间。库间预冷，其降温速度与库内温度和风速有关，也与包装设计关系密切，如通气孔数量、大小，是否包纸或内衬塑料薄膜袋等有关。库内风速在 $0.3m^3 \cdot min^{-1} \cdot t^{-1}$，托盘间距在 10~15cm，包装箱通风口占包装箱表面积的 5% 情况下，一般 24h 内即可达到预冷温度要求。我国包装箱设计通风口较少，不利于快速降温。

对部分亚洲梨尤其是白梨系统的品种而言，强制通风快速预冷对保持果实硬度和可溶性固形物含量无明显效果，相反降温过快反而容易增加黑心或果面褐斑等发生风险，如鸭梨和黄冠等。我国多数中、晚熟梨品种冷库预冷即可，但一些品种如库尔勒香、红香酥快速降温可保持果实底色。根据降温速度，目前我国梨果库房预冷主要有以下 3 种模式：

急降温模式：采后直接 –2~0℃入库预冷，贮藏温度（–1.5 ± 0.5）℃，果实温度 –1.0~0℃。多数梨品种可直接在 –2~0℃环境预冷，如库尔勒香、红香酥、南果及西洋梨品种等。

缓降温模式：鸭梨采后 10~12℃入贮，经 30~40 天降至 0℃左右，或两段式降温，8~10℃贮藏 1 周左右，再降至 0℃。黄冠为减轻果面褐斑，8℃左右入贮，一周左右逐渐降至 0℃。

预熟模式：为解决春节前后南果梨上市问题，根据采期和果实成熟情况，南果梨采收后（辽宁鞍山 9 月上、中旬采收）常温下预熟 3~7 天，之后入冷库 –2~0℃贮藏。

二、入库码垛

入库前，库房和包装箱应彻底清洗和消毒，库房及时通风换气，提前开机将库温降至适宜温度。产品经预冷后要尽快移入贮藏库。入贮时，合理的堆码方式也会对果实的贮藏寿命产生影响。总体原则是利于库内空气流通、稳固安全、合理利用空间。为保证库内冷风循环良好和便于管理，货垛距墙壁应保持 20~30cm，距顶 50~60cm，距冷风机不少于 150cm，垛间距离 10~15cm，库内通道宽 120~180cm，垛底垫木（石）高度 10~15cm。另外，不要将不同等级、不同批次、不同成熟度的梨果或短期贮藏和长期贮藏的梨果混合堆放在一起。对乙烯敏感性不同的梨果也应分开放置。

托盘是为了便于货物装卸、仓储、运输和配送等，可以承载若干数量物品的负荷面和叉车插口构成的装卸用垫板。它在商品流通中具有广泛的应用价值，被物流行业形象地誉为“移动的地面”“活动的货台”，是现代水果贮藏和物流过程中最基本的集装单元和搬运器具（图 5–35）。

水果贮藏和物流过程中常用木托盘和塑料托盘。木托盘刚性好，承载能力比塑料托盘大，不易弯曲变形。塑料托盘是一个整体结构托盘，适合周转而不易损坏，方便清洁，但承载能力不如木托盘。塑料托盘使用寿命比木托盘长，但损坏后不能维修。我国托盘国家标准有 1 200mm × 1 000mm 和 1 100mm × 1 100mm 两种规格，并优先推荐前者，该规格国际应用也最广泛。

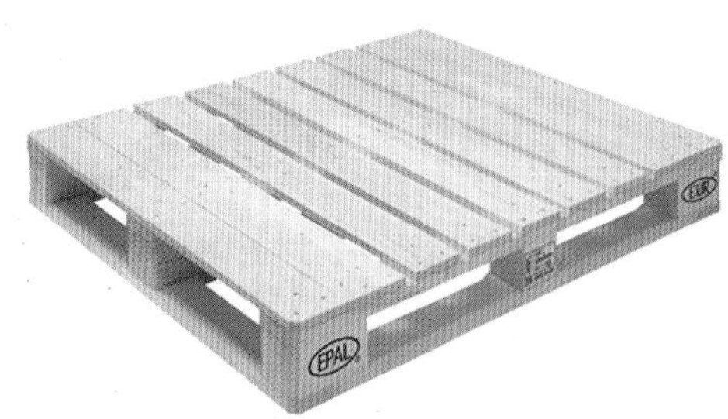

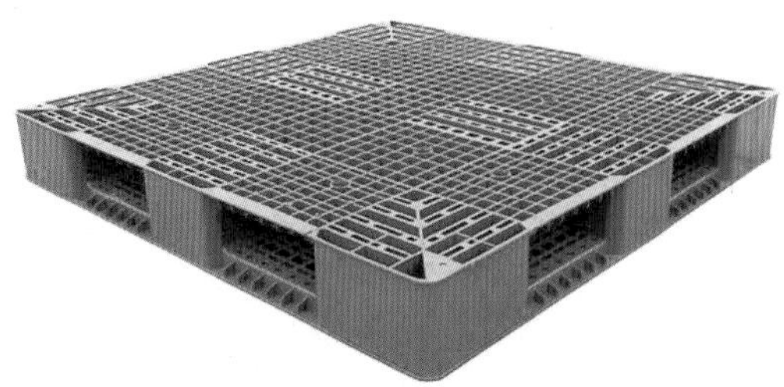

▲ 图 5-35　托盘（上）、托盘的使用（中）及叉车装卸（下）

水果贮藏和物流过程中利用叉车、托盘和货架可大大节省人力，提高空间利用率，降低人工机械伤。水果常用货架有贯通式货架、堆垛架及阁楼式货架等。堆垛架，又叫巧固架、堆垛货架，是从托盘衍生出来的搬运、存贮多功能装备，需配合叉车使用。塑料周转箱结合托盘不需货架也可堆码 6m 左右，采用大木箱或大塑料箱可直接堆码无需货架（图 5-36 至图 5-38）。

▲ 图 5-36 不同货架码垛（上中和中左图为贯通式货架，上右、中右和下图为堆垛架）及常用叉车（上左）

▲ 图 5-37　大型贮藏库房梨果不同码垛方式（上中和右为自制阁楼式货架码垛）

▲ 图 5-38　家庭农场式小型贮藏库房梨果码垛

第五节　贮藏方式和设施

一、自然冷源贮藏

我国北纬 40° 以北地区及黄土高原等高海拔地区，如东北三省、内蒙古、河北北部、山西中北部以及北疆地区，冬季气候寒冷、霜冻期长，天然冷资源丰富（表 5-7），漫长的冬季可谓天然冷库。地下 2m 的温度基本等于年平均温度。黑龙江、吉林和内蒙古东北部，利用自然冷源的全地下（或半地下）通风库（窑洞），库内保持在 0℃以下的时间为 7~8 个月，辽宁和河北、山西等达到 4~5 个月。南果北贮既可节省大量冷藏设施资金投入和电费等，又可避免冬季果实冻害和大雪封路造成市场断货。另外，可利用自然冷源发展冷冻水果产业，如东北和甘肃的冻梨等。东北三省和内蒙古经济基础较好，水果产量少但消费量大，同时边贸口岸多。上述地区可充分利用自然冷源，大力发展特色冷链仓储和物流产业。

表 5-7 北方部分地区自然冷源比较及自然冷源条件下梨建议贮藏期

省份或地区	黑龙江	吉林	内蒙古	辽宁	河北承德	山西晋中以北
年平均温度（℃）	−5~5	2~6	0~8	6~10	9.0	6.5~9.4
纬度	43° ~53°	41° ~46°	37° ~53°	39° ~43°	40° ~42°	37° ~40°
霜冻期（天）	215~265	205~255	215~285	165~235	205	214~240
贮藏期（月）	7~8	7	5~7	5	4~5	4~6

注：由于海拔高差和纬度不同，同一省份年平均温度和霜冻期有所差异。

依靠自然冷源的通风库（窑、窖）贮藏温度管理是关键，适宜贮藏温度为 −2~5℃，在此范围越低越好，窖温越低、烂损越少。贮藏管理技术关键：一是采前合理使用农药杀菌，减少入贮果实带菌；二是尽可能减少磕、碰、压、刺、摩擦等机械伤；三是入贮初期（9~11 月）充分利用晚间低温及寒流加强库内通风降温。利用轴流风机强制通风，可加速入贮初期降温速度，轴流风机与温度控制装置结合，可实现通风库内温度自动控制。另外，梨果采收时窖温高于室外平均温度，一般不可直接入窖贮藏，要在窖外阴凉处进行预贮，“立冬”前后入窖，若急于入窖，果实采收后蔽荫处放置一个晚上，第二天早 6 点前入窖，对降低果温效果显著。

依靠自然冷源降温的半地下式（或全地下）通风贮藏库和土窖洞等简易场所进行

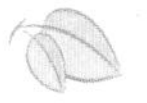

短、中期贮藏是我国北方一些水果产区的主要贮藏方式，此种模式投资少、贮藏成本低，一些中、晚熟耐贮的品种如酥梨、秋白、锦丰、苹果梨、冬果梨、安梨、花盖等，贮藏效果也不错，还不易出现冷库中存在的虎皮问题。此种贮藏方式在北纬 40° 以北和黄土高原等冷凉地区梨等的短、中期贮藏尚可发挥一定作用，其他地区如皖、苏、豫酥梨老产区，入贮初期，可利用的自然冷源越来越少，贮藏设施亟待升级。优质果品和中长期贮藏的梨，则应采用机械冷藏库或气调冷藏库贮藏。

二、普通冷藏

发达国家鲜梨贮藏基本上 100% 实现了机械冷藏，中、长期贮藏多为气调冷藏。近年来我国机械冷藏快速发展，梨果冷藏能力在 3 700kt 左右，占全国梨年产量的 25% 左右，其中气调冷藏能力 400kt 左右，若按优质商品果率 60% 计，则冷藏能力达到 40%。

(一)冷藏库设计

1. 冷藏库类型

按冷藏库结构形式分为土建式冷藏库和装配式冷藏库（图 5-39）；按冷藏库容量规模一般分为大、中、小型，大型冷藏库的冷藏藏容量在 10 000t 以上，中型冷藏库的冷藏容量在 1 000~10 000t，小型冷库的冷藏容量在 1 000t 以下；按冷藏设计温度可

▲ 图 5-39　土建式冷藏库（左）和装配式冷藏库（右）

分为高温、中温、低温和超低温四大类，果蔬贮藏库均为高温库，一般高温库设计温度在 -2~8℃；按库间冷却方式可分为直接制冷和间接制冷。

土建式冷库主体结构为钢筋混凝土框架结构或混合结构，属于传统式结构，20世纪被普遍采用。目前，高标准的土建冷库在主体结构之内以聚氨酯现场喷涂发泡作为保温（图 5-40），具有结构坚固、保温性和密封性良好的特点。但近十几年来，随着彩钢夹心保温板及其辅助材料和工艺的成熟，装配式冷库逐渐取代土建式冷库。装配式冷库库体以轻型钢架为支撑，采用轻质预制的硬质聚氨酯或聚苯乙烯夹芯板材拼装而成，具有施工周期短、美观、洁净等优点。

▲ 图 5-40　土建库内部聚氨酯保温

在常规冷库的围护结构内增加一个夹套结构，夹套内安装蒸发器，冷风在夹套内循环制冷，即构成夹套式冷库。夹套式冷库的库温均匀，水果干耗小，外界环境对库内干扰小，夹套内空气流动阻力小，气流组织均匀，造价比常规冷库高。

2. 库房设计

（1）库房容量　留出走廊过道和操作空间，贮藏梨果有效容量可按 100~120t/500m^3 计算，包装和码垛工具不同，库房有效容积略有不同，托盘码垛和大塑料箱（大木箱）可增加 10%~20% 的贮量。大型单层冷藏库内部高度一般可设计为 6.5~8.0m，托盘负载货物高度一般 2.0m 左右，可堆码 3 层，也有采用钢架和木板（竹筏）把高度分成 2~3 层，小型农场用库房高度一般 3~3.5m。

（2）空气流速和冷气循环模式　库房通风设计和制冷系统的选择关键是保证库内温湿度的均匀和相对较高的湿度。温度分布的均匀性可通过足够的制冷能力、均匀的气流循环、缩小蒸发温度和库温温差以及精确的温度控制系统来实现。为保证降温速率和库内温度的均匀，冷风机送风量按 0.3m・min^{-1}・t^{-1} 设计，风压必须传送到 15m 以上。长期贮藏的品种满库后，数天至一周降至设定温度，风机风量可调节至最大设计风量的 60%~80%，这样可减少果实失水。

除风量外，影响库内温度均一的另一关键是气流循环模式。常见的库内冷风机安

装和循环模式有三种（图 5-41）。图 5-41（A）循环模式，表示空气通过风机冷却后，冷空气直接冷却果实，此模式优点是降温速度快，可利用冷库预冷，但库内温差较大，果实容易失水。图 5-41（B 和 C）风机安装在夹套内，通过风机和留出的孔口间接将夹层内已冷却的空气导入库内，维持果实设定的贮藏温度，此模式优点是库内温差小，果实不易失水，若利用冷藏库预冷降温速度慢。我国冷藏库冷风机一般装在库内，如图 5-41（A），或是落地式冷风机加装送风道。

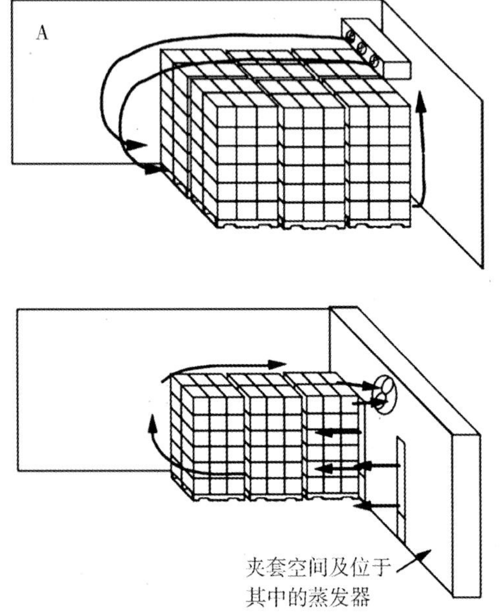

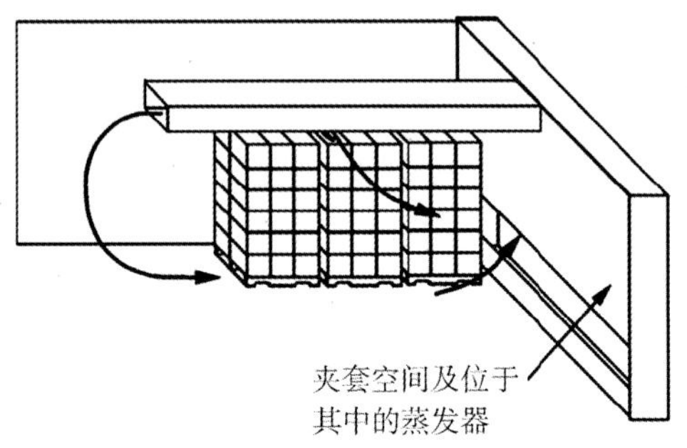

图 5-41　冷藏库间 3 种风道气流模式

美国农业手册第 66 卷（2004）©1998 Univ. of California Board of Reagents. In: Thompson, et al., op. cit..

（二）制冷设备选择

1. 制冷负荷

根据冷负荷计算结果，选配制冷系统。确定所需制冷量是基于产品田间热、呼吸热、库体四周导入热、操作灯光发热、电动设备运转产生的热量以及操作人员体热等，另外也要考虑贮藏的产品可能多种，设备运转一定年限后性能可能会下降，因此制冷能力在估算的基础上需要增加 20%~30% 安全系数。美国的苹果和梨冷藏库，每 1 000m^3 库容配备 10~14kW 的制冷能力，我国库尔勒香梨冷藏库一般在 15~18kW。

2. 制冷压缩机的选择

压缩机是冷库制冷系统中的心脏。压缩机的结构名称与制冷工质即制冷剂有关，常用制冷剂有氨（R717）、氟（R22、R407 等）、CO_2（R744）等，目前国内主要是以氨机和氟机两种制冷系统为主，虽然近些年有 CO_2 制冷，但由于技术和成本投资等因素其市场应用较少，但 CO_2 以其无毒、绿色环保、对大气臭氧层无影响等优点，再度受到人们的重视。氨单位容积制冷量大，氨机组制冷效率高、运行成本低，对大气臭氧层无破坏作用，但缺点是氨易燃易爆、有毒害、有强烈刺激性臭味。氟 R22 等近似无色无味，不燃烧、无腐蚀、毒性极微，但对地球大气臭氧层有破坏。不同工质的制冷系统可从经济性、节能性、安全性、自动化程度、系统复杂程度、后期扩展性、投资额和运行费用、施工难易度及工期、使用保养诸多方面进行比较。

制冷压缩机分为容积式制冷压缩机（依靠改变工作腔的容积，将周期性定量吸入的气体压缩，单机制冷量 8~1 200kW）和离心式制冷压缩机（依靠离心力的作用，连续将吸入的气体压缩，制冷量最大可达 30 000kW，用于大型制冷设备），果蔬贮藏库以容积式更为常见。容积式分为往复活塞式（图 5-42）和回转式制冷压缩机（图 5-43）。

▲ 图 5-42 活塞式氨制冷机组（左）和螺杆式氨制冷机组（右）

▲ 图 5-43 四种类型氟利昂压缩机组

（上左全封闭活塞式风冷压缩机，上右半封闭活塞式风冷压缩机；下左半封闭活塞式并联机组，下右螺杆式并联机组）

往复活塞式制冷压缩机依外部构造可分为全封闭、半封闭和开启式制冷压缩机3种。全封闭压缩机制冷量通常小于60kW，结构紧凑、密封性好、噪声低，但功率小、不易维修，多用于空调机和小型冷藏库；半封闭压缩机制冷量一般在60~600kW，工作稳定、寿命长、可维修、制冷能力强，大中型果蔬贮藏库常用机型，缺点是噪声稍高；开启式制冷压缩机已近于淘汰。

回转式制冷压缩机依内部构造可分为滚动转子、涡旋式和螺杆式制冷压缩机3种。滚动转子式制冷压缩机为全封闭型，制冷量8~12kW，结构紧凑、密封性好、噪声低，但功率小、不易维修，多用于小型空调机和制冷设备中；涡旋式压缩机为全封闭型，制冷量一般为8~150kW，制冷能力较强、结构简单紧凑、密封性好、噪声低；螺杆式制冷压缩机为半封闭性，制冷量一般为100~1 200kW，结构紧凑、工作性能高，制冷能力强并可进行无级调节，缺点是润滑油系统较复杂、噪声较高。

活塞式和螺杆式制冷压缩机是目前行业的代表。一般来讲，活塞压缩机的单机功率较小，对于单间负荷较小，库间数量较多的库群，通过并联，既可以满足总体冷量需求，又可以很好地对应单间负荷。与活塞式制冷压缩机相比，螺杆式制冷压缩机具有尺寸小、重量轻、易维护等特点。目前，国产系列的螺杆制冷压缩机组COP值已经高于活塞式压缩机，并且已经实现20%~100%范围内无级能量调节和内容积比可调，这也有利于节能。随着制冷压缩机制造业的发展，螺杆制冷压缩机已经有取代活塞式压缩机的趋势。

直接制冷机组制冷后蒸发器直接与空气进行热交换达到制冷降温的目的，而间接式制冷机组制冷后产生的冷量依靠载冷剂达到制冷降温目的。乙二醇或盐水等作为载冷剂的制冷机组，制冷剂冷却乙二醇等载冷剂，载冷剂再通过管道或风机，冷却库内空气和水果。乙二醇机组的优点是卫生安全、温差小，缺点是投资和运行成本稍高。

3. 蒸发器的选择

冷库设备库内蒸发器有冷风机和排管两种。冷风机分单侧方向排风和双侧方向排风两种。排管有钢管和铝管，铝排单位面积价格高于钢排，但铝管性能大大高于钢管，总体性价比铝排要优于钢排。排管库管内制冷剂的蒸发温度和库温温差小，库内温度较均匀且湿度高，排管库压缩机的能效比增加，节省电费，运行成本低。排管蒸发器缺点，入库初期排管库辐射降温果实温度降速慢。风机库降温速度快，但库内温差相对较大，果实易失水干缩。气调库均为风机库，周转性冷库也选用冷风机（图5-44）。

4. 冷凝方式选择

制冷系统的冷凝方式一般有风冷、水冷及蒸发冷却（图5-45）。风冷多用于气候冷凉地区，通过室外循环风可以有效对排气进行冷凝，风冷系统简单，安装方便，适用于缺水地区和小型冷库；水冷冷凝系统，主要由冷却塔、水泵、冷却水管道组成，冷却效果好，尤其对于南方湿热环境，其冷凝效果相比其他方式优势明显，但系统复杂，并受周边水资源状况影响，水冷系统大部分用于大型冷库；蒸发冷却是一种风冷和水冷的结合，一边冷却水直接喷淋到配排气管上，一边风机强制排风加速水分蒸发带走热量的冷却方式，蒸发冷却减少了传统水冷工程安装量，降低运行成本，是一种高效、经济的冷却方式，多在北方气候干燥地区使用。

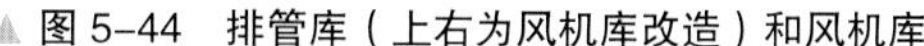

▲ 图 5-44　排管库（上右为风机库改造）和风机库

▲ 图 5-45　水冷制冷机组冷却塔（左）、风冷制冷机组（中）、蒸发冷却（右）

5. 制冷系统与库房温湿度管理自动化

冷藏库自动化、智能化及信息化是现代贮藏物流企业的必然趋势。我国冷藏库建设一度仅是满足数量、规模的需求，对运行和管理的智能化相对重视不够，使得行业间出现结构不合理、质量较差的现象，制约了我国冷库的发展。近年，随着冷库行业的发展，对冷库技术也提出了更高要求，自动化控制显得尤为重要。目前国内水果仓储企业，一般只做到对制冷系统的自动控制（图 5-46），在货物进出、装卸作业自动化、库房计算机管理、工厂人员自动化管理等方面还需要进一步努力。

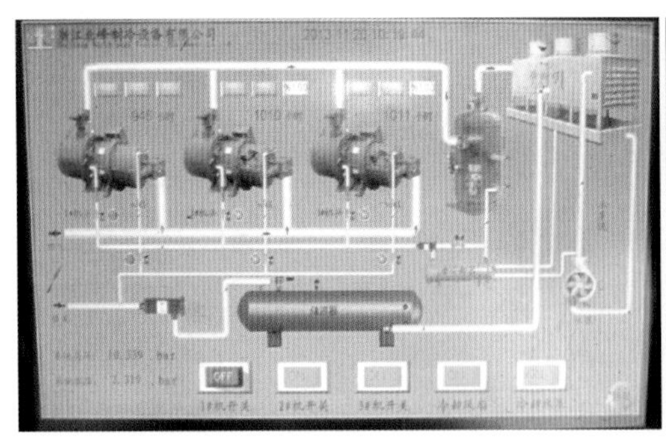

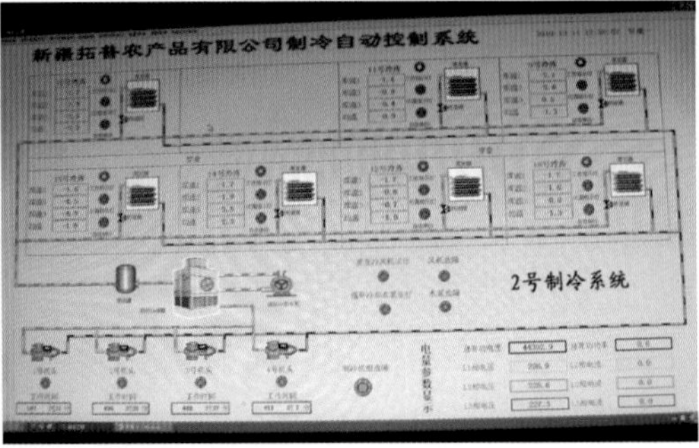

▲ 图 5-46　某大型水果贮藏企业制冷自动化控制模拟和控制系统

（三）冷藏技术参数

温度是果蔬贮藏最重要的环境因素，低温是一切鲜活农产品贮藏的基础条件。与通风库（窖）不同，机械冷藏库不受外界气候和地域的限制，其贮藏管理技术关键是科学（准确）控制库温、保持库内湿度及加强通风换气。作为多数贮藏的梨果采收及销售原则：晚采先销（晚采短贮），早采晚销（早采长贮）。

1. 适宜温湿度

梨果不同部位冰点不同，皮下果肉最高，果心最低，果心冰点一般在 -1.8~-1.0℃，温度过低果心易褐变。梨果适宜贮藏温度为 -1~2℃，库尔勒香、红香酥、雪花、黄冠、鸭梨、丰水以及大多数西洋梨和秋子梨品种果实温度 -1~0℃，贮藏期和保鲜效果明显好于 0~2℃，冰温条件下果实释放乙烯的量和对乙烯的敏感度大大降低，但可能会增加冻害风险。随着消费水平的不断提高，市场可接受梨果质量标准也不断提高，发达国家长期贮藏（中、晚熟品种贮藏 5 个月以上）的梨果多采用气调贮藏。主要梨品种适宜冷藏温度和推荐贮藏期上限见表 5-8。

表 5-8 主要梨品种适宜冷藏温度和推荐贮藏期上限

品 种	温度（℃）	贮藏期（月）	品 种	推荐温度（℃）	贮藏期（月）
砀山酥	0	5~7	爱 宕	0~1	6~8
鸭 梨	10~12 → 0	5~7	二十世纪	0~2	3~4
雪 花	-1~0	5~7	翠 冠	0~3	2~3
苹果梨	-1~0	7~8	丰 水	-1~0	5~6
库尔勒香	-1~0	6~8	新 高	0~1	5~6
锦 丰	0	6~8	圆 黄	0~1	4~5
茌 梨	0	3~5	黄 金	0~1	4~5
秋 白	-1~0	7~8	南 果	0	4~5
黄 冠	0	5~8	京 白	-1~0	4~5
早 酥	0~1	1~2	安 梨	-1~0	7~8
栖霞大香水	0	6~8	晚 香	0~1	6~7
冬 果	0	6~8	花 盖	-1~0	5~6
金 花	0	6~7	八月红	0	3~4
黄 花	2~3	1~2	五九香	0	3~4
黄 花	1	2~3	红克拉普	-1~0	2~3
苍溪雪梨	0~3	3~5	巴 梨	-1~0	2~3

注：摘自《果品采后处理及贮运保鲜》和 NY/T 1198—2006，部分品种根据生产实际略有改动。

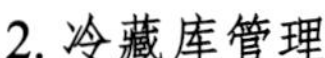

2. 冷藏库管理

（1）温度　库内温度测定宜使用精度较高的热电偶或 pt100 等类型电子数显温度计或玻璃棒状水银温度计多点检测（0.1~0.2℃分度值）。其测定误差应<± 0.3℃，最好是二等标准温度计，另外，尚需配备刺入式果心温度测定仪（图 5-47）。库内温、湿度（包括果温）应有专人负责测定、记录，或利用电脑软件记录或专用温湿度自动记录仪。温度计要定期用标准温度计或冰水（0℃）校验。贮藏库内温度波动应<± 1℃。

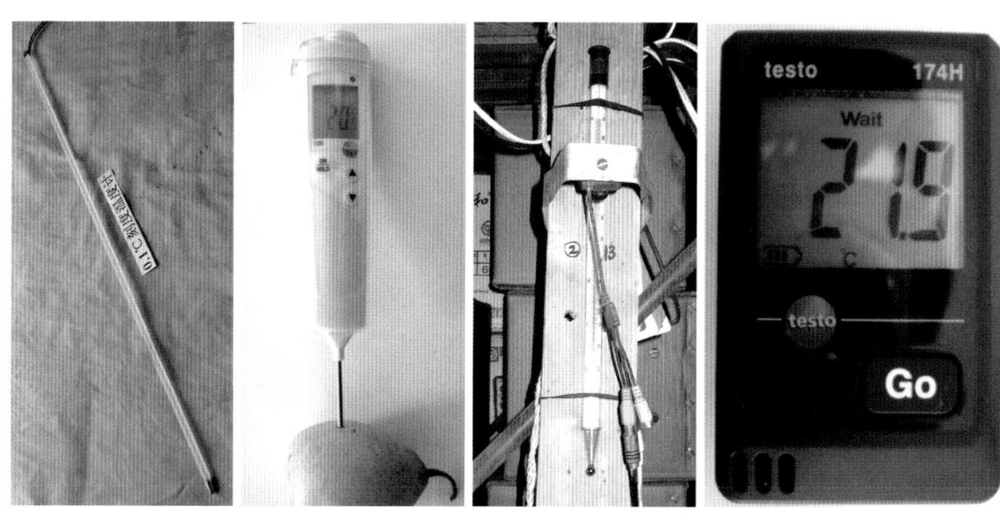

图 5-47　不同用途的高精度温度计（左 1~3）和温湿度自动记录仪（右）

（2）湿度　梨果水分多，长期贮藏，库内若湿度低易失水干把，贮藏至翌年的梨果，库内相对湿度需保持在 90% 以上。减少库内温度波动、增加蒸发器蒸发面积降低蒸发温度和库温的温差等措施可提高库内湿度。纸箱或木箱贮藏，应采用地面洒水、挂湿草帘或加湿器加湿，使库内相对湿度保持在 85%~95%，若贮藏箱内衬塑料薄膜袋，库内可不加湿。

（3）通风　多数梨品种对乙烯敏感，定期通风换气可减少库内乙烯积累，也可用高锰酸钾乙烯吸收剂脱除乙烯，或使用乙烯拮抗剂 1-MCP 使果实对乙烯不敏感。梨果不可与苹果、桃、李等其他水果混贮，乙烯敏感品种如酥梨、黄金、新高等不可与库尔勒香、鸭梨等乙烯释放较多品种混贮。除乙烯外，库内 CO_2 浓度高低也会影响贮藏效果。冷藏库内 CO_2 浓度长期超过 1%，鸭梨、黄金、八月红等品种易产生黑心等 CO_2 伤害，定期通风可降低伤害的风险。梨果贮藏库通风情况可采用乙烯和 CO_2 作为监测指标，用便携式乙烯或多功能 CO_2 测定仪监测（图 5-48）。

（4）质量监控　贮藏期间定期检查，尤其是中、长期贮藏，贮藏期间应每月抽检一次，检查项目包括黑心、CO_2 伤害、虎皮、异味、腐烂等发生情况，并分项记录，如发现问题应及时处理。

（5）贮藏期　梨果出库后应留出一定的流通时间和货架期，最长贮藏期应以货架期内在品质和外观质量作为评判标准。不同的质量评价标准，水果贮藏期会有较大差

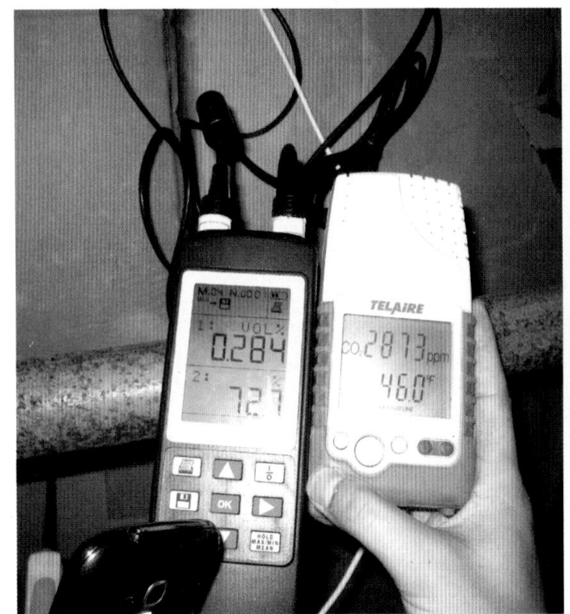

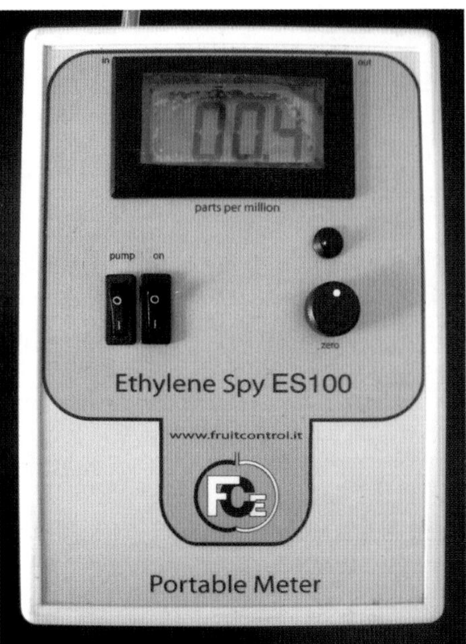

▲ 图 5–48　高精度 CO_2 和乙烯测定仪

异。如果仅以外观品质，如是否烂损、色泽变化等作为标准定采后贮藏相对寿命为 100，则基于果实风味与营养品质的贮藏寿命仅有 60 左右（图 5–49）。判断水果贮藏效果，不仅要“好看”，也要“好吃”，多数果蔬基于外观、硬度的采后寿命要短于基于风味与营养品质的寿命。现阶段，我国主栽梨品种采后存在的问题不尽相同，如鸭梨出口，除大小、形状等要求外，主要看是否黑心。黑心与否可作为判断鸭梨、黄冠、黄金等贮藏效果的主要指标，而限制酥梨贮藏销售的主要因素是货架期虎皮。需要企业和果农注意的是，不要过分延长贮藏时间，必须给果实留出足够的运输和货架寿命。出库只是贮藏的终点，流通需要时间，货架才是消费的起点。

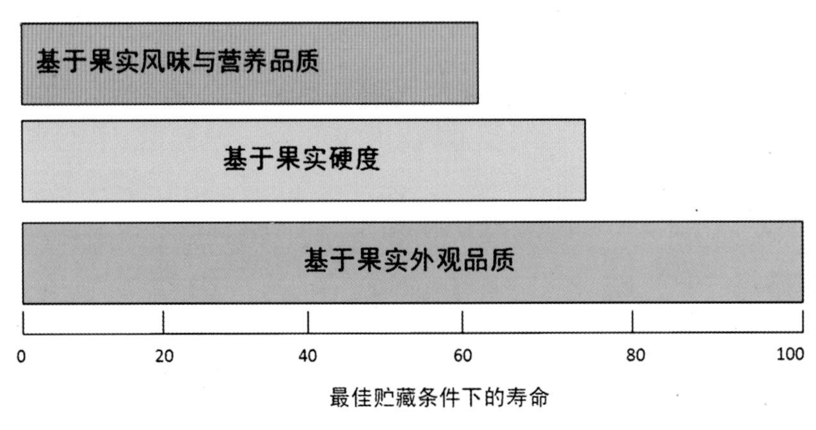

▲ 图 5–49　基于不同评价标准的果蔬采后寿命（参照 Adel.2003）

三、气调冷藏

亚洲梨多数品种果实硬度在低温下变化较小，对 CO_2 又比较敏感，传统观念认为不适宜气调贮藏，但通过近年来的研究和实践发现，气调贮藏对于延长亚洲梨贮藏期，尤其是延长货架期，以及对果实保绿、延缓黑心及抑制虎皮效果明显，气调贮藏果外观新鲜度高、卖相好。随着市场对梨果外观和内在质量要求的不断提高，以及气调技术的完善，梨果气调贮藏在我国将会有较大发展空间。

1. 气调贮藏的原理与现状

气调贮藏是在传统的冷藏保鲜基础上发展起来的现代化保鲜技术，被认为是当今水果贮藏效果最好的方式。正常的空气中，含 O_2 21%，CO_2 0.03%，其余为 N_2 和一些微量气体。适当降低贮藏环境中 O_2 浓度和提高 CO_2 浓度，可以抑制果实的呼吸作用，延缓果实的成熟、衰老，达到延长果实贮藏期的目的。另外，环境中低 O_2、高 CO_2 具有抑制真菌病害的作用。

发达国家和水果强国如欧美、阿根廷、南非、智利、新西兰等，苹果和梨长期贮藏多采用气调贮藏，中、晚熟耐贮品种可周年供应。目前，我国用于梨果的气调冷藏库库容约 400kt，占优质鲜梨年产量的 4.0%，占冷藏库容的 11.0% 左右，其中一部分由于经济、技术等原因仅作为普通冷藏库使用。我国商业上采用气调冷藏的品种主要有库尔勒香、鸭梨及黄冠等。

2. 气调贮藏的优点与可能潜在的风险

与普通冷藏相比，气调贮藏贮藏期和货架期长，可抑制或显著减少梨果实虎皮、黑心等生理病害的发生，保持果柄新鲜，可保持西洋梨和秋子梨后熟能力，亚洲梨气调冷藏可延长寿命 25% 以上（表 5–9）。气调贮藏对延缓和减轻酥梨、鸭梨、五九香、巴梨等品种的虎皮病、鸭梨的黑心病和库尔勒香、红香酥的保绿等作用明显（图 5–50）。除了成本有所增加外，气调贮藏存在低 O_2 和高 CO_2 伤害风险，我国梨果气调贮藏主要应注意防止 CO_2 伤害。

表 5–9 梨果气调贮藏优、缺点比较

优点	潜在的风险
延缓果实褪绿转黄和软化	采收成熟度和贮藏管理要求更为严格
抑制、减轻或延缓贮藏期间虎皮、衰老褐变等生理病害	若管理不善，存在低 O_2 和高 CO_2 伤害风险
贮藏期比普通冷藏延长 20% 左右；可保持西洋梨和秋子梨后熟能力	投资成本较普通冷藏约增加 15% 左右，运行费用有所增加
运输货架期长，果实保鲜效果好，生理病害少	
贮藏温度较冷藏可提高 0.5~1℃，冻害风险小	

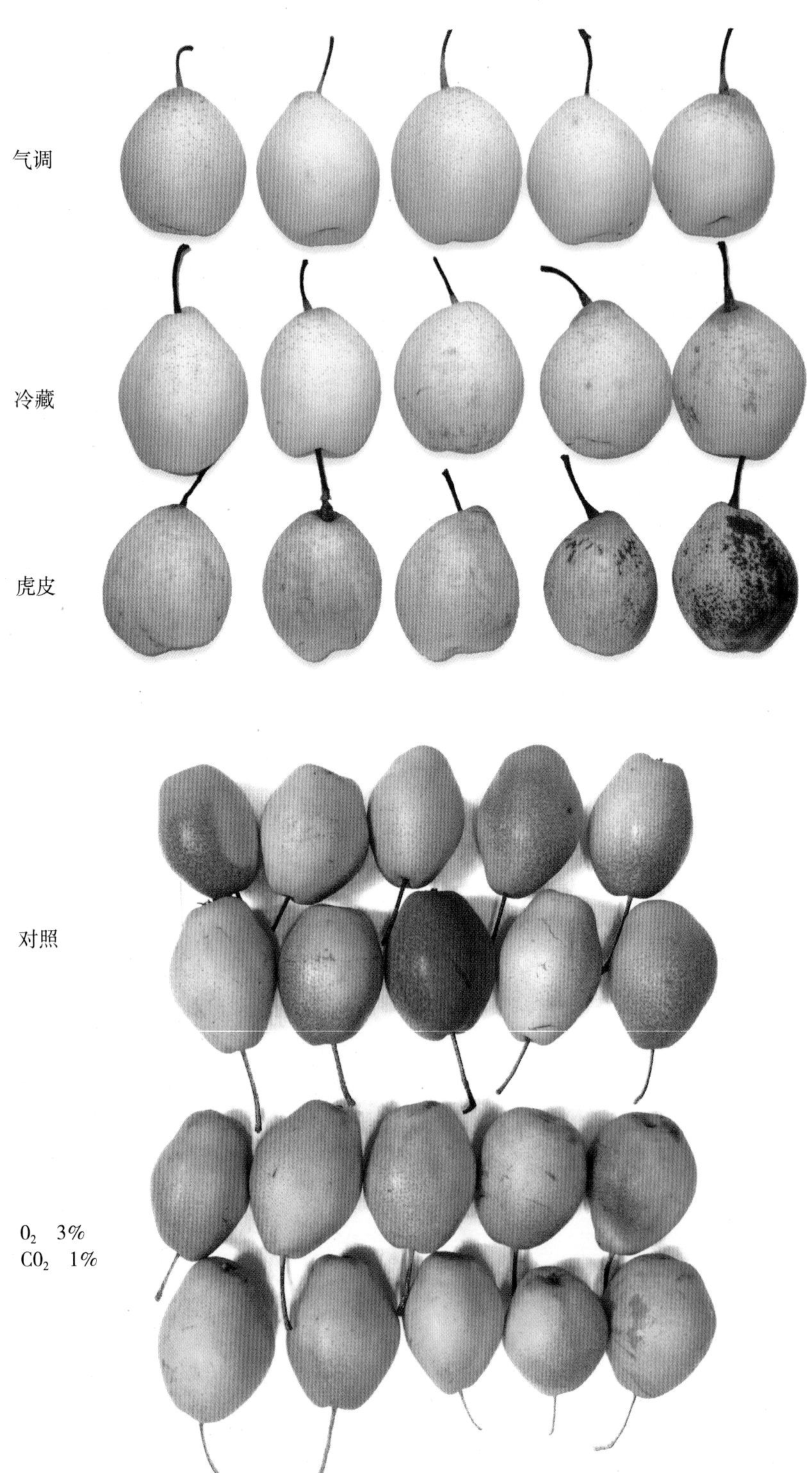

图 5-50 鸭梨气调贮藏抑制虎皮效果和红香酥气调贮藏保绿效果

3. 气调贮藏技术参数

多数亚洲梨品种对 CO_2 敏感，梨果 CO_2 浓度均需低于 O_2 浓度，且 CO_2 不宜太高，多数品种气调贮藏 CO_2 应小于 2%（表 5–10）。西洋梨气调贮藏技术逐渐向精准方向发展，低氧（LO）或超低氧（ULO）气调贮藏已在一些品种中广泛应用。亚洲梨气调贮藏 O_2 和 CO_2 浓度指标普遍高于西洋梨，但随着研究的深入和硬件设施完善，低 O_2 和低 CO_2 贮藏也许保鲜效果更好。

表 5–10　一些梨品种推荐气调贮藏条件及预期贮藏寿命

品种	贮藏温度（℃）	相对湿度（%）	气体组分		贮藏寿命（月）
			CO_2（%）	O_2（%）	
库尔勒香	–1~0	90~95	≤ 2.0	5~6	8~10
鸭 梨	10~12 → 0	90~95	< 0.5	7~10	8
莱阳茌梨	–0.5~1.0	90~95	≤ 2.0	≤ 5.0	5~6
酥梨	0~1.0	90	≤ 2.0	3~5	8~10
丰水	0	90~95	≤ 1.0	3~5	6~7
黄金	0	90~95	< 0.5	3~5	6~7
圆黄	0	90~95	≤ 1.0	3~5	6
南果	0	90~95	≤ 3	5~8	5~6
安久（美国）	–0.5~0	90~95	0.3	1.5	9
巴梨（美国）	–0.5~0	90~95	0.5	1.5	4
康佛伦斯（新西兰）	–0.5	90~95	< 1	2	5
盘克汉姆（新西兰）	–0.5	90~95	< 1	2	5

注：西洋梨资料来源于 Eugene Kuperman, Washington State University, Tree Fruit Research and Extension Center, WA, 2001。

4. 气调冷藏库与气调系统的构成

大型气调冷藏库投资比相同库容普通冷藏库高 15% 左右，需要增加脱氧制氮、CO_2 脱除、乙烯脱除、空压机、进出气体管线及阀门，以及气体成分与温湿度自动检测计算机控制系统等气调系统（图 5–51）。库体比普通冷藏库建设费用高 5% 左右，主要用于库板四周连接处密封和安装气调门。气调贮藏库若管理不善，存在低 O_2 和高 CO_2 伤害风险，一旦失误，损失巨大，一定选资质信誉好的商家和质量过关的设备。

5. 气调冷藏库贮藏管理及注意事项

梨果满库后待果实温度降至设定贮藏温度，才能封库调气。采用脱氧制氮机降到比设定的氧浓度高出 2~3 个百分点，之后利用梨果自身呼吸来消耗这部分过量的 O_2，直至达到设定值；库内温度、相对湿度、CO_2 和 O_2 气体浓度指标应能自动检测、自动记录和存贮；封库后，应严格按指标要求监控 CO_2 和 O_2 浓度，谨防发生 CO_2 伤害事故；保持库内 90%~95% 的相对湿度；观察窗附近放置梨果样品，便于定期取样测定。另外还需注意以下事项：

▲ 图 5-51　气调门、气调冷藏库、气调设备及技术走廊

☞ 气调库运行期间入库检查，必须 2 人同行，均需戴好 O_2 呼吸器面具，库门外留人观察；贮藏结束时，打开库门，开动风机 1~2h，待 O_2 浓度达到 18% 以上时，方可入库操作。

☞ 西洋梨尤其是中早熟西洋梨采用冰水或强制通风快速预冷，亚洲梨气调贮藏不建议采用强制快速预冷。新西兰种植的某些亚洲梨快速预冷对果实品质（果实硬度和可溶性固形物含量）没有益处，果实在采后的 24h 内快速冷却，贮藏期黑心和果肉褐点发病率反而明显增高。

☞ 多数亚洲梨对 CO_2 敏感，一些敏感品种如鸭梨、黄金等，在高于 2%CO_2 的条件下贮藏超过 1 个月，就可能产生 CO_2 伤害。CO_2 浓度过高，轻者加重果心褐变，重者果肉、果皮褐变，果实异味（醇味），严重时组织坏死、干缩形成空洞。氧气浓度过低，会产生低氧伤害。

☞ 贮藏环境中乙烯浓度较高会加速果皮褐化和果实衰老。乙烯释放较少的黄冠、黄金、圆黄、酥梨、二十世纪、幸水、新高等不应与鸭梨、库尔勒香、丰水或苹果等同库贮藏。

四、辅助保鲜技术措施

1. 塑料薄膜自发气调贮藏

包装箱内衬 0.01~0.02mmPE 塑料薄膜袋贮藏和运输流通，可减少果实失水皱皮，保持果柄新鲜和果面亮度，一定程度上延长果实贮藏时间（图 5-52）。丰水、圆黄、阿巴特、酥梨等对 CO_2 有一定忍耐力，可采用厚度不超过 0.02mm 专用 PE 薄膜袋扎口贮藏，也可采用高 CO_2 渗透膜袋。其方法是：果实采后带袋或发泡网套包装直接装入内衬薄膜袋的纸箱或塑料周转箱，每袋不超过 10kg，敞开袋口入库预冷，待果实温度降至 0℃后扎口，-1~0℃环境下贮藏，贮藏过程中，袋内 CO_2 浓度应小于 2%，否则可能导致果心和果肉褐变。黄金、鸭梨、八月红等品种对 CO_2 敏感，尽可能选择通气性较好的薄膜打孔或挽口的方式，且袋内 CO_2 浓度应小于 1%。

近年一些企业在黄冠、酥梨上采用高 CO_2 渗透膜袋挽口贮藏运输，保鲜效果良好。国外进口西洋梨运输时内包装均采用纸箱内衬 0.015~0.025mmPE 薄膜挽口或打孔的方式（图 5-53），打孔可改善薄膜内外热量交换减少袋内结露。

▲ 图 5-52　我国黄冠梨 PE 薄膜袋包装贮藏和运输

▲ 图 5-53　一些进口西洋梨品种纸箱内衬 PE 薄膜袋包装

2.1-MCP（1-甲基环丙烯）保鲜处理技术

1-MCP是一种乙烯拮抗剂，1-MCP处理有利于保持梨果实硬度和鲜度，对于延长贮藏期和果实货架寿命、抑制或延缓梨虎皮病与黑心病、保持果皮绿色等方面效果显著（图5-54）。梨果采用1-MCP保鲜处理，贮藏寿命与未处理相比可延长30%以上，货架期延长1~2倍（品种不同有所差异）。采用1-MCP处理，果实可适当晚采，以提高品质。可能的风险：使用1-MCP处理，果实风味香气有些损失；使用不当，增加一些梨品种果实对CO_2的敏感性，软肉梨可能无法正常后熟。

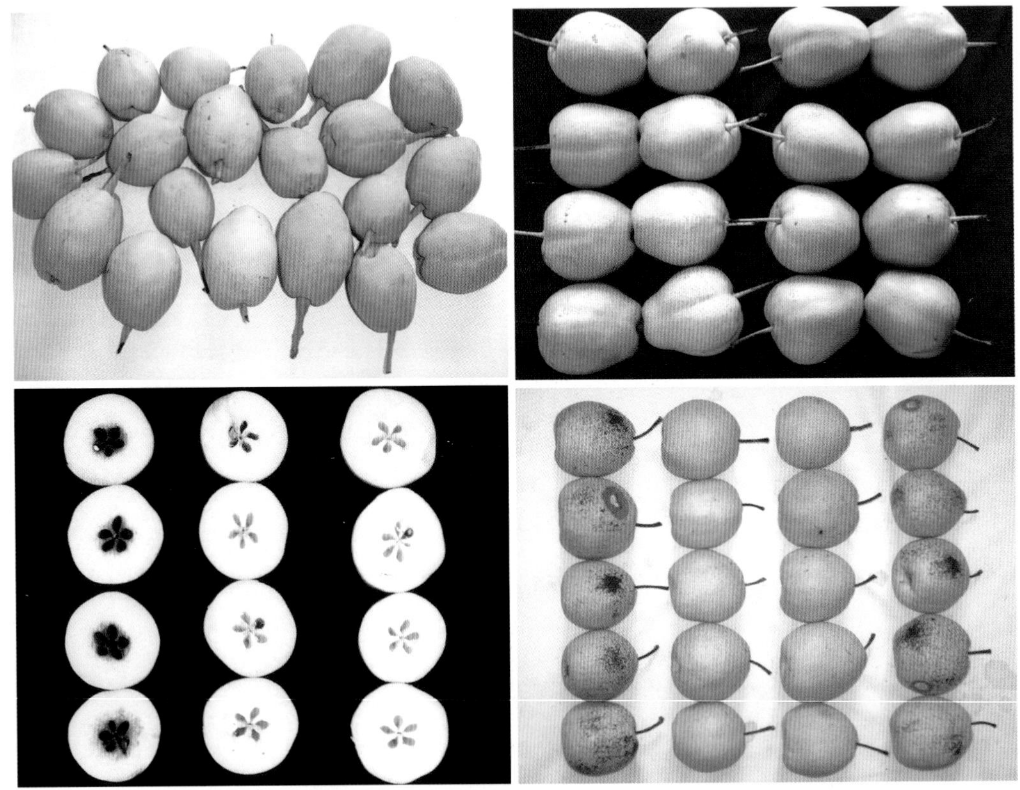

上左为香梨，上右为早酥在室温下30天保绿效果；下左五九香在0℃6个月，下右酥梨在0℃9个月+20℃9天

▲图5-54　1-MCP处理保绿、抑制黑心和虎皮效果

1-MCP保鲜处理技术要点：①使用1-MCP产品处理时，处理场所必须是密闭的，而且气密性必须良好。②梨果采后要尽快处理，采后处理越晚，效果就越差。③使用浓度因品种而异。丰水、圆黄等CO_2不敏感品种可采用1.0μL·L^{-1}熏蒸处理；黄金、鸭梨、八月红等CO_2敏感品种，宜采用0.5μL·L^{-1}，西洋梨和秋子梨系统的品种，使用浓度更低些。④西洋梨和秋子梨采用1-MCP处理时，应注意后熟问题。⑤常温下处理12~24h，冷藏条件下处理24~48h，即能达到良好的效果。

商业销售的1-MCP制剂有粉剂、片剂和液体剂型等，有整库熏蒸，也有缓慢释放的片剂，可用于纸箱、泡沫箱、集装箱、大帐及冷库等方式。需要注意的是，1-MCP

处理需要结合适宜成熟度、处理温度、处理浓度，处理后温度和气体成分等贮藏参数调整等相应配套技术，才能达到应有效果，一些梨品种若处理条件不当，会产生负面作用。商业产品使用前一定要仔细阅读说明或在商家专业人员指导下应用。

五、西洋梨和秋子梨后熟

西洋梨和秋子梨品种销售前或贮藏结束后需后熟，后熟适宜温度为17~23℃。乙烯或乙烯利处理可使西洋梨和秋子梨后熟均匀一致，风味口感更佳。乙烯处理浓度为50~100μL・L^{-1}，在20℃、相对湿度为90%条件下密闭熏蒸处理时间24h即可，乙烯辅助催熟可提前1~2天软化。与乙烯释放量较多的水果如苹果、香蕉、猕猴桃、番茄等混放也可达到催熟效果。

西洋梨和秋子梨品种，采收后在上述温度条件下，依早、中和晚熟品种不同一般7~15天果实即可软化。销售的果实需要留出3~4天的常温货架期。后熟后若不立即食用，需要放在冷藏库或冰箱中。新西兰发明的ripeSense® 西洋梨后熟程度检测技术也是近年国际梨采后技术的亮点。西洋梨果包装盒内贴有感应标签，标签会对水果成熟过程中散发的气体做出反应，可显示从红色（未成熟）到黄色（成熟）等各种不同的颜色，一旦标签变为黄色，表明可以食用。

第六节 贮藏期病害及其防控

一、生理病害

梨果实生理失调造成的采后危害，与采前因素相关的主要有果面虎皮与褐斑、果心变褐发黑、萼端发青腐烂等，采后贮藏条件不当产生生理失调主要有高 CO_2 伤害、低 O_2 伤害、冷害及冻害等。同时采后贮藏条件不当容易诱发或加重因采前不良因素导致潜在的果面虎皮与褐斑、果心变褐发黑、顶腐等，采前因素与采后表现出的生理失调二者之间相互关联、相互影响。采前不良因素通过影响果实内在品质，进而影响其耐贮性。与品质有关的生理病害，大致 80% 来自果园，20% 采后可控。

1. 虎皮

虎皮又称黑皮、红皮、串皮等，是梨果贮藏后期经常发生的一种生理病害，其特征是果皮表现为浅黄褐色、褐色、黑褐色及黑色不规则斑块，严重时扩展到整个果面（图 5-55）。此病只危害表皮，不涉及果肉，但卖相差，一旦发生，经济损失巨大。易感品种：鸭梨、酥梨、安久、南果、八月红、黄金、五九香、锦香等。通常来说，梨果早采易虎皮、晚采易黑心。

梨果虎皮产生的原因有多种，既有采前因素也有采后处理和贮藏条件的不当等。采前因素：①生长季节降雨较多，尤其是采前降雨过多；②采摘过早，一些早熟品种如幸水、爱甘水等采收过晚，采前也出现虎皮；③施氮肥过多，钙素含量低。采后因素：①贮期过长，贮温过高；②堆码过密，通风不良；③贮藏期湿度过大。

采前防控措施：①适期无伤采摘。②增施有机肥，改善栽培措施，提高果实品质。③选择免套袋品种。④生长期喷施钙肥。采后防控措施：①加强库内外通风换气，尤其是入贮初期和贮藏后期，排除乙烯等有害气体。②贮藏温湿度适宜、稳定。③中、长期贮藏采用气调库。④乙烯拮抗剂 1-MCP 处理。⑤出库后冷链运输流通，0~15℃范围内温度越低，虎皮风险越低。

2. 果面褐斑

近年套袋黄冠梨在成熟期和入贮初期果面皮孔周围出现浅褐色环状斑点，之后颜色加深，多个斑点连接成片，形状不一，严重者布满果面，病部轻微凹陷，但果肉不受影响（图 5-56）。因其形状不规则，似鸡爪印迹，果农称之为“鸡爪病”，也有称之为“黑点病”“褐斑病”或“花斑病”。除黄冠梨外，黄金、酥梨、雪花、雪青、绿宝石、

▲ 图 5–55　梨果虎皮症状（上由左→右，鸭梨、酥梨、安久及华酥，下为南果）

▲ 图 5–56　梨果面褐斑（由左→右，黄冠、黄金及酥梨）

大果水晶等品种的套袋果上也开始出现，个别年份一些产区发病严重。

套袋梨果面褐斑的发生是多种因素综合作用的结果。内因（品质）：①套袋等造成果实钙营养不良和矿质元素失衡等。②涂抹膨大剂。③果园大肥大水，偏施氮肥等。气象因素：果实发育后期降雨（高湿）、低温（降温）诱导。近成熟期，连续降雨、湿度较大、昼夜温差较大的年份，果面褐斑发生严重。使用有机肥或喷施钙肥的果园褐斑发生较轻或不发病，而采取涂抹膨大剂或大肥（尤其是大量使用氮肥）大水提早成熟和增产措施的果园发病严重。

黄冠梨等褐斑病应以采前防控为主，采后防控为辅。采前防控措施：果园增施有机肥、选择套透光、透气性好的果袋、多次中耕增强土壤通透性等措施并举，辅以施用外源钙的综合防控。采后防控：果实采收后在 6~8℃入库，1~2 周缓降至 −1~0℃贮藏，或 10℃入库贮藏 7 天左右，之后调至 0℃能够减轻采后黄冠梨果皮褐斑的加重趋势。

3. 黑心

梨果心变浅褐、褐至深褐色（图 5–57）。梨果心酚类物质含量高，多酚氧化酶活性也高，同时果心也是果实代谢最为旺盛的部位，果心部位可溶性固形物含量最低、酸含量高，上述诸多特性决定了梨果心容易褐变。但品种不同，易感性有所差异，如库尔勒香、酥梨、红香酥、玉露香、雪青、新梨 7 号等果心褐变较慢，而鸭梨、黄金、黄冠、圆黄、五九香、红克拉普、巴梨等易黑心。

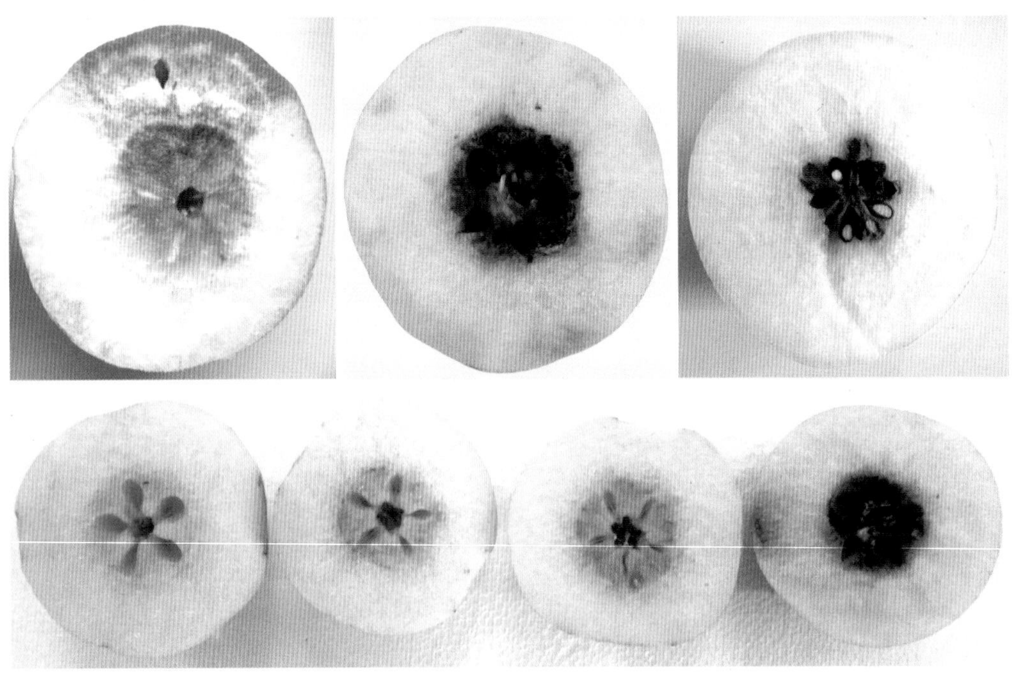

▲ 图 5–57 梨果黑心病（上由左→右，香梨、鸭梨、黄金，下为鸭梨不同程度黑心状）

与虎皮一样，梨果黑心产生的原因有多种，既有采前因素也有采后处理和贮藏条件的不当等。采前因素：①采收过晚，一些品种如黄冠、黄金，采收过晚，采收时即有黑心。②果园施氮肥过多，采前降水或果园灌水，果实缺钙，同期采收可溶性固形物含量越低黑心发生风险越高。采后因素：①采后不能及时入贮，贮温过高。②贮期过长。③通风换气不良，库内乙烯浓度高。④入库时降温过快，引起低温伤害，造成冷害型褐变（鸭梨），贮藏温度过低（冻害）。⑤气调库贮藏或塑料薄膜包装袋中 CO_2 浓度过高（如鸭梨＞ 1%），也会发生黑心，如黄金梨、鸭梨、八月红等。采收前果园极端高温，圆黄等也会导致果心褐变。

采前因素和采后因素①～③主要是可加快果实衰老进程，耐贮性下降，由此产生的贮藏后期黑心一般称为衰老型黑心，国外称为 Internal browning 或 Core breakdown；鸭梨入贮时降温过快，国内一般认为是低温造成的冷害型黑心；高 CO_2 造成的黑心，国外一般称为 Brown Core 或 Brown Heart。另外，冻害也是果心部位先变褐。

采前防控措施：①适时早采。②控制氮肥施用量，尤其是生长后期忌用大量氮肥并控制灌水量，采前 1~2 周果园严禁灌水。③生长期间树体果面喷施钙肥。

采后防控措施：①采后及时入贮，入库时鸭梨品种采取缓降温模式。②加强贮藏库的通风换气，尤其是入贮初期和贮藏后期，要控制贮藏环境中 CO_2 浓度，排除乙烯等有害气体。③贮藏温湿度适宜、稳定。④中、长期贮藏采用气调库。⑤ 1-MCP 处理。

4. 顶腐病

梨顶腐病又称蒂腐病、尻腐病、黑蒂病等，国外称之为 Pear black end 或 hard end，番茄等蔬菜上普遍称为 Blossom-end rot，简称 BER。一般发生在西洋梨或具有洋梨亲本的品种上，如红克拉普、三季梨、阿巴特、库尔勒香等（图 5-58）。西

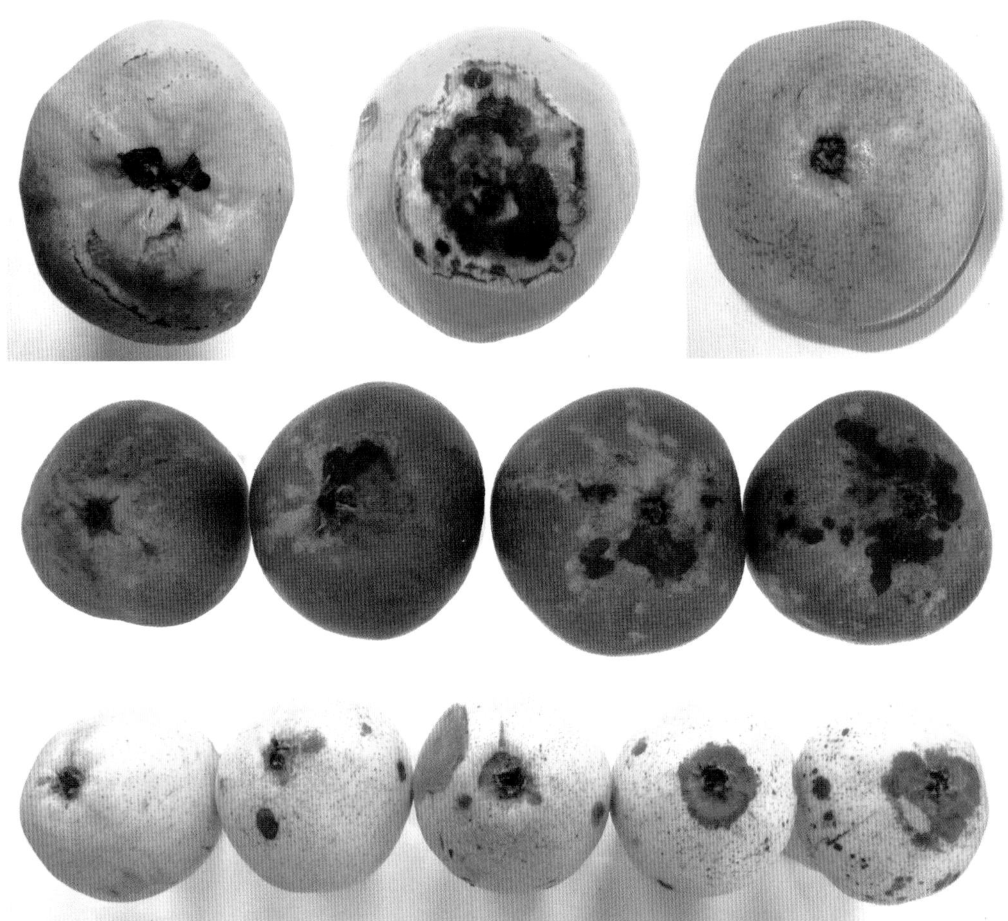

▲ 图 5-58 梨果顶腐病（上由左→右，香梨顶腐和三季“青头”；中为红克拉普；下为三季）

洋梨发病初在果实萼洼周围出现淡褐色晕环，逐渐扩大，颜色加深，严重时，病斑可及果顶大部，病部黑色，质地坚硬，造成大量落果。库尔勒香顶腐病病果初期萼端深绿，病斑边缘处果皮变褐，产生褐色晕环，发病后期病部产生轻微的塌陷，萼端杂菌感染产生黑色霉层，果肉质地坚硬，有浅褐色蜂窝状坏死，稍苦。7~8 月果实近成熟期发病，病果中花萼宿存果（俗称公梨）所占比例高。

对该病的病因目前看法尚不一致，一般认为库尔勒香及洋梨顶腐是由于缺钙引起的生理性病害，果实衰老后，弱寄生菌侵入，也有人认为是病原真菌引起。前者认为西洋梨顶腐病是采前即发生或“潜伏”的一种生理病害，与砧木类型和土壤水分供应失衡有关，梨树进入结果期后，树势衰弱，顶腐病发生较多。顶腐病发病严重时采前即可识别，发病轻或不易识别的果实，贮藏或后熟期间会发病并最终导致腐烂。“红克拉普”萼端不着色的果实（青头），其萼端先出现黑斑，之后腐烂。近年，库尔勒香梨采前萼端黑斑问题有加重趋势，调研发现，采前萼端黑斑严重的果园，其入库贮藏的“好果”贮藏过程中发病也严重。金川雪梨、安梨、新高等品种也存在类似问题。

5. 高 CO_2 伤害

气调库、密封性好的普通冷藏库长时间不通风换气或采用塑料薄膜袋贮藏，环境中 CO_2 过高就会导致梨果伤害，其症状为果心褐变，严重者果肉和（或）果皮变褐发黑，后期果肉产生空洞（图 5-59），果实有酒味。易感品种：鸭梨、黄金、八月红、锦丰、

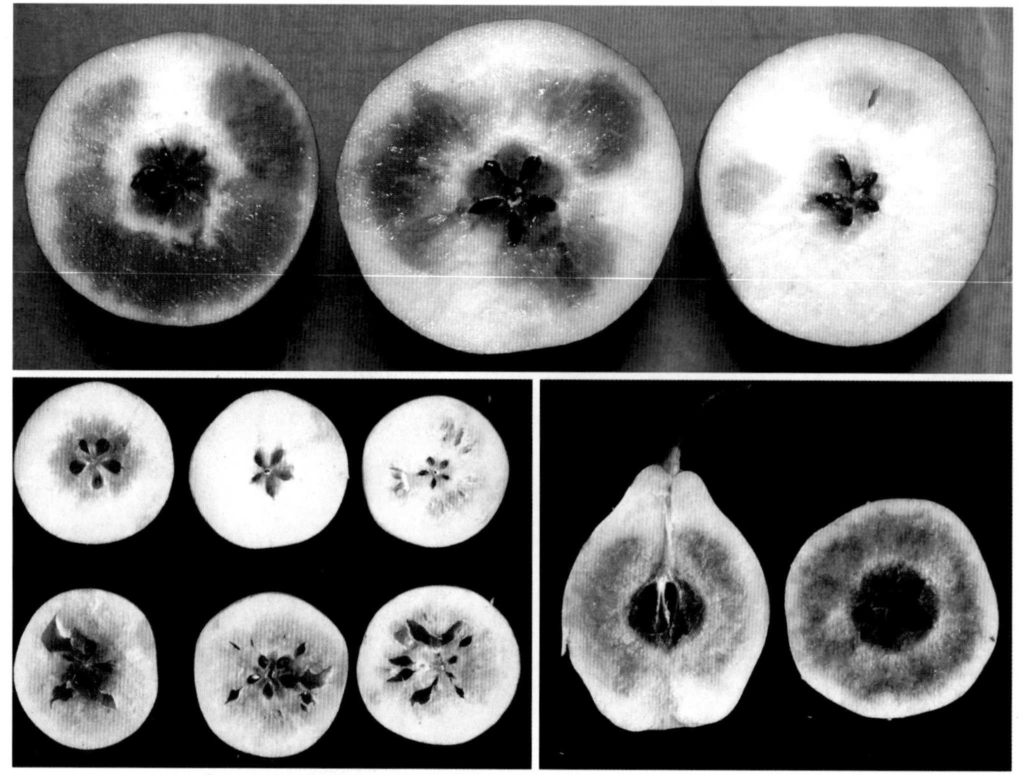

▲ 图 5-59　黄金（上）和八月红（下）梨果实 CO_2 伤害症状

在梨等，上述品种环境 CO_2 浓度长时间高于 1% 就可能会产生 CO_2 伤害。

防治措施：①气调库贮藏应严格监控 CO_2 和 O_2 气体参数。②冷藏库加强库内通风换气。③ CO_2 敏感品种应慎用塑料薄膜袋包装贮藏，或采用透气性好的高 CO_2 渗透膜。

6. 梨果冻害

环境温度较长时间低于果实冰点以下，容易造成果实冻害（图 5-60）。一些梨品种果实轻微结冻后，缓慢小幅回温回后仍可复原，但温度过低，时间过长，则不能恢复。若低于冰点温度下贮藏，振动会促进果实冻害发生。相同温度下，机械伤果、虫烂果先结冻。

7. 果实衰老

若果皮变暗、果肉及维管束变褐、组织粉化软化、果皮开裂等（图 5-61），有苦味或醇味等异味，说明果实寿命已尽，应立即终止贮藏。采收过晚、贮温过高、贮期过长等情况下，会加速果实衰老。果实衰老后极易受真菌侵染导致腐烂。

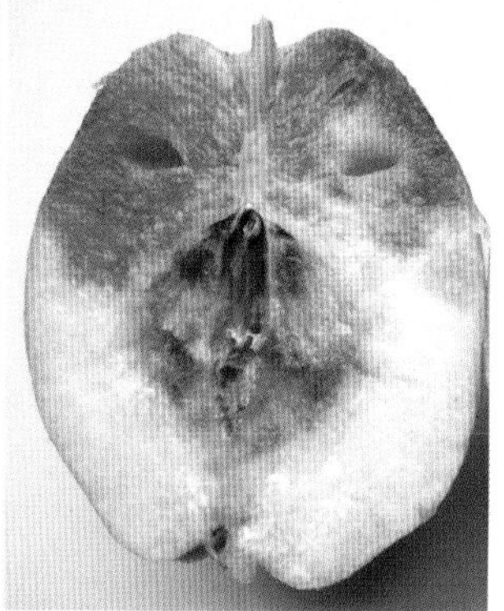
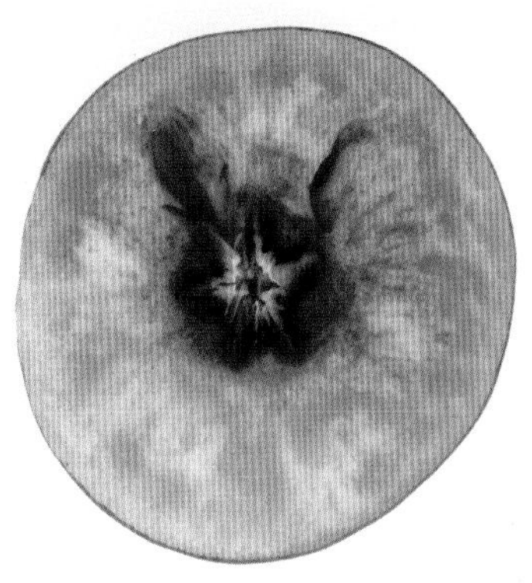

▲ 图 5-60　梨果实冻害

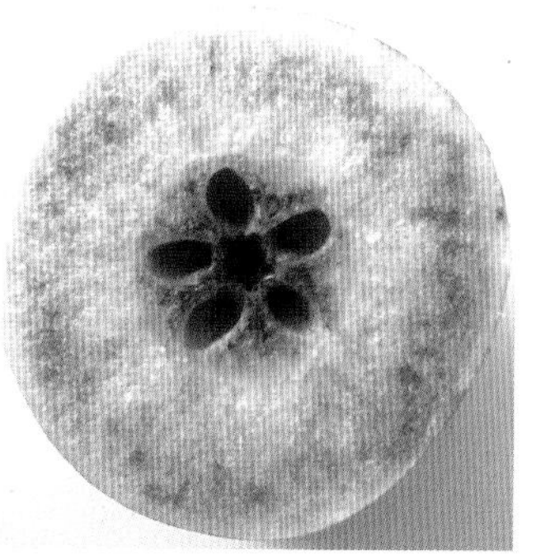

▲ 图 5-61　梨果实不同衰老症状

二、侵染性病害

（一）主要采后侵染性病害

梨果采后贮藏、运输流通过程中除了田间发生的轮纹病、黑斑病、炭疽病、褐腐病、霉心病、黑星病等仍然继续发生危害。采后由于机械伤、贮藏条件不当和果实的衰老，又会出现一些病害，主要有青霉菌属病菌引起的青霉病，灰葡萄孢属病菌引起的灰霉病，以及链格孢菌等弱寄生真菌侵染造成的果梗基腐等。

1. 青霉病

青霉菌属病菌主要通过伤口（磕碰、刺、摩擦等机械伤）、皮孔、干枯果柄等处侵染，初期在伤口处产生淡黄褐色小病点，扩大后病部呈水渍状，淡褐色软腐，呈漏斗状向果心扩展，具刺鼻的青霉素气味（图 5-62）。病部长出青色、绿色霉层，温度适宜，整果软烂成泥。果实衰老、温度较高时发病迅速。青霉菌属和灰葡萄孢属病菌在 0℃也能缓慢扩展，10℃以上发病迅速。

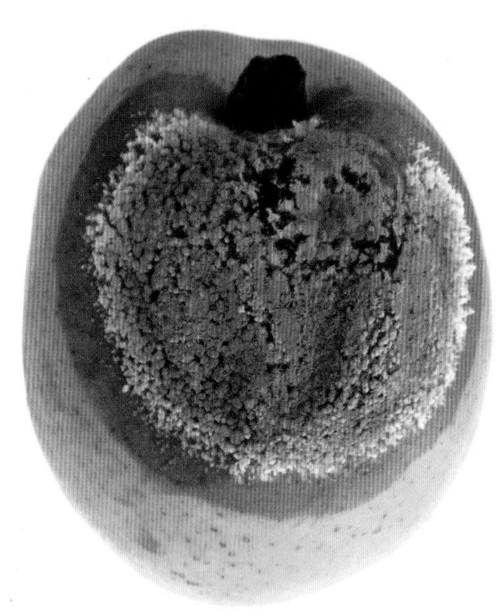

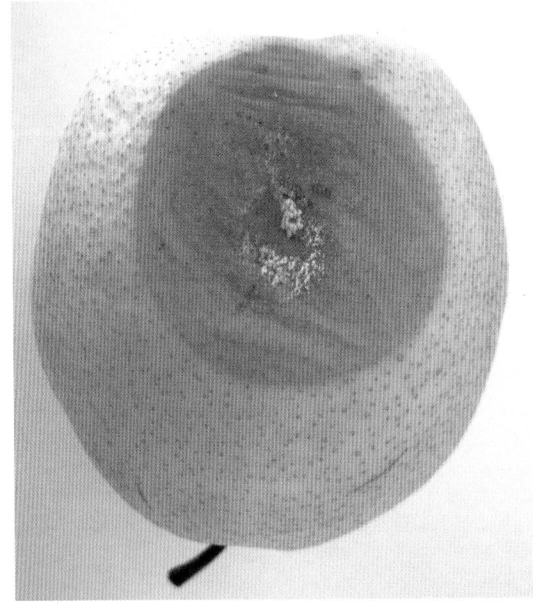

▲ 图 5-62　梨青霉病

2. 果柄基腐

果柄基部周围变褐、发黑、腐烂，果实表面烂得慢，内部烂得快，漏斗状扩展至心室，呈湿腐状，俗称穿心烂（图 5-63）。出库后温度较高时，发病迅速。造成果柄基腐的病菌主要有链格孢属、青霉菌属、小穴壳菌、束梗孢菌等弱寄生菌。采收与采后摇动果柄造成内伤、贮藏后期果柄干枯死亡是发病的主要原因。

3. 灰霉病

灰霉病病原菌为灰葡萄孢属（*Botrytis cinerea* Pers），与青霉病菌相似，主要通过伤口侵染，贮藏期也可通过接触传染。病部呈浅褐色软烂，其上生鼠灰色密集霉层，有霉味（图 5-64）。低温高湿和果实衰老情况下易发生。

4. 褐腐病

病原菌为果生链核盘菌（*Monilinia fructigena.*）。主要危害近成熟的果实。发病初期果实表面出现圆形褐色水渍状斑点，以后迅速扩大，几天可致全果腐烂，后期围

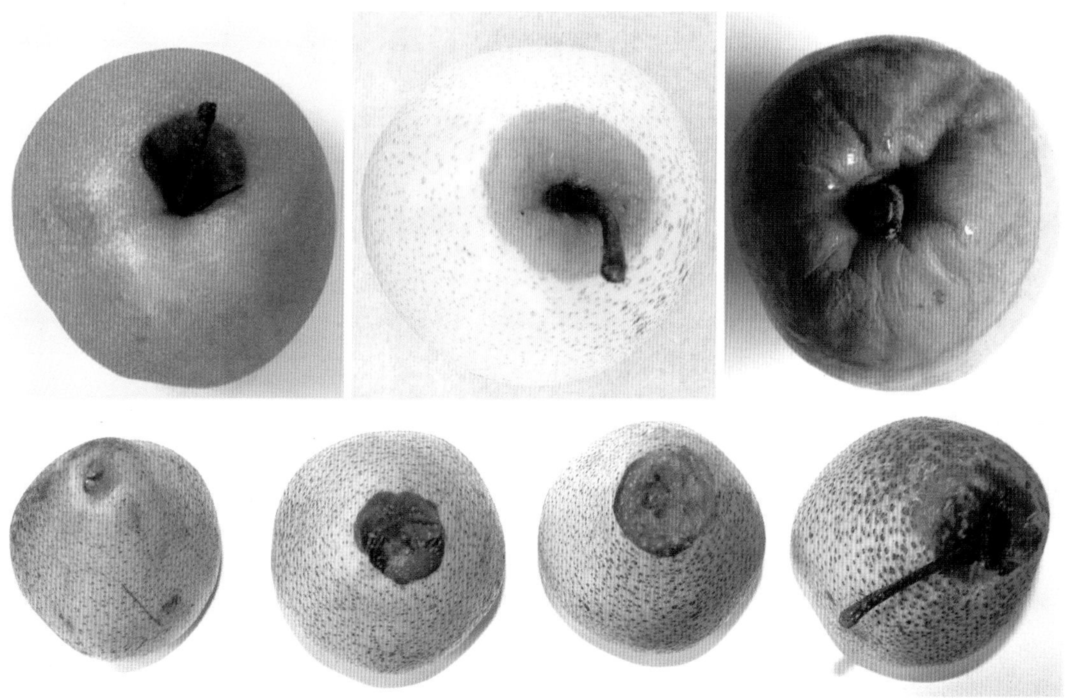

▲ 图 5-63　梨果柄基腐

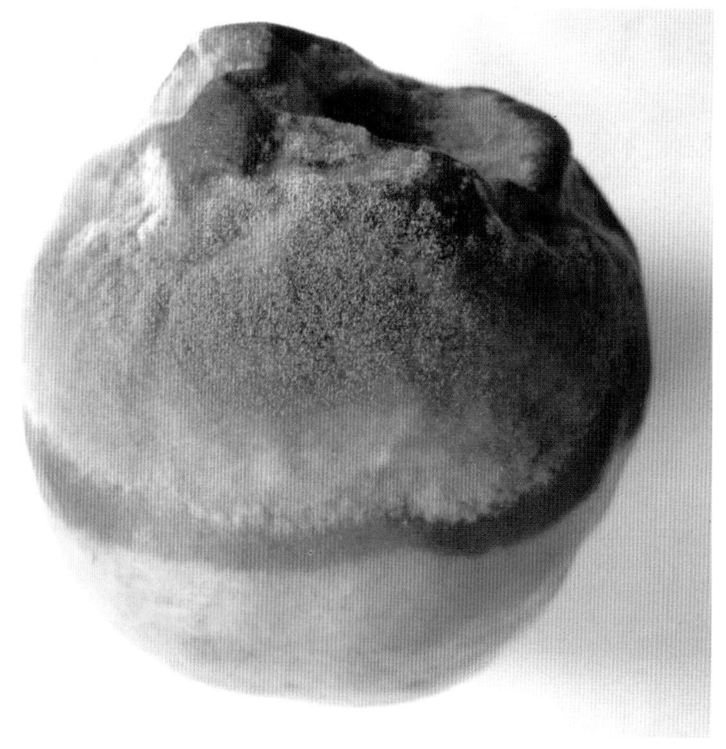

▲ 图 5-64　梨灰霉病

绕病斑中心逐渐形成同心轮纹状灰白色到灰褐色的绒状菌丝团（图 5-65）。发病温度 0~25℃，在 0℃条件下病菌仍可缓慢扩展，使冷库贮藏的梨继续发病。病菌可以经过皮孔侵染果实，但主要通过各种伤口侵入。锦丰、金川雪梨等品种较感病，果园水分失调、虫害严重、机械伤口过多，均有利于褐腐病的发生。

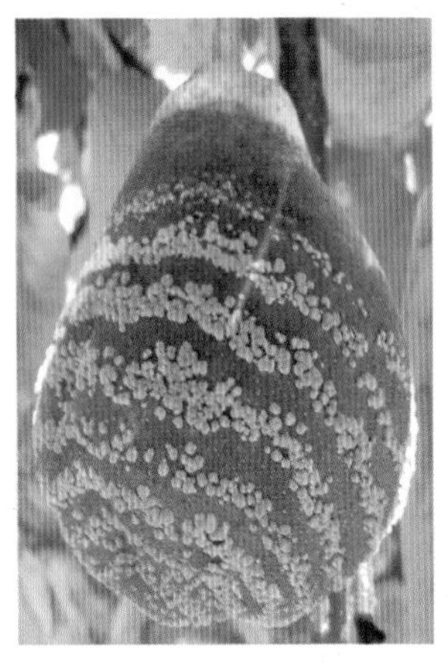

▲ 图 5-65 梨褐腐病

5. 霉心病

梨霉心病是由一种或多种真菌复合侵染所致，常见的病原菌有链格孢菌（*Alternaria* spp.）、粉红聚端孢菌（*Trichothecium soseum*）、棒盘孢菌（*Corynem* sp.）及镰刀菌（*Fusarium* spp.）等真菌。梨开花期和生长期分别从柱头和花器残体经萼心间组织侵入，从果实近成熟到果实衰老后在心室壁上形成褐色、黑褐色小斑点，扩大后果心变成黑褐色，病部长出青灰色、白色、粉红色菌丝，若温度适宜，菌丝穿透心室壁向果肉扩展，造成果实由里向外腐烂，达到果面（图 5-66）。库尔勒香梨等品种较感病。

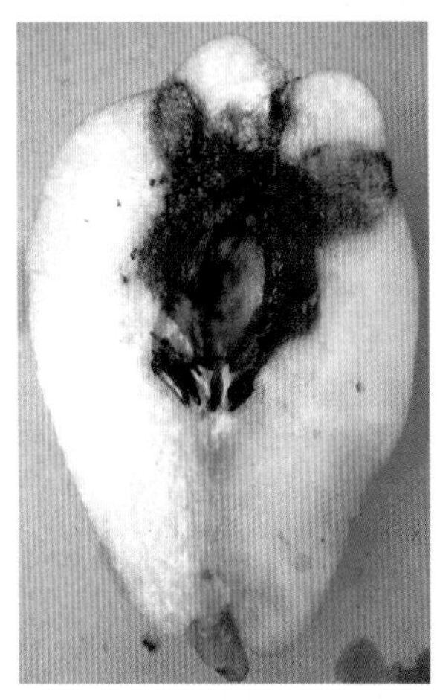
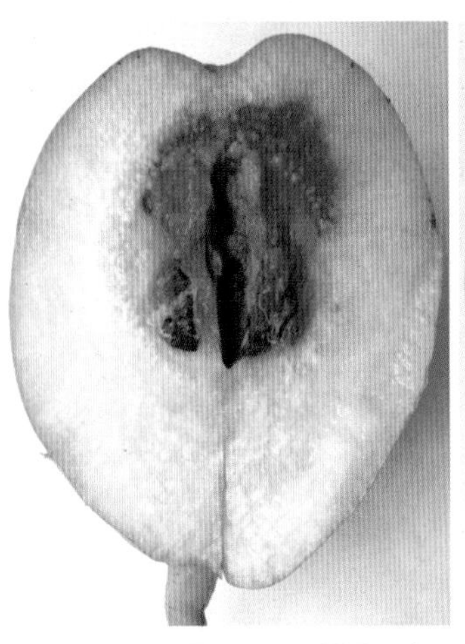
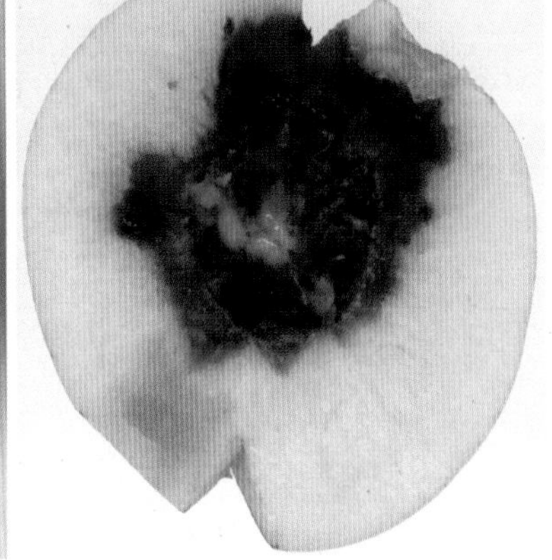

▲ 图 5-66 梨霉心病

（二）防控措施

大部分采后侵染性病害病菌采前已潜伏，加强果园管理均可显著降低采后侵染性病害的发生。但采后侵染性病害的控制又不同于采前，化学防控措施受到限制。采后侵染性病害防控措施主要有以下几点：

☞ 清除污染源，消毒灭菌。彻底清除果园中的枯枝烂果等污染源；包装贮藏场所的病果、烂果也要妥善处理，并及时做好果园杀菌及包装贮藏场所的消毒工作。

☞ 提升果实采前品质、适时采收。保证贮藏梨果具有较好的品质和耐贮性，增强果实抗病性。

☞ 严格挑选。采收和入库前，把病、虫、伤等残次果与好果分开，避免病原物通过伤口侵染以及交叉感染。

☞ 科学合理的包装设计，尽可能减少磕碰、刺、摩擦等各种人为机械伤。码垛装运等环节机械化操作可一定程度减少机械伤。

☞ 冷藏和气调贮藏。库温低于 5℃时梨果采后病害即可大大减轻，-1~0℃贮藏可有效抑制病斑的扩展。梨果采后侵染性病害的致病菌多数为需氧型，在梨果耐受范围内，降低 O_2 浓度、提高 CO_2 浓度，也可在一定程度上降低果实贮藏期及贮藏后货架期病害发生率。

第七节　物流运输与货架

河北、辽宁、山东、新疆、陕西、山西、河南、安徽等北方梨产区产量占到全国梨总产量的70%以上，又是我国梨贮藏的集散地，南方也是我国梨果的主要消费区域，同时我国也是世界梨的主要出口国之一。梨果运输、流通一头联系着果农和贮藏企业，另一头联系着水果市场，直接关系到梨果商品价值的最终实现。

一、物流运输

运输的方式，主要考虑经济因素和便捷性，运输工具的选择主要取决于市场。不同的运输工具，不同的堆码及产品包装方式，在运输过程中造成的振动不一样。一般来说，铁路运输的振动强度小于公路运输，水路运输的振动强度又小于铁路运输。就公路运输而言，振动依不同的路况，不同的车辆性能等也有差别。我国幅员辽阔，各地道路状况差异很大，在进行产品运输时，一定要考虑这个因素并采取相应的措施，产品包装及堆码时尽可能使产品稳固，减少机械损伤。

运输温度根据距离长短宜控制在0~5℃。优质果夏秋季运输宜采用冷藏车（船）运输，国内远距离运输采用预冷后保温运输（图5-67），冬季还需保温防冻。需要注意的是，冷藏车制冷能力有限，设备运转后车速降低、油耗增加，夏季运输早熟品种尤其是西洋梨，一定要在冷库预冷后再装冷藏车运输。

▲ 图5-67　冷藏车（左）和普通汽车简易保温方式（右）

二、货架与销售

货架期是水果物流的终点，又是消费的起点，也是检验水果质量的最关键点。货架是市场需求的直接表现，货架期质量也是对采后科研成果最好的检验。货架期间损耗往往会将梨果生产、贮藏、物流全过程的问题集中表现出来。

品质创造品牌，高品质才能有高收益，宁吃好梨一个不吃烂果一筐。同样是酥梨，产地、品质不同，其售价迥异。高档果采用小托盘加网套、薄膜等形式的小包装可防止失水皱缩、减少黑皮产生（图 5–68）。

▲ 图 5–68　超市货架梨果包装

三、梨果 PLU 码

大型水果超市经常看到进口水果有一个 4 位数字的小标签，这就是 PLU 码（图 5-69）。PLU 码是英文 Price Look Up code 的缩写，通常是由 3 或 4 开头的四或五位数字组成，一组 PLU 码代表一个水果品种，反映了该商品名称、品种、种植方式及大小等信息。若一个品种有多个 PLU 码，这可能表示不同的产地、大小、色泽等。如西洋梨安久（D' Anjou）有 4025、4416 和 4417 三个 PLU 码，其中 4025、4416 分别代表安久梨中的小果、大果，4417 代表红色安久梨即红安久梨。

上述 4 位 PLU 码是常规种植的果蔬产品，5 位码用于标明该产品是有机或转基因方式生产。首位数“8”表示转基因农产品（通常有英文 GE 或 GMO），“9”表示有机产品。作为特殊产品的“8”或“9”只是作为前缀放在其常规种植产品 PLU 码前面，如 94416 代表大个有机安久梨。

国际农产品标准联合会 IFPS 针对梨核发的 PLU 码共 51 个，其中 PLU 码 4890 为鸭梨，4960 为香梨，4406、4407、4408 为亚洲梨，分别代表白色、黄色和褐色品种。我国超市常见的进口梨主要是西洋梨，如来自美国的 3118（红克拉普或红星）、4410（红巴梨）、4416（安久）、4417（红安久）；南非和智利的 4418（Forelle）、3025（Rosemarie）及 4421（盘克汉姆）；新西兰的 4425（Honey Belle）；比利时的 3017（康佛伦斯）等。

▲ 图 5-69　梨果 PLU 码

第六章

梨果加工

LIGUO JIAGONG

第一节　世界梨果加工和贸易

世界梨果加工产品主要是罐头，其次是梨汁和梨干等。梨罐头尤其是西洋梨罐头的生产和贸易在国际梨贸易市场上有着举足轻重的地位（图 6–1）。但近年来，由于人们对加工食品中添加糖和其他添加剂可能对健康造成影响的担忧，加上物流运输和贮藏保鲜技术的发展，人们全年都可以吃到鲜梨，这些因素使消费者对梨加工制品的需求下降。目前，世界加工用梨果占梨产量的 10%，我国接近 9%。欧盟、俄罗斯等用于加工梨的数量下降较大，其他地区也是稳中有降。与世界梨加工业的萎缩形成鲜明对比，近十年我国加工用梨持续增长（表 6–1、表 6–2），产品种类也较多，如梨罐头、浓缩梨汁、梨膏、梨汁饮料、梨干、梨酒、梨醋、梨脯、梨糖及梨果冻等，另外，北方产区冻梨销量也很大。

▲ 图 6–1　出口水果罐头和西洋梨罐头

世界梨加工产品贸易也是以罐头为主，近年我国梨浓缩汁出口也逐渐增加。梨罐头贸易占据主导地位的是中国、欧盟和美国。我国梨罐头出口量在 2000 年时仅有 1 647t，但在随后的 5 年中则以爆发式增长，2005 年出口量达到 35kt，2008 年 62kt，之后有所下降，保持在 52~58kt。2012 年中国出口美国和欧盟 15 国梨罐头的量为 21kt 和 13kt，分别占我国梨罐头出口量的 39.8% 和 24.5%，美国超过 90% 的梨罐头从中国进口。另外，我国梨浓缩果汁生产和销售两旺，年生产量约 50kt，80% 以上出口。

表 6-1 世界主要梨消费区用于加工梨的数量 （单位：kt）

地区＼年份	2005~2006	2006~2007	2007~2008	2008~2009	2009~2010	2010~2011	2011~2012	2012~2013
欧盟 15 国	341	322	289	267	273	142	171	120
俄罗斯	156	114	156	92	94	67	49	39
北美	297	309	296	292	322	259	286	280
亚洲	691	826	960	1,040	1,112	1,130	1,274	1,360
南半球	466	407	411	468	399	458	475	417
总量	1 952	1 979	2 112	2 159	2 199	2 056	2 255	2 216

资料来源：World Pear Review 2013，Belrose,Inc.

表 6-2 世界前五大梨加工国家加工用果量 （单位：kt）

国家＼年份	2005~2006	2006~2007	2007~2008	2008~2009	2009~2010	2010~2011	2011~2012	2012~2013
中国	680	816	950	1 030	1 102	1 120	1 264	1 350
美国	288	300	290	290	319	256	282	276
阿根廷	200	170	175	240	170	240	256	200
南非	142	128	133	122	132	113	116	114
意大利	200	200	200	200	200	70	103	72

资料来源：World Pear Review 2013，Belrose,Inc.

第二节　梨果主要加工产品

一、梨罐头

梨罐头是我国梨传统加工产品，中国罐头工业协会数据表明，2013 年我国梨罐头产量为 200kt 左右，其中出口量 78kt。据夏玉静等（2009）对北京、大连、石家庄、西安等 9 个城市 20 家超市调查，共发现梨罐头加工企业 18 家，其中以河北、辽宁大连、山东、安徽及广东等省市分布较多（图 6–2）。从罐头产品包装规格看，有玻璃瓶、马口铁桶、塑料杯、塑料软包装等形态。国内主要是玻璃瓶装，而以马口铁三片罐头装的产品运输性、密封性更好，主要用于出口，近年小型塑料杯和软包装也逐渐增多。不同厂家的产品包装、规格各不相同，但总体趋势都是向着新颖、小容量、方便化方向发展（图 6–3、图 6–4）。

目前与梨罐头相关的标准主要有 GB/T 13211—2008 糖水洋梨罐头，QB/T 1379—91 糖水梨罐头，QB/T 1117—91 什锦水果罐头。

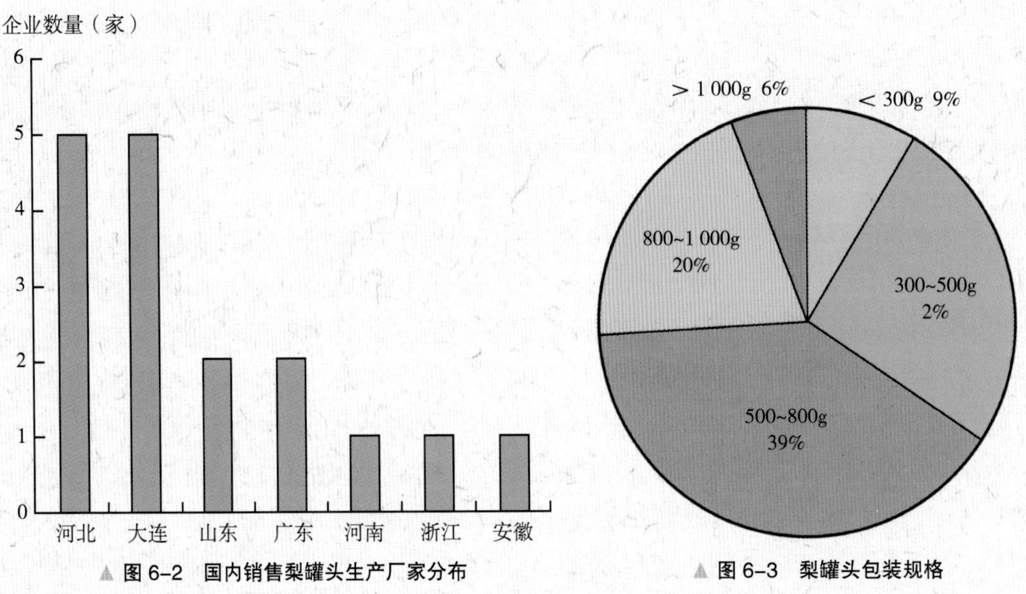

▲ 图 6–2　国内销售梨罐头生产厂家分布

▲ 图 6–3　梨罐头包装规格

▲ 图 6-4　国内销售的不同包装形态、规格的梨罐头

二、梨浓缩汁和梨汁饮料

近年，我国浓缩梨汁生产和销售两旺，年生产 70° Brix 浓缩梨清汁约 50kt，80% 以上出口。出口包装有净重 0.275t 大铁桶、1.5t 或 1.65tBin 和 19.8~23.6t 的无菌液袋。大铁桶装一般净重 220kg，-18℃贮藏（图 6-5）。梨浓缩汁易于保存和运输，主要用

▲ 图 6-5　部分浓缩梨清汁加工设备及产品

于果汁饮料、梨膏、糖果、奶浆乳饮料等行业。目前国内尚无浓缩梨汁国家或行业标准，一般参照《浓缩苹果汁》GB/T 18963—2012 或满足客户要求。

市场上梨汁或梨汁饮品也较多，常见的如莱阳梨汁、酥梨汁、雪梨汁、安梨汁、冰糖雪梨饮品、梨茶、梨果肉饮料等（图 6-6），国外梨汁、梨汁饮品、梨茶也常见（图 6-7）。山西吕梁野山坡的生榨雪梨汁（浊汁）、安徽砀山的酥梨汁、山东的莱阳梨汁、辽宁的安梨汁、赵县的雪梨汁都有一定知名度。另外，民间也有传统水煮梨汁现做现卖，如甘肃兰州热冬果，西安的雪梨红枣枸杞汁，河北魏县的煮红梨汁等，山东临沂“王氏煮梨”等，趁热用吸管吸（图 6-8），具有清热祛火、止咳润肺、解酒利尿、除烦去燥、养肝益心之功效。

▲ 图 6-6　国内销售的一些梨汁与梨果肉饮料

▲ 图 6-7　国外销售的一些梨汁与梨果肉饮料

▲ 图 6-8　国内现场制作的梨汁饮品

三、冻梨

冻梨，又叫冻秋梨，是自然冷冻贮藏的一种方式，目前也有个别企业以人工冷冻的产品销售。我国北方地区冬季漫长寒冷，冬季的室外就是一个天然冷冻库，放在室外的水果很快冻结，低温下冻结的水果营养损失小也容易保存，民间逐渐形成了吃冻水果的习惯，如冻梨、冻柿子等。我国北方吃冻梨的习俗追溯起来已有一千多年的历史，辽代的契丹人就有食冻梨的习惯。据庞元英《文昌杂录》记载，契丹人将已冻硬的梨“取冷水浸良久，冰皆外结，已而敲去，梨已融释”。契丹人将秋季野生梨树的果实采集后，用冰雪覆盖将其冻实，冷藏起来作为冬季的食品。同样甘肃、青海和宁夏等西北地区人们冻食“软梨子”习惯至少也有 700 年的历史。

可用作冻梨的品种很多，但常见的有安梨、面酸、软儿梨、皮胎果、尖把、花盖、秋子、秋白梨、冬蜜、苹果梨等。北方的冻梨品种中，花盖、软儿梨、安梨、面酸、秋子等果肉细腻、酸甜可口，成为冻梨中的佳品（图 6-9）。冻梨在东北三省，甘肃兰州、临夏、靖远等，宁夏中卫，内蒙赤峰、河北北部山区等地很受欢迎，冬季的农贸市场随处可见（图 6-10），但由于冻梨多为果农和商户生产与销售，加之受气候条件和冷链运输条件所限，传统冻梨其貌不扬，超市销售极少。在辽西朝阳还发现一些商贩把冻梨穿成串裹上糖稀类似糖葫芦的传统产品销售（图 6-11）。

▲ 图 6-9　冻梨产品

▲ 图 6-10　农贸市场销售的冻梨

▲ 图 6-11　冻梨串和箱装冻梨礼品

北方吃冻梨多是在节日大餐之后，用来醒酒解油腻，冻梨还有清热利咽、止咳降燥、促进食欲，帮助消化等功效。冻梨虽然有这么多保健作用，但梨性寒，食用冻梨也要因人而异。脾胃虚寒者、糖尿病患者等不可多食。冻梨可用凉水拔了吃，也可以室温解冻和微波解冻。化透的冻梨，甜软多汁，清凉爽口，饭余酒后食之，颇为惬意。

四、秋梨膏

秋梨膏也叫雪梨膏，是以精选之秋梨或鸭梨、雪花梨等为主要原料，配以其他止咳、祛痰、生津、润肺药物熬制而成的药膳饮品，为我国传统特产（图 6-12）。临床上常用于治疗因热燥伤津所致的肺热烦渴、便干燥闷、劳伤肺阴、咳吐白痰、久咳咯血等呼吸道病症。秋梨膏过去是宫廷内专用的药品，直到清朝由御医传出宫廷，才在民间流传。由于后来一直用北京郊区的秋梨调制，并在京城售卖，所以成了北京传统特产。据考证，秋梨膏最先给了北京的药铺，一直作为京城的药房为宫中制作的御药之一，至今北京同仁堂老字号还保留着以“秋梨润肺膏”为药字号的国药，每年都销往国内外。

秋梨膏多以秋梨汁或浓缩梨汁为主，配以蜂蜜、生姜、胖大海、川贝等中药材或

▲ 图 6–12　一些秋梨膏产品

枇杷等，有的产品除秋梨汁、蜂蜜、冰糖外，还添加了果葡糖浆、生姜、菊花、甘草、枇杷、百合、陈皮、杏仁等。总的来说，此类产品色泽较深，属保健食品，食用方法多和蜂蜜相似，温开水稀释冲调即可。

五、梨酒和梨醋

梨酒是将鲜梨榨汁接种酵母菌发酵酿制而成的一种果酒，酒精发酵后再进行醋酸发酵则变制成梨醋。梨果甜脆多汁、含糖量高，适宜酿酒制醋。梨富含多种氨基酸、维生素、矿物质、有机酸等营养成分。果醋能促进人体新陈代谢，调节酸碱平衡、消除疲劳、醒酒护肝、助消化、降低血脂、软化血管等保健功能，是一种绿色健康饮品。梨酒分干梨酒和梨白兰地酒。干梨酒酒度 7%~18%，白兰地属蒸馏酒，酒度≥ 36%。辽宁鞍山以南果梨为原料酿造了南果梨酒，色泽金黄诱人，酒瓶设计简约高雅（图 6–13）。

20 世纪 90 年代以来，果醋的营养保健功能逐渐被人们认识和接受。欧美、日韩等国家果醋产品非常流行。我国民间很早就有制作果醋的传统，近年与现代发酵工艺技术结合，各地相继出现了一些知名品牌（图 6–14）。

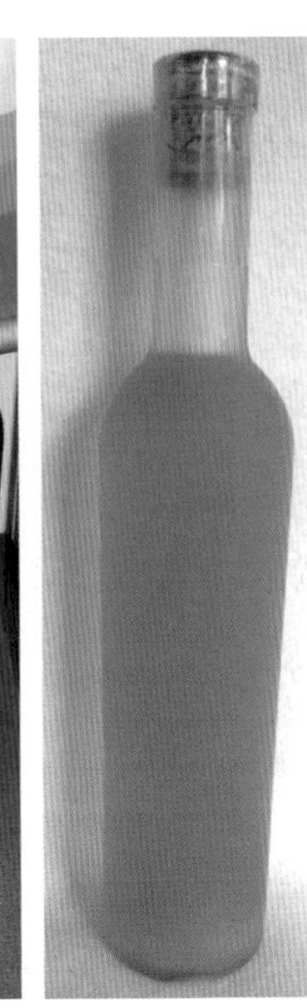

▲ 图 6-13　国内外梨酒产品

▲ 图 6-14　国内外一些梨醋或梨醋饮品

六、梨糖制品

梨糖制品主要有梨脯、梨糖、梨酱、梨羹（糕）、梨果冻等。果脯北京最多，作为北京传统特产，梨脯（图 6–15）、梨羹等广泛地分布于北京的各大超市，来往的旅客常作为“特产”买回家。梨果脯与其他水果如桃和杏的果脯一起在专柜成堆散售，也有什锦小包装和礼品装。

近年，梨糖尤其是安梨糖很畅销（图 6–16），安梨糖是一种类似于秋梨膏功效的保健品，对喉咙干、紧、痒、痛、嘶哑、痰多、久咳及吸烟过度的人士均可食用。

▲ 图 6–15　梨脯产品

▲ 图 6–16　梨糖和梨果冻产品

七、梨脱水产品

梨干制作的方式有自然干制和人工干制两种。目前，梨干产量不大，主要为家庭自然干制，梨主产区也有一些企业采用人工干制，如河北赵县雪梨干（图 6–17）。辽宁辽阳的香水梨干，是一种历史悠久的名产，质地细嫩，茶红的颜色，非常鲜艳，吃起来甜酸，清香可口。相传已有四五百年的历史了。辽宁北镇梨干的生产以传统的家庭作坊为单元，以当地的安梨、秋白梨、花盖、南果梨、锦丰等品种为原料，按照梨

▲ 图 6-17　梨干产品

果的自然形状切片，自然晾干或晒干。工艺简单，风味因梨品种而异，多数秋子梨品种，如安梨、南果梨有高甜高酸的特性，梨干风味浓郁，酸甜适口。由于生产工艺没有统一的标准，生产单元零散，生产不成规模。

八、梨其他加工品

梨果作为一种食材，常被加工成各种精美食品，如红酒雪梨、百合雪梨等菜品（图6-18），拔丝脆梨等。我国南方常用梨果煲汤，如冰糖白果炖梨、银耳陈皮生姜炖梨等。国外用梨果做的美食创意很多，如梨汉堡、三明治、比萨、色拉、甜品、鸡尾酒及各种饮料等食品，用料上鲜切梨片、丁、块以及鲜榨梨汁较多，烹饪方式常用煎、烤、蒸、煮。

▲ 图 6-18　红酒雪梨（左）和百合雪梨（右）